追火山

臺灣火山群・連結起的地球與宇宙紀事

宋聖榮 著

Stories Behind
VOLCANOES

目次　　Contents

作者序

追尋——石頭內是否會突然跳出信息，
告訴我它背後的火山故事……

宋聖榮

我出生於澎湖的小漁村——赤崁，從小在澎湖這一塊土地奔跑和嬉戲，看到的石頭不是白色、就是黑色。對出露在海崖邊一根一根壯觀黑色的岩柱一無所知，更遑論對於玄武岩這個名詞的陌生。進入臺大地質系就讀後，才知白色的石頭為石灰岩（珊瑚礁、澎湖當地稱咾咕石），黑色的則是玄武岩，是一種來自地殼深處、岩漿上升噴發至地表的火山岩。在臺灣玄武岩故鄉出生的我，似乎冥冥中注定要從事火山相關的研究。

60到70年代臺灣的大學聯考是先填志願再考試。記得大學放榜時，我的名字出現在臺大地質系的榜單上，親朋好友問我什麼是地質系？是不是看風水地理的科系呢？畢業後就業容易否？當時我的腦筋對它是一片空白，無法回答。謝謝父母的包容和體諒，沒有對我多加干涉，讓我在地質學領域奔馳數十年。經過將近40

年的教學研究後，若有人再問我相同的問題，我會面帶微笑且促狹地回答他，地質師在某些情況和風水地理師是一樣的，手持羅盤（傾斜儀）在野外從事相關量測，對於先人墓穴的風水最忌諱的是山坡地滑動和大體泡在地下水中，這和地質調查的地滑和地下水位的高低是相似的。

進入火山領域的研究和教學，最要感謝的人是恩師羅煥記教授。大三時我的師兄黃文宗博士跟隨羅教授從事觀音火山的火山學和岩石學研究，他找我與他一起到觀音山出野外，觀察安山岩的產狀。有一次在爬一個陡峭的坡坎，一不小心他從高高的斜坡上摔落下來，手骨折但眉頭也沒皺一下，包紮之後，手臂休息幾天又開始出野外，真令人佩服他對於研究工作的執著和投入。

後來聊起這個話題時，有人問我

地質學哪個領域最危險，我毫不猶豫的回答「研究火山」，尤其是對活火山的觀測和採集樣本。根據統計，地質學家最多傷亡事件發生在活火山的調查研究中，例如法國有名的火山學家卡蒂亞和莫里斯‧克拉夫特夫婦（Katia and Maurice Krafft），為世人留下驚嘆的火山噴發影像紀錄；但在1991年的雲仙岳（Mount Unzen）火山爆發時，為了觀察和拍攝火山噴發的景象，一個判斷疏失，就被火山碎屑流所掩埋而葬身於他倆一生熱愛的火山灰中。

進入大四，臺灣地質界開始瘋迷海岸山脈的地質研究，恩師羅教授問我有沒有興趣從事海岸山脈火山岩的火山學研究，我毫不猶豫地說「YES」，從此開始往後30年的臺灣火山議題研究。

研究生時期完全投入東部海岸山脈火山岩的火山學和岩石學研究。碩士班的工作主要從事樂合溪都巒山剖面的火山學，當時臺灣對火山學的相關研究較少，且圖書館內火山相關書籍和期刊也較欠缺，面對樂合溪的火山岩常常發呆整天，幻想石頭內突然跳出信息告訴我它背後的火山故事。

博士班時期擴大到整個海岸山脈中段奇美火山的研究，因週間要上課和實習，故常常是星期五搭夜車到玉里，一大早到達後就騎乘放置在旅館的二手摩托車，開始三天的野外地質勘查工作，星期一晚上再搭乘火車回到臺北。往後的幾年，我踏遍所有發育於海岸山脈嶺脊的大小河谷，因都巒山火山岩是構成海岸山脈最高嶺脊的岩層，外圍低平處是沉積岩的分布，故常常是一大早到達河口，停好車就馬不停蹄地往河谷深處鑽。為了蒐集最多的野外資料，需走到河谷最深處，碰到瀑布不能再走的地方，然

後回頭趕在天黑之前走出河谷，所以練就走路飛快的習慣，我太太常埋怨跟我走路時好像在行軍。

進入臺大地質系教學研究後，除了繼續海岸山脈火山岩的研究，還擴展到臺灣其他有火山岩分布的地質區域，如臺灣西部和澎湖的玄武岩、臺灣北部大屯火山群、基隆火山群、觀音山火山和龜山島，以及東部的綠島和蘭嶼等，甚至國外的火山也有相關的合作研究。這段時間值得一提的一件事，是與我同學、好友兼同事楊燦堯教授合作，整合火山地質和地形、氣體地球化學和地震資料，參考世界火山學會 1994 年對活火山的再定義，於 2000 年發表大屯火山群為一座活火山，為臺灣第一篇大屯火山群是一座活火山的文獻。發表後被多位地質前輩和老師說我們危言聳聽、製造社會不安。甚至中央地質調查所在接受大屯火山群為一座活火山後，為免造成社會恐慌，也只敢用「休眠的活火山」帶過。現在臺灣地質界已接受大屯火山群為一座活火山，國科會也在陽明山設立「大屯火山觀測所，TVO」。

要感謝國科會（科技部）經費的支持，在前往國外參加國際會議發表研究成果的同時，有機會順道參訪和考察各國的活火山。更在王執明教授的鼓勵下，在她創立的地球科學文教基金會協助，多次帶領國中小教師前往印尼、夏威夷和國內的火山考察。另外，日本京都大學鍵山恒臣教授（Dr. Tsuneomi Kagiyama）邀請我到京都大學地熱科學研究所訪問研究，以及好朋友福岡大學田口幸洋教授（Prof. Sachihiro Taguchi）安排帶領前往考察日本火山和地熱等，都讓我累積相當多世界各地火山的考察結果和心得。

本書的主要題材為此一時期的研究成果和考察紀實。最後要感謝野人出版社的王梵小姐，在她的策畫、聯絡、潤稿和編排下，讓這本由理工背景寫出來生硬難懂的文字，變成順暢易懂的內容，並能順利出版。

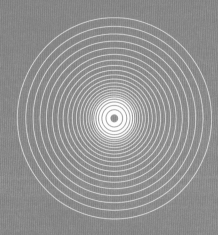

PART
I
揭開大地的推理劇場

歷經億萬年風雨摧殘
潮來潮往
仍凝著那剎那的悸動
而今波心安在？

菲律賓皮納吐坡火山地形（Mt. Pinatubo）
圖片來源：© Public domain, via Wikimedia Commons

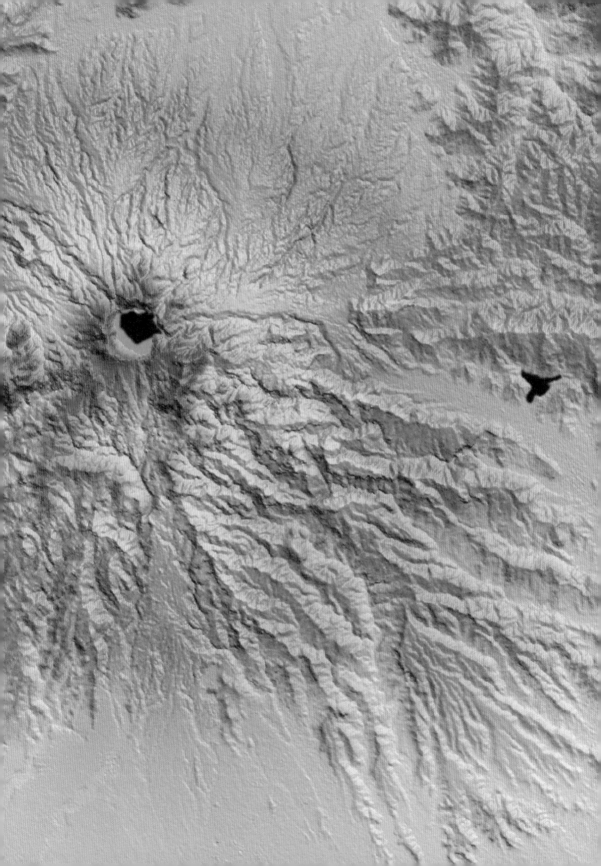

火山初體驗：聽見大屯火山
噗通噗通的心跳聲⋯⋯

火山，顧名思義爲「會噴火的山」。
每個人一生當中只要曾經見過火紅的岩漿洶湧冒出地表成河；
或是黑雲夾雜細小顆粒衝破高空、如原子彈爆炸般形成蕈狀雲的火山噴發；
或是由火山噴出物形成高低起伏、壯觀又美麗的地形景象，
一定深深被震撼，終生難忘。
火山，是地底下有岩漿生成和噴出地表，才可形成。[1]

• 來自 1853 年南安普敦號的船長日誌——臺灣外海曾有火山噴發？

環太平洋火山帶（火環）從南美的阿根廷、智利、祕魯和哥倫比亞，中美洲的哥斯大黎加、薩爾瓦多和瓜地馬拉，北美的墨西哥、美國、加拿大、阿留申群島，到亞洲的千島群島、日本、臺灣、菲律賓、印尼、巴布亞紐幾內亞、紐西蘭等，綿延幾萬公里，此火環帶分布著地球上噴發最劇烈、最致命的火山。臺灣位處火環帶上，是否曾有火山女神造訪呢？翻開歷史文獻，從 1853 年至 1916 年，臺灣東方和東北方海底至少記錄了四次海底火山的噴發。

1916 年 4 月 18 日，曾參與中日甲午戰爭的日本海軍防護巡洋艦秋津洲號（Akitusima）[2] 在艦長海軍中佐

---

1 臺灣南部地區常有泥火山的活動，大量的泥水和甲烷氣體冒出地表，點火雖也會燃燒，但它不牽涉地下岩漿的活動，名稱雖叫泥火山，卻不是眞正的火山。

2 秋津洲號防護巡洋艦資料來源：https://www.wikiwand.com/zh-tw/%E7%A7%8B%E6%B4%A5%E6%B4%B2%E8%99%9F%E9%98%B2%E8%AD%B7%E5%B7%A1%E6%B4%8B%E8%89%A6

3 參考資料來源包括 Perry，1958；Sapper，1917，1927；Tanakadate, H.，1931 等多篇文獻。

宮治民三郎的率領下，從日本沿琉球群島南下往臺灣方向航行，途經彭佳嶼東北方海域時（北緯26.18度、東經122.458度），突然在方圓30平方公尺的海域範圍內有大量的蒸氣和水柱從海底噴出，嚇壞了艦艇上的軍士兵，以為有海怪從海底冒出。此一噴氣作用持續了約十多分鐘，發生的一切完完整整地記錄在船長日誌中。後續日本學者大森（Omori，1918）和九郎（Kuro，1962）分別在日本和世界火山會議中報導，界定其為一次海底火山噴發。因未有火山噴出物（如浮石或火山灰）出現在海面上，故推斷是一次規模很小的海底火山噴發事件。

另外，根據19世紀中葉到20世紀初期航行於臺灣東部海域的船艦紀錄來看[3]，東部海底最少還有三次的海底火山噴發，分別為1853年於花蓮外海（北緯24.00度、東經121.50度）、1854年於小蘭嶼附近海域（北緯21.50度、東經121.11度），以及1867年於三貂角外海（北緯25.40度、東經122.20度）等。其中，1853年的事件描述較清楚，為美國海軍軍艦南安普敦號（Southampton）上的波伊爾（Boyle）中尉所記載。1854年10月29日，該船記錄離臺灣東部18公里處的海域，從海底噴出一炷沖烟，幾天後另一艘船馬其頓人號（Macedonian）記載火山

秋津洲號　　圖片來源：© Public domain, via wikiwand

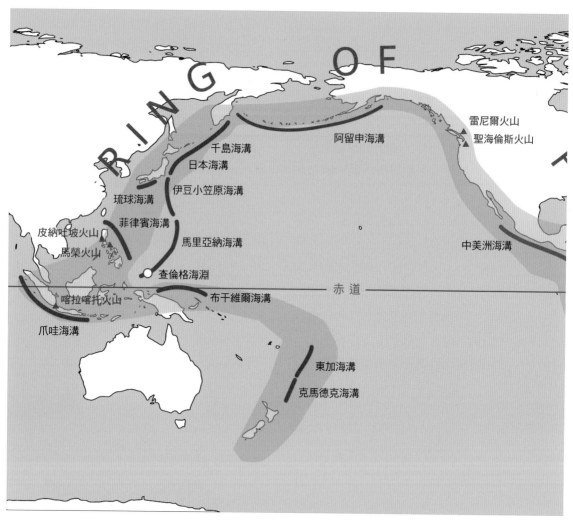

火環帶分布圖

圖片來源：© USGS,Public domain, via Wikimedia Commons

灰層覆蓋其船帆，由此推斷此一海底火山的噴發可能持續數天並有大量的火山灰噴至海面，覆蓋該海域的天空。其他兩個火山事件則未有詳細的描述。

由上可知，位於火環帶的臺灣不僅有火山噴發，且噴發次數從地質時間尺度而言是相當頻繁的。

• **1988年陽明山花鐘被震垮的隱示**

臺灣外海頻繁的火山活動，或許

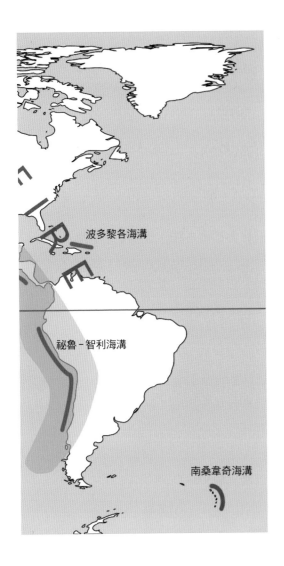

波多黎各海溝

祕魯－智利海溝

南桑韋奇海溝

對於島嶼上的居民來說頗為遙遠，然而火山女神早已在福爾摩沙暗藏了火苗。

1988年7月3日陽明山地底下發生規模5.3的地震，震央為北緯25.158度、東經121.568度，正位於

七星山地底下，震源深度約5公里，造成陽明山花鐘塌陷一角。依據中央氣象局的統計資料顯示，大屯火山群地底下平均每2到3年就會有一次規模約3左右的地震，每10到20年會出現一次規模4到5的地震，最近一次是2014年發生於士林平等里地下、規模4.2的地震。

地震，來自地下的震撼，是一種信息，表示該處的地下不穩定。從地質的觀點而言，為一處地殼活躍區，隨時隨地可能發生致災性的地質活動。引發地震的地質活動，包括地下的斷層斷裂、岩漿的移動、熱液的上湧、隕石的撞擊等。其中，造成大規模破壞和人員傷亡的地震，主要是由活動斷層所引起，例如1999年發生於臺灣中部的集集地震，規模7.3、震源深度約8公里，由車籠埔斷層的錯動所引起，造成超過2,000人死亡、數萬棟房屋倒塌；2008年中國四川的汶川地震，規模8.0、震源深度約14到19公里，為青藏高原東緣龍門山地區過去幾十年來發生的最大地震，由映秀－北川斷裂帶和灌縣－安縣斷裂帶兩條斷層所引發，導致大量的房屋倒塌，更誘發數以萬計的山崩、滑坡、坍方、泥石流等嚴重地質災害，造成十萬多人死亡、失蹤。

什麼是 b 值？

b 值是 1954 年由古登堡（Beno Gutenberg，1889－1960）和里克特（Charles Francis Richter，1900－1985）所提出，地震學中的一個指數，使用震級－頻度的經驗公式來描述世界各地區地震活動性的差異，可顯示該地大小地震數的比例關係。b 值大小和該地區的岩石材料、介質強度、板塊擠壓，以及應力大小等作用有關。一般來說，b 值愈大、地震活動愈頻繁。2014 年陽明山區地震的 b 值明顯比一般臺灣地區的平均 b 值高出許多。臺灣地區的平均 b 值多半在 0.9 到 1 之間，而陽明山地區平均 b 值則高達 1.4。

火山地區的地震主要是由岩漿移動或熱液活動所引發，是液體與固體相互作用的結果，與固體岩層層面破裂所發生的斷層地震機制不同，容易由震波波形和斷層機制來解析分辨。

火山地震通常較斷層地震的規模小、一般超過規模 6 以上甚少；震源深度隨岩漿所處深度而異，最深可達數十公里以下，但活動集中於火山區域，破壞力不容小覷。其發生頻率常與岩漿上升引發火山噴發有關，也就是當發生頻率愈高、震源深度逐漸從深至淺，這意味著火山即將噴發，所以地震常用以預測火山的活動。

另外，火山地下蘊藏豐沛的熱液，其活動也常引發地震，只不過熱液活動常發生在淺處（數公里內）且地震規模不大（小於 3），通稱為微

大屯山山體寬平　　　　　　　　圖片來源：©Peellden, via Wikimedia Commons

震，但發生頻率很高，與火山地區的噴氣口或硫氣口的活動有關。目前在大屯火山群測得大量的微震，基本上應該都是熱液活動所引起的。

1988年7月那場震垮陽明山花鐘、規模5.3的地震，隱示了七星山地底下可能仍有活躍的岩漿和熱液活動。

• 2014年士林爆炸聲響——大屯火山群的氣鳴

2014年2月12日凌晨，臺北市士林區的陽明山區發生規模4.2、深度6.4公里的地震，臺灣北部地區皆有感，最大震度4級，且在發生地震前一刻幾乎所有士林地區和陽明山區都可聽到爆炸的巨響。這是陽明山在1988年發生規模5.3的地震後，26年以來震度最大的地震，也是大屯火山群地區過去的地震監測中，十分少見的有感地震。所幸震後當地未再有顯著有感地震發生，後續也未造成災情。

地球構造圖

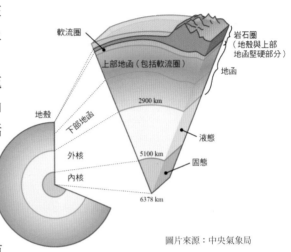

圖片來源：中央氣象局

在大屯火山群內最明顯的地質構造，是地底下的岩漿活動與山腳斷層[4]。依據地震學家用來描述世界地震活動性的差異值（b值）可以發現，2014年陽明山地區的地震活動值偏高，一般認為與火山或地熱活動有關。火山或地熱活動的流體，會降低地層的承受應力，因此造成小地震的發生次數頻繁。

---

4 山腳斷層由臺北盆地南端的樹林地區向北延伸至金山地區。在臺北盆地內，山腳斷層被第四紀沖積層所掩覆。山腳斷層的北段，在大屯火山區，斷層約沿著大屯山與七星山交界的鞍部；在金山地區，斷層約沿著山地與平原的交界。鑽探顯示斷層北段兩側的基盤落差超過600公尺，這些基盤的落差可能是山腳斷層的正斷層作用所造成的，而斷距似乎有由南向北增加的趨勢。由大地測量結果顯示，在大屯火山地區，山腳斷層的上盤可能有另一斷層存在，但仍須後續調查加以驗證。山腳斷層最近一次的活動時間，可能在距今約1萬年以前，暫列為第二類活動斷層。資料來源：中央地質調查所 https://faultnew.moeacgs.gov.tw/About/FaultMore/0f0ba9679 1b44c849d9515ef3df9fd7c

火山百科 岩漿的形成

　　岩漿是一種高溫融熔的液態岩石，隨著岩漿種類的不同，溫度也有所不同。一般而言，玄武質岩漿溫度較高，約1200°C；安山質岩漿約1050°C；花崗質岩漿約950°C。

　　岩漿在地球內部並不是隨處可見；因地球上各地區的地溫梯度不同，能產生岩漿的條件也不同，故岩漿的產生與板塊地體構造息息相關。

　　不管是地球內部的自然條件或是實驗室內，固體岩石融熔成液態的作用包括有：加溫超過岩石的融熔溫度，也就是加熱超過岩石的熔點，使岩石融熔產生岩漿；解壓釋放大量的熱能達到岩石的融熔溫度；或是加助熔劑降低岩石的融熔溫度，也就是降低岩石的熔點至當地的地溫之下，也能使岩石融熔產生岩漿。

　　前二者是中洋脊和板塊內部熱點產生岩漿的方式。因為來自地球內部更深處高溫的軟流圈或地函熱柱，上升至淺處時，讓地溫梯度變平緩、在淺處就可與固體融熔線交會，使得來自軟流圈熱量足以讓地函的橄欖岩發生融熔，形成岩漿。或是地函柱上湧，壓力降低且釋放熱量，增加地溫梯度至超過當地岩石的熔點而融熔，產生岩漿。

　　後者則是隱沒帶岩漿形成的方式。因為飽含水的海洋板塊隱沒後，會隨著隱沒深度的增加而釋放出大量的水進入隱沒帶上方的地函楔，降低橄欖岩的熔點至低於當地的地溫，因而可以使岩石融熔產生岩漿。

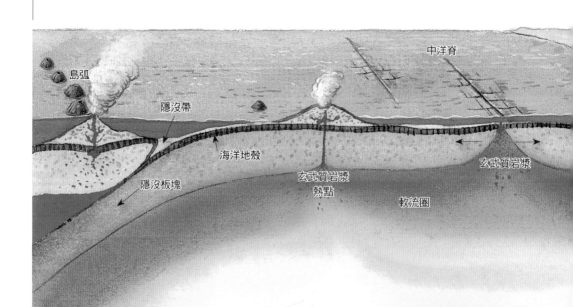

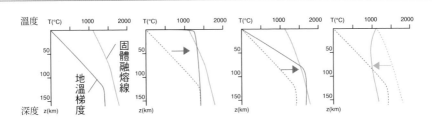

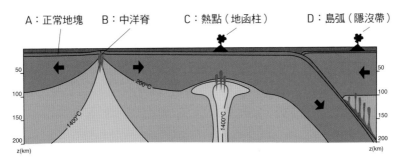

岩漿作用與地溫梯度關係圖

地溫梯度變平緩時，在淺處就可與固體融熔線交會。增加地溫梯度至超過當地岩石的熔點而融熔，產生岩漿。隱沒帶釋放出大量的水進入上方地函楔，降低橄欖岩的熔點至低於當地的地溫，因而可以使岩石融熔產生岩漿。

吳貞儒重製，
資料來源：
LumenLearningWebsite
https://courses.
lumenlearning.com/
geo/chapter/reading-
volcanoes-hotspots/

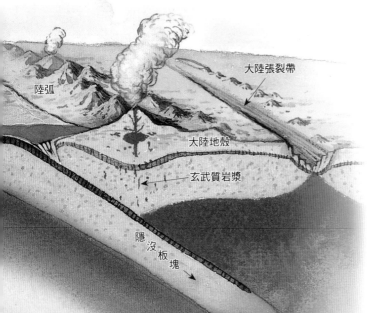

地熱與板塊運動

火山的分布與板塊有絕對的關係，中洋脊的火山噴出玄武岩漿把板塊往兩邊推擠分離；大陸邊緣或島弧的火山是因板塊隱沒所造成的；而板塊內部的火山岩漿是來自於地球深部地函柱上湧所形成。

圖片來源：遠足文化

目前在大屯火山地區，地表有明顯的地熱活動；地下推測可能有岩漿庫的存在，而其位置在七星山與大油坑間，深度則是推估在這區域微小震的震源下方。目前這些地震活動與當地的地熱或火山活動之間的關聯性，科學家們持續研究中，可以確定的是，區域的火山地質特性，影響了這個地區的地震活動。

地震前一刻的爆炸聲響，是一種氣爆，氣體在瞬間急速膨脹溢出所造成。大屯火山地區的巨響，可能是地底下累積大量的氣體，在地震發生前一刻充塞於密布的微裂隙，讓地下累積的氣體因解壓而快速溢出發生爆炸、產生巨響，屬於火山噴發作用下的一種蒸氣噴發。[5] 這些觀察再次顯示大屯火山群地底下仍有活躍的岩漿庫存在。

• 大屯火山群地底下的脈動——岩漿庫

地底下有岩漿噴出地表是火山形成的要素，其在地下的儲存空間稱為**岩漿庫**，是一個高溫、飽含溶解氣體的液態岩石儲存所。當其在地下活動時會有地震、地形抬升、高溫和大量的氣體逸出，這四種作用提供偵測火山地下岩漿庫的鑰匙。

2000 年，我與數位研究學者已推斷出大屯火山群地底下應該存在著活躍的岩漿庫。當時我們透過大屯火山群的微震、硫氣口或噴氣口的火山氣體（富含硫化氫、二氧化硫）、溫泉、熱水換質帶[6] 和氦同位素[7] 等研究整理，推斷大屯火山群地底下應有活躍的岩漿庫，但對於岩漿庫可能的位置和深度，則尚無所知。

2016 年，中央研究院地球科學研究團隊利用大屯火山測站目前設置的地震觀測網，清楚地偵測到 S 波的陰影與 P 波的緩達現象，這兩項重要的結果充分證實了臺灣北部存在一個岩漿庫；而且這可能是全世界首次同時利用 S 波陰影與 P 波緩達現象證實地下岩漿庫的存在。[8] 此次並假設岩漿庫內有 34% 融熔岩漿[9]，估算它的大小約為 350 立方公里。雖然根據此時的資料推估岩漿庫的位置可能是在下部地殼，約 20 公里以下，但是它真正的位置與幾何形貌卻還不能非常清楚地描繪出來。

中央研究院地球科學研究團隊於 2021 年初進一步利用新布置的福爾摩沙臺灣地震陣列（Formosa Array）偵測到最新的火山岩漿庫 3D 影像，發現大屯火山群岩漿庫僅位於地下 8 公里處，是一個直徑 8 公里、高 12 公

里的圓柱體狀，圓頂面積50平方公里，大約是一個北投區的大小；並進一步推斷未來最可能的噴發地點為大油坑、七星山和磺嘴山，實際影響區域要看岩漿流向，岩漿往北將流向金山區，往南朝向北投天母。但研究團隊計算此一岩漿庫的液態岩漿只有19.2%，可能不是真正的岩漿庫所在深度，而是近期岩漿上升侵入、且正在冷卻中的火成岩體，還需後續的觀測研究以確定。

以目前火山監測技術來看，火山噴發可以提早預測。若偵測到岩漿從8公里開始往上移動到6公里、4公里、3公里、2公里等位置，就知道岩漿從深部愈來愈往上；若再配合其他的監測方法，包括地溫、火山氣體和地形變化等，就可預測火山噴發的可能。

大屯火山觀測站目前持續觀測該區域的岩漿地質活動，若偵測到岩漿庫有不正常移動上升狀況導致地震頻繁、溫泉或噴氣的溫度快速上升、大量的火山氣體溢出和地形膨脹等，就可根據氣象局的火山預警系統，發布火山即將噴發的警告。一般而言，岩漿上升移動的速度不一，以國外火山噴發預警經驗來看，在火山噴發前短則一個禮拜、長至一個月前，就可能出現徵兆。

---

5 火山噴發作用可參考本書第2章詳細說明

6 熱水長期與岩石接觸而造成換質作用，可使岩石的物理、化學性質改變，形成換質帶。

7 大於1的氦比值（^{3}He/^{4}He）。同位素（Isotope）是指一個化學元素具有不同種類的原子，其中每個有不同的原子質量（質量數）。元素的同位素中原子核裡的質子數是相同的（相同原子序），僅中子數目不同。所以，同位素有不同的質量數（質量數為原子核中的質子數加中子數的總和）。同位素可以分為穩定性同位素和放射性同位素。一般應用於醫學治療和診斷上，也可作為生物實驗的追蹤劑和測定地質的年代等，例如地質學家常利用碳的同位素來測定地質的年代。

8 地震波分成S波（S-wave，secondary wave）與P波（primary wave）。P波是在地震發生時最先被地震儀記錄下來的地震體波。在所有地震波中，P波傳遞速度最快，因此發生地震時，P波最早抵達測站，並被地震儀記錄下來，這也是P波名稱的由來。P波的P也能代表壓力（pressure），屬於縱波的一種。S波的速度僅次於P波，代表剪切波（shear wave），是一種橫波。S波與P波不同，無法穿越液態物質，所以陰影區顯示S波無法穿越，可能存在液態岩漿。

9 液態岩漿的比例，是對岩漿庫定義很重要的判斷標準之一。

CHAPTER
02
火山噴發的奇幻旅程

火山活動與岩漿的生命史關係密切。當地球內部深處獲得熱源的供應，
或是有液體加入、降低岩石的熔點（主要發生在上部地函），
使得岩石開始發生部分融熔，就會產生岩漿。
此時未分離的岩漿和未融熔的岩石組成似糊狀的物質；
當融熔的程度超過6%以後，岩漿開始與未融熔的岩石分離。

• 從下往上開隧道——
　一切都從岩漿開始……

　　由於岩漿的比重較鄰近的岩石輕，會往上升，上升的方式有三種：岩脈作用、頂蝕作用和衝頂作用。

　　岩脈作用是沿著岩石的裂縫往上移動，如鑽鑿隧道讓其通暢無阻的上升，是較容易上升到地表發生火山活動的一種作用。

　　頂蝕作用有如開隧道般前進，將其上方的岩石慢慢融熔後上升，此方式需要大量源源不斷的熱量供應，才可能上升至地表，發生火山活動。一般而言，地球內部的岩漿不可能供應

如此大的熱量，故此頂蝕作用只發生於局部地區。

　　衝頂作用則像煮開水般，鍋底被加熱後形成氣泡往上移動，地球內部的岩漿本身較周圍的岩石輕，藉著浮力而往上移動，是較有機會上到地表發生火山噴發的。但岩漿的比重一般還是會比上部地殼或沉積岩重，僅靠本身浮力還是無法到達地表的。

　　當岩漿上升到與其比重相似的岩石附近，即會滯留，而底下新產生的岩漿仍不斷的往上升，於是在停留處形成岩漿庫。若此時有裂隙直通到地球表面時，岩漿會直接噴至地表形成火山，此階段所產生的岩石較基性，

接近玄武岩，氣體的成分較低，故噴發的行為較溫和，以產生熔岩流為主，美國夏威夷群島的火山和冰島大部分的火山，就是屬於此類型的火山噴發。

若無裂隙通到地表，岩漿則滯留在地底下岩漿庫內，並受到周圍岩石較低溫度的影響，開始冷卻結晶出含鐵鎂質較高的礦物，如橄欖石、輝石和磁鐵礦等，使岩漿成分產生變化，

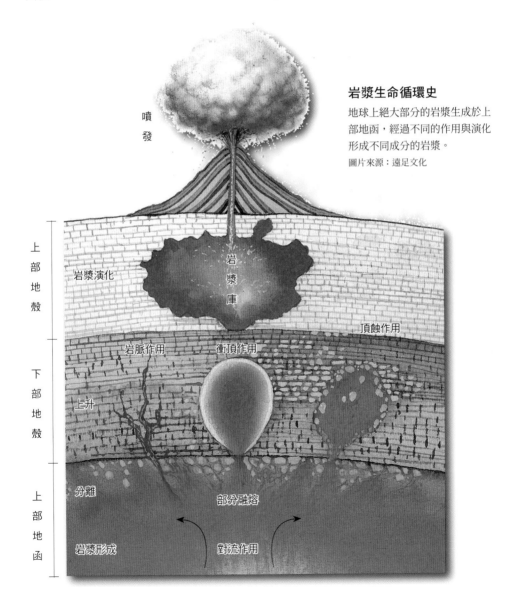

岩漿生命循環史

地球上絕大部分的岩漿生成於上部地函，經過不同的作用與演化形成不同成分的岩漿。

圖片來源：遠足文化

噴發

上部地殼　岩漿演化

岩漿庫

頂蝕作用

岩脈作用　　衝頂作用

下部地殼　上升

上部地函　分離　　部分融熔　　對流作用

岩漿形成

1980年5月聖海倫斯火山噴發，屬於岩漿演化較久、噴發較劇烈的火山。
圖片來源：© Lyn Topinka, Public domain, via Wikimedia Commons

形成較酸性的岩漿（二氧化矽的含量較高，鐵鎂質含量較低）。滯留在岩漿庫的時間愈久，則噴發後所產生的岩石愈酸性，接近安山岩和流紋岩，氣體成分的比例也隨著岩漿演化而增加，故常常產生較劇烈的噴發行為，以產生火山碎屑岩為主。此種岩漿噴發大都發生在隱沒帶火山島弧、大陸邊緣或大陸內部較酸性的岩漿環境，如1980年美國西部華盛頓州的聖海倫斯火山（Mt. St. Helens）噴發、1991年菲律賓皮納吐坡火山（Mt. Pinatubo）噴發，以及中國大陸東北長白山的天池火山，都是屬於岩漿演化較久，噴發較劇烈的火山。

火山噴發是一種非常壯觀的自然現象，形式很多元，例如以猛烈的方式噴發，稱為**爆發作用**（explosion）；或以溫和的方式流出岩漿，稱為**噴溢作用**（effusion）。岩漿的性質和火山噴發當時的條件，決定了噴發的形式，所形成的產物也不相同。

• 時而溫和、時而劇烈—— 火山如何在陸地與海底噴發？

火山噴發的環境主要有二，一是

什麼是礦物？

礦物，必須是天然產出，具有特定的化學成分、規則的原子排列及結晶構造均質固體，用物理方法不能再分離為更簡單的化合物，各礦物具有一些特定的物理性質，例如顏色、光澤、條痕、硬度、解理、斷口、韌度、觸覺、比重、磁性、放射性等等。

礦物具有一定的化學成分，並不表示成分固定不變，多數礦物的成分仍多少有些變化，但都限於一定範圍之內。礦物通常由無機作用形成，傳統定義認為由動植物生成的物質不可稱為礦物，現今的定義較為放寬，生物有機作用生成者也認可為礦物。

礦物是組成地球岩石的基本成分，是地殼內各種化學元素在各種地質作用下的產物，當任何一種礦物**富集**到某種程度，達到經濟或商業開採價值時，就形成**礦床**。經過開採應用的礦物，往往形成人類科技文明的重要基礎。

發生在陸地，另一則是發生於海底。

陸地的火山噴發機制，主要是藉著溶解於岩漿的揮發性氣體，隨著岩漿從深處往上移動；當有一定量的岩漿上升，累積於火山底下某一深度，會形成一個淺的岩漿庫。由於岩漿所處的深度變淺，壓力減低；或是岩漿庫上覆岩層被破壞，外壓迅速下降，會使得原先溶解於岩漿中的氣體成分會從岩漿中離溶而出，結晶形成氣泡，然後增長，產生氣相和液相分離。

氣體累積於岩漿庫或岩漿上升管道的上方，因其密度較輕，往上移動過程中會聚合成大氣泡而破裂，當壓力累積到超過蓋在岩漿庫上方的上覆岩層所能容忍的靜壓力時，氣體就會

岩漿成分VS.火山噴發種類

類型	岩漿成分	主要產物	熔岩特性	造成災害	實例
寧靜式噴發	玄武岩質	熔岩為主，少量氣體與碎屑	基性，黏度小，溫度高	熔岩流，災害較小	夏威夷火山
	由於黏滯性小，氣體易散失，故不易爆發，而以溢流方式噴發。				
爆裂性噴發	安山岩、流紋岩質	少量熔岩，大量蒸氣、火山碎屑物，火山灰	較酸性，黏度大，不易流動	火山灰形成火山泥流、火山灰或碎屑堆積、火雲、火山氣體中毒	菲律賓皮納吐坡火山
	中酸性黏滯性大，流動不易，內部氣體無法獲得有效的散失，致使壓力增大。當到達無法負荷時，便會以「爆發」方式噴發。				

釋放而出，破壞岩層，發生劇烈的火山噴發作用。

　　在自然界中，岩漿從地底深處上升至地表的過程中，可能會與地下水或地表水發生作用，而產生不同的火山噴發作用。若岩漿上升至地表，都未與地下水或地表水發生作用而直接噴發，稱為**岩漿噴發作用**；若與地下水或地表水發生作用一起噴發，稱為**岩漿蒸氣噴發作用**；若只加熱地下水或地表水，使之快速變成蒸氣而發生噴發作用，稱為**蒸氣噴發作用**。

　　例如說，當岩漿進入飽含地下水的岩層或上覆冰層之下，或熔岩流進入湖泊或河流，或地表水遇到岩漿等，此時液態水會迅速被氣化，壓力增加，超過上覆岩層或周遭環境所能承受的壓力，就會發生劇烈的爆發。

岩漿噴發示意圖

岩漿從深部上升時，由於壓力減低，溶解於岩漿中的氣體開始離溶出來形成氣泡，氣泡崩解後釋出氣體，當壓力大於上覆岩層所能承受時，就破壞岩層，發生劇烈的火山噴發。

圖片來源：遠足文化

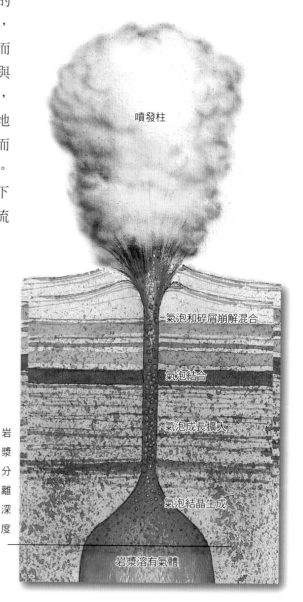

噴發柱

氣泡和碎屑崩解混合

氣泡結合

氣泡成長擴大

氣泡結晶生成

岩漿分離深度

岩漿溶有氣體

蒸氣噴發作用是在爆發的產物中，未含有新鮮岩漿的成分；反之，若有岩漿成分，則稱爲岩漿蒸氣噴發作用。

岩漿蒸氣噴發的劇烈程度，主要受控於岩漿和水的比例。也就是說，岩漿中的熱傳遞給水的效率，使水能完全轉變爲水蒸氣體積或壓力增加的效率。

岩漿和水接觸比例影響火山噴發的實驗

　　實驗室內模擬岩漿和水接觸後火山噴發的實驗中，顯示當岩漿和水的比例介於 3－0.3 之間，熱傳遞效率最好，火山的爆發能力最高；比例小於 0.3 時，水雖然完全氣化爲水蒸氣，但累積的壓力無法超過上覆岩層的靜壓力，所以無法發生爆發作用；比例大於 0.3 時，岩漿中的熱完全傳遞給水，但無法氣化水爲水蒸氣，只是把水的溫度升高，所以此時所發生的火山噴發，只是溫和的岩漿溢出，形成枕狀熔岩，而無法發生劇烈的爆發作用。

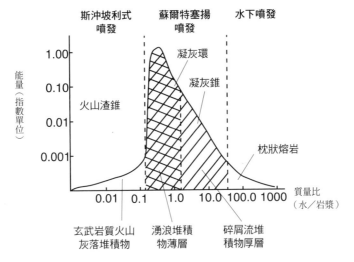

※ 蘇爾特塞揚噴發：一種爆發性火山噴發，發生在淺海和湖泊中，快速上升和破碎的熱岩漿與水和泥漿發生爆炸性相互作用所致。岩漿通常是玄武岩，碎裂成小的火山碎屑物質，在火山口周圍積聚成小錐體或環，這種類型的火山被稱為「凝灰岩山」或「凝灰岩環」，因為它的火山灰經過化學反應會迅速硬化成凝灰岩的堅硬岩石。此噴發方式以 1963 年的噴發命名，該次噴發導致冰島南海岸新火山島蘇爾特塞揚（Surtsey）的出現。

吳貞儒重製

密度輕之浮石碎屑岩

岩石變成紅色或粉紅色
（把二架的鐵氧化成三架的鐵）

火山碎屑岩會膠結形成熔結凝灰岩

陸地的火山噴發過程中，所形成的火山產物，主要是以密度輕的浮石碎屑岩為主；或是熱的岩石與空氣中的氧氣發生熱氧化作用，讓岩石變成紅色或粉紅色（把二價的鐵氧化成三價的鐵）。另外因為岩石是較差的熱導體，在空氣中冷卻較慢，高溫噴出的火山碎屑岩會膠結形成熔結凝灰岩。

臺灣大部分火山為中性的安山岩，中性安山岩岩漿含有較多氣體，因此會發生較為劇烈的噴發，如1991年菲律賓皮納吐坡火山噴發時，噴發柱高度可達30公里的高空，產生大量的火山灰和火山碎屑流的堆積；若岩漿所含的氣體較少時，因中性岩漿的黏滯性較大，將以較溫和的形式噴發，除了部分產生熔岩流流出火山口外，大部分會以熔岩丘的方式噴發出來，如1991年日本的雲仙火山。

火山噴發當時，安山岩質的岩漿如擠牙膏的方式，在火山口附近，形成垂直高約200公尺的熔岩丘，而因熔岩丘的角度過大、發生崩塌，形成火山碎屑岩的堆積。陸地噴發的岩漿在地表上流動時，容易與空氣中的氧氣起反應，發生熱氧化作用，在岩石表面形成紅棕色的特徵。

岩石圖鑑

凝灰岩 ▶ 指岩漿經火山爆發碎裂成顆粒小於 2 mm 的碎屑所膠結組成的岩石。碎屑組成的成分包括有玻璃質顆粒、岩石破片和晶體等三種，依不同比例所組成。

玻質角礫岩 ▶ 岩漿上升至地表時侵入飽含水的沉積物中；或是岩漿流入飽含水的砂岩或泥岩的岩層中，皆會引發岩漿與水作用，使液態水迅速轉變為氣態，體積膨脹產生劇烈的火山噴發，稱之為**水成火山作用**。沉積物會和液態岩漿相混合，形成玻質角礫岩；此一火山角礫岩塊形狀成流體狀，邊緣因快速冷卻成玻璃質。（同熔積岩）

火山角礫岩 vs. 集塊岩 ▶ 岩漿經火山爆發碎裂成大於 64 mm 的岩塊所膠結組成的岩石，稱火山角礫岩。由於其出火山口時已是**固態**，然後再經碎裂作用，故其顆粒大多成角礫狀。若其出火山口時仍是**液態**，形成的顆粒呈圓滑狀，此種顆粒稱火山彈，膠結所成的岩石稱集塊岩。

火山角礫岩

集塊岩

枕狀熔岩 ▶ 岩漿在水下噴發或熾熱熔岩流流進水中所形成。因岩漿噴出地表碰到水後，會被快速冷卻形成玻璃質的外殼，外殼受內部流動壓力而破裂，會再次形成新的熔岩或是水被吸入內部，形成局部玻璃質的現象；而後其易受風化作用影響蝕變成黏土礦物層。若岩漿碰到較少水量的水體，會有噴發的能力，把熔岩流炸成較小碎屑顆粒、快速冷卻成玻璃質顆粒，稱之為「玻璃凝灰岩」。

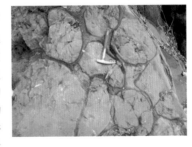

左：枕狀熔岩｜上：玻璃凝灰岩

1991年菲律賓
皮納吐坡火山的噴發
圖片來源：©Dave Harlow,
USGS, Public domain,
via Wikimedia Commons

陸上噴發的岩漿容易與
空氣中的氧氣起反應，
發生熱氧化作用，在岩
石表面形成紅棕色的特
徵。此圖為夏威夷火山。
攝影：宋聖榮

　　海底火山噴發產物最大的特徵，是當岩漿從地底下上升到地表噴發時，會碰到厚層的海水，快速冷卻形成玻璃質的岩石。深海的火山作用以溢流式噴發為主，岩漿噴發速度夠快且量大時，將形成厚層塊狀的熔岩流；若岩漿噴出的速度較慢，則形成**枕狀熔岩**，如大部分海底中洋脊的噴發。在淺海的環境中噴發，岩漿將會與海水作用，發生水成火山噴發，產生較劇烈的噴發作用，形成**枕狀角礫岩和玻璃凝灰岩**。

上：岩漿噴出冷卻形成玻璃質的岩石。此圖為夏威夷火山。

下：厚層塊狀的熔岩流。此圖為澎湖玄武岩。

攝影：宋聖榮

盾狀火山　　　　　　　　　　　圖片來源：遠足文化

● 壯闊的火山地形究竟　是怎麼形成的？

火山噴發後的產物堆積在火山口附近，形成顯著的地形特徵，因此人們很容易辨認出這是一座火山。火山依據產物和地形特徵可劃分為三類：盾狀火山（shield volcano）、錐狀火山（cone volcano）及複式（層狀）火山（composite volcano，strato-volcano）。

盾狀火山呈扁平低錐狀的山形，如平放在地上的盾牌，是由低黏滯性、流動性較佳的玄武岩質岩漿，從火山口中央或側翼裂隙流出而形成。

盾狀火山的特徵是其火山坡度平緩（通常小於10度），而火山體較大，世界上最大或較大的火山，大都屬於此種類型的火山，例如夏威夷和冰島的火山，以及中國東北長白山火山底部，都是由玄武質岩漿從火山口噴出所形成的盾狀火山。

錐狀火山是具陡坡的圓錐形火山，主要是由火山一次噴發所形成的。錐狀火山如果是由爆發式火山噴出大量火山碎屑岩渣所堆積形成的，

左：冰島火山
右：盾狀火山實景。
此圖為冰島火山。
攝影：宋聖榮

錐狀火山
圖片來源：遠足文化

稱爲火山渣錐，形狀像倒置的飯碗，頂上常有一寬大而陡峭的火山口；若是由黏滯性較高、流動性較差的中性或酸性熔岩流冷卻形成，則常呈鐘狀的圓頂丘。一般而言，錐狀火山的坡度較陡（平均在30度左右），火山體較小，陽明山國家公園內的紗帽山、菜公坑山、大尖後山等火山，就是由熔岩流所組成的錐狀火山；而中國東北龍崗火山群的大椅子山，雲南騰衝火山群的大小空山等，則是由火山渣所組成的錐狀火山。

複式火山呈圓錐狀，上部坡度較陡，而下部坡度則較緩，主要是火山交替噴出熔岩流和火山碎屑岩互層所形成，因其層理相當發達，所以又可稱之爲層狀火山。大部分的火山，尤其是發生於島弧的火山，都屬於此種火山體。陽明山國家公園內的火山，像七星山、大屯山和磺嘴山，以及印尼的默拉皮（Merapi volcano）和阿貢火山（Agung volcano）等，皆是屬於此類。

左：火山渣錐與鐘狀火山。此圖爲夏威夷火山。
右：錐狀火山實景。此圖爲印尼火山。
攝影：宋聖榮

複式火山
圖片來源：遠足文化

　　火山體在噴出管道的頂端，常形成一盆狀的凹陷地形，稱爲火山口。火山口內常積水成湖，稱爲火口湖。火山口依形成機制的不同可分爲三種：爆裂火山口（crater）、陷落火山口（caldera）及沉陷火山口（cauldron）。

　　爆裂火山口是火山把噴出管道頂端爆開，形成一凹陷地形，如大屯火山群磺嘴山頂上的磺嘴池、中國東北龍崗火山群的各種龍灣（大龍灣、東龍灣、南龍灣、三角龍灣等），都是由岩漿在火山頂上爆裂開來所形成；陷落火山口是火山噴發後期，岩漿庫的岩漿被部分掏空，無法承受上覆岩石的壓力，而發生陷落所形成，如中國東北長白山頂上的天池火山、夏威夷基拉韋亞火山（Kīlauea volcano）、印尼峇里島上的巴杜爾火山（Batur Volcano）等，都是岩漿噴出火山口後，

七星山屬於複式火山

攝影：宋聖榮

陷落火山口形成圖

岩漿開始噴發

岩漿庫被部分掏空

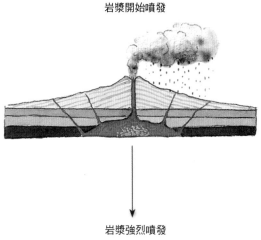

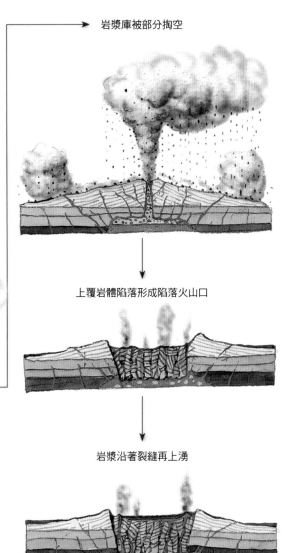

岩漿強烈噴發

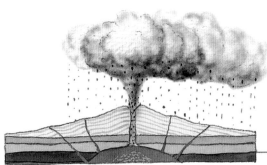

上覆岩體陷落形成陷落火山口

岩漿沿著裂縫再上湧

較大規模的火山噴發過程中，岩漿庫內的岩漿會被部分掏空，以致無法承受上覆地層的重量，就會發生火山下陷，形成陷落火山口。後來的岩漿再沿著陷落火山口內的裂縫噴出。

圖片來源：遠足文化

底下岩漿庫無法承受火山體的重量，發生崩塌作用而形成陷落火山口。沉陷火山口是火山開始噴發前，岩漿在上升過程中陷落於低地，然後岩漿沿著下陷所形成的裂隙噴出，所以大部分的火山都分布在下陷地形的邊緣。大屯火山群在 80 萬年前開始大規模噴發的同時，曾形成一沉陷火山口，然後岩漿再噴出，形成環繞在以馬槽為中心的火山群。

西西里島北邊火山島上的火山口。

攝影：宋聖榮

火山百科 **火山噴發的類型——**
依噴發作用在空間上的分布分成三類

一、中心式噴發:

在火山噴發的行為中,岩漿或火山碎屑物集中由一火山口噴出,此種噴發方式稱為中心式噴發。絕大部分的火山活動都是屬於此種方式,尤其是島弧的劇烈火山活動,如1980年的美國西部聖海倫斯火山、1991年菲律賓的皮納吐坡火山,常可見到一座一座的火山平行於板塊隱沒的海溝排列,甚為壯觀。此種噴發方式在臺灣最典型的是北部的大屯火山群、東部海岸山脈的火山和龜山島。

二、裂隙式噴發:

火山的噴發不是集中由單一的火山口噴出,而是沿著一條裂隙噴出。岩漿或火山碎屑物質沿著裂隙噴出並不均勻,噴出較多的地方常形成一座小火山;而某些地方則沒有岩漿物質噴出,只有裂縫存在,或是以岩脈方式保留下來。此種噴發方式,常發生在張裂的火山活動,如東非大裂谷、冰島和夏威夷火山。在臺灣最典型的是板塊內部、以張裂火山噴發為主的澎湖火山。

三、區域性噴發:

火山噴發過程中的岩漿或火山碎屑物,並不是從單一火山口噴出,也不是由一條裂隙噴出,而是在一廣大的區域範圍內,有很多的火山同時噴出,或是每一座火山只活動一次就停止,下次火山噴發則在附近變換火山口噴出火山物質。最為典型的例子是中國東北吉林省境內的龍崗火山群,其在1,600平方公里的範圍內總共有160幾座火山,大部分都只噴發一次,相當低矮,形成各種火山噴發口、噴發口湖、熔岩錐或火山渣錐等火山地形。澎湖群島亦是屬於此種型態的噴發,最少有超過數十個火山口,分布在超過2,000平方公里的範圍內。

火山百科 火山噴發的類型──依噴發劇烈程度分成六類

近代火山學研究顯示，每個火山的噴發形式和強度常常是不相同的。為了瞭解火山噴發的特性及其噴發強度，常以某一主要的噴發形式做為其類型的名稱。以下依據火山噴發強度及特性分為六種，分別描述如下：

一、夏威夷式（Hawaiian type）：

以夏威夷火山為代表。1942年夏威夷莫納羅亞（Mauna Loa）火山爆發，即為此種類型的範例。火山噴發物為大量黏滯性小的基性熔岩流，以玄武岩岩漿為主，熔岩自火山口溢流而出，沿火山裂縫或斜坡向下漫流，爆發性的活動較少，形成熔岩平臺，冷凝成火山熔岩流。此類火山往往形成盾狀火山，火山體寬闊而平坦。

二、斯沖坡利式（Strombolian type）：

這類型火山是以位於義大利西西里島北邊的伊奧利亞群島（Aeolian Islands）的斯沖坡利火山（Stromboli）為典型代表。該火山噴發自有史以來一直未曾停止。此類型火山為中等黏滯性岩漿的噴溢作用，屬於較低能力的噴發，噴發高度一般小於數百公尺，噴出物以基性到中性的火山彈、火山渣為主，常形成火山渣錐。因其噴發常會在空中形成黑煙狀雲霧，且經常有熾熱火焰噴出，所以又有「海上燈塔」的別稱。

三、伏爾坎寧式（Vulcanian type）：

伏爾坎寧也是義大利伊奧利亞群島火山之一，但它噴發的方式與斯沖坡利式火山不同。因其岩漿以中性的安山岩到酸性的流紋岩為主，岩漿的黏滯性較大，所產生

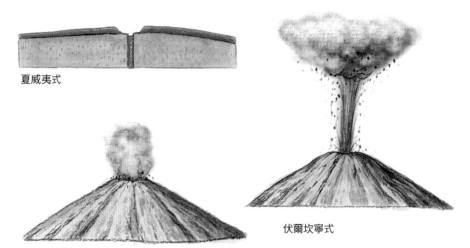

夏威夷式

斯沖波利式

伏爾坎寧式

的火山爆發程度也較高。一般而言，其噴發的高度在1公里以上。因其噴發物質的黏滯性大，一旦接觸空氣，容易凝結成固體，因此在兩次噴發之間，噴出的岩漿早已凝結成硬殼，當第二次噴發時又將凝成熔岩的外殼衝裂成碎片，大量火山灰伴隨著大量氣體向上衝出，在空中形成黑色蕈狀雲，這種烏雲在白天亦甚黑暗，表示雲中物質並未白熱化，故缺乏亮光。

四、維蘇威式（Vesuvian type）：

以義大利維蘇威火山的噴發為代表，其噴發以火山灰為主，大量的火山灰夾雜著大塊的岩礫和氣體噴出，形成高溫和高速的火山碎屑流往低地流動，掩埋火山周遭地區，往往造成巨大的傷亡。如西元79年維蘇威火山的爆發，噴出大量的火山碎屑流，瞬間掩埋了整個龐貝城，龐貝城便

在厚層的火山灰底下，靜靜地度過了大約1,500年左右，於17世紀才被人發現；同時也造成了超過2萬人的傷亡。而分布在火山周圍鬆散的火山灰，也有可能被大雨沖刷形成火山泥流，往河谷下游流去，這是火山周遭致命的災害之一。

五、培雷式（Peléan type）：

培雷火山位於小安地列斯群島（Lesser Antilles）的馬諦尼克島（Martinique），在1902年5月8日發生劇烈噴發，形成猛烈的火山碎屑流，淹沒整個聖比荷市（St. Pierre），造成約2萬9千人傷亡。這是火山噴發造成直接死傷人數最多的一次，所以用此火山代表此類型。本式火山所噴出的岩漿，以中酸性的岩石為主，噴發相當猛烈，形成的噴發柱烏雲最為濃厚，噴發高度可達數公里。因其岩漿的黏滯性較大，

維蘇威式

培雷式

火山百科 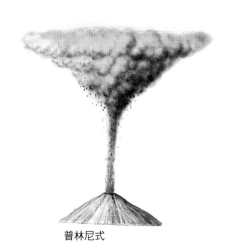 火山噴發的類型——依噴發劇烈程度分成六類（續）

噴發出極度灼熱細灰和較粗的岩石碎片及浮石，混合著熾熱的氣體，合成一種乳汁狀的物質，猛烈地向側面衝去，形成白熱光芒的雲，此即著名的火山雲或火雲（Nuee ardente）。雲中的物質極不穩定，黏性亦大，等到積聚到一定的厚度，浮力無法繼續支持它們在空中飄浮時，就會因重力的作用，以極大速度向下崩落，形成高溫的火山碎屑流，往火山四周快速流竄，任何生物觸及均將滅亡。

六、普林尼式（Plinian type）：

這型火山噴發最為強烈，為紀念因觀察維蘇威火山爆發遇難的義大利火山學家暨博物學家普林尼（Gaius Plinius Secundus）而命名。此類型火山噴發的岩漿主要以黏滯性高的酸性流紋岩為主，形成以火山灰浮石為主的噴發柱，高度在20到40公里之間，最高可達55公里。噴發出的細粒火山灰和氣體，在高空形成蕈狀雲的外貌，類似核子彈爆發。此類型噴發高度最高，噴發出的火山物質以浮石顆粒為主，火山灰的分布最為廣泛。如1991年菲律賓皮納吐坡火山噴發高度達35公里，後續5-6年間引發大規模的土石流，把發育於此火山的河流、距離30公里內的大小城鎮全掩埋。位於印尼蘇門答臘島上的托巴（Toba）火山，在過去的火山噴發紀錄中，距離火山3,000公里外的阿拉伯半島，都還有發現火山灰。

普林尼式

圖片來源：遠足文化

火山百科 **火山噴發的類型──依火山噴發量**

目前火山學界也學習來自地震規模的概念，用比較數字定量的方式來定義火山噴發。火山依據噴出的岩漿量多寡分為0-8級，稱為噴發指數（Volcanic Explosivity Index, 簡稱VEI），噴發量從0.0001~1,000立方公里。

地球上每年約有50到60次的火山噴發，大多數噴發指數都是1到2之間，1980年的美國聖海倫斯火山的VEI約為3，上個世紀噴發最大的火山為菲律賓皮納吐坡火山，其VEI為5。最近一次噴發超過VEI 7的火山為印尼的坦博拉火山（Tambora），發生於西元1815年，造成歐洲地區1816年成為沒有夏天的一年。地球上VEI為8的火山噴發約每10萬到100萬年發生一次，最近一次屬於此種火山噴發是發生於距今75,000年前印尼的托巴火山，差點造成人類的滅亡。

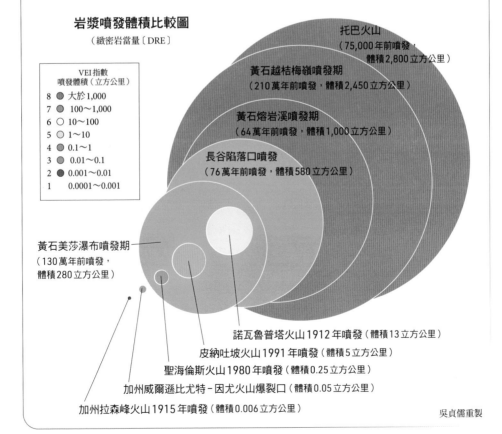

岩漿噴發體積比較圖
（緻密岩當量〔DRE〕）

VEI指數
噴發體積（立方公里）
8 ● 大於1,000
7 ● 100~1,000
6 ○ 10~100
5 ○ 1~10
4 ● 0.1~1
3 ● 0.01~0.1
2 ● 0.001~0.01
1 　 0.0001~0.001

托巴火山
（75,000年前噴發，體積2,800立方公里）

黃石越桔梅嶺噴發期
（210萬年前噴發，體積2,450立方公里）

黃石熔岩溪噴發期
（64萬年前噴發，體積1,000立方公里）

長谷陷落口噴發
（76萬年前噴發，體積580立方公里）

黃石美莎瀑布噴發期
（130萬年前噴發，體積280立方公里）

諾瓦魯普塔火山1912年噴發（體積13立方公里）

皮納吐坡火山1991年噴發（體積5立方公里）

聖海倫斯火山1980年噴發（體積0.25立方公里）

加州威爾遜比尤特－因尤火山爆裂口（體積0.05立方公里）

加州拉森峰火山1915年噴發（體積0.006立方公里）

吳貞儒重製

CHAPTER

03
認識活火山

過去的學者對於活火山的定義，
認爲是在文字歷史上有噴發紀錄的火山，稱爲活火山。
但人類在火山地區有火山噴發的文字記載年代相當短暫，如最久的希臘和
義大利，其火山噴發紀錄才約爲 3,500 年；冰島約爲 1,000 年；菲律賓約爲 500 年；
夏威夷和堪察加半島則更短，約從 16 世紀以後才開始。

• 活火山的定義——
經驗法則 VS. 現象法則

　　火山噴發的文字記載年代非常短暫，而若以火山兩次噴發的可能間距做爲活火山判斷標準，二者皆欠嚴謹。統計全世界火山兩次噴發的可能間距，從數年、數百年、數萬年至一百萬年都有，這和噴發的岩漿性質有密切的關係。例如，高噴發頻率的玄武岩質岩漿的火山，兩次噴發間距約爲 1 到 100 年左右，夏威夷火山卽爲此例，數年噴發一次。

　　中等噴發頻率的安山岩和石英安山岩質岩漿的火山約爲 100 年到 10,000 年左右噴發，如菲律賓皮納吐坡火山在 1991 年噴發，距離上一次約爲 500 年。低噴發頻率且活山體積較大的酸性矽質岩漿，約 1 萬年到 100 萬年噴發一次，如地球上第四紀（約 260 萬年前）以來最大的一次火山噴發，爲坐落在印尼蘇門答臘島的托巴火山，大約 75,000 年前噴發，再上一次噴發約 50 萬年前。大陸張裂型玄武岩系統的火山活動，兩次火山噴發的間距約爲 1,000 年到 10 萬年左右。所以用歷史上有無文字噴發記載來認定一座火山爲活火山或死火山，以及用火山兩次噴發的間距來判斷，是不足且不正確的。

　　日本地質調查所的荒牧先生（Aramaki）於1991年統計日本火山噴發頻率及一座火山兩次噴發的時間間距，他使用2,000年的時間長短來界定日本的活火山。也就是說，用科學的方法來確認一座火山，若在最近的2,000年內曾經噴發過，則認定為活火山。

　　1994年國際火山學會參考日本的經驗，把活火山的時間認定擴張為5,000年至10,000年，稱之為活火山的經驗定義。此種依時間的定義，皆太過於簡單。有些火山在最近10,000年來曾噴發過，卻因快速風化侵蝕，以至於無法辨認出其過去的噴發紀錄。例如，1991年菲律賓皮納吐坡火山噴發出大量的火山灰和火山碎屑堆積物，為20世紀地球上數一數二的一次火山噴發；但因其位處於熱帶多颱風的區域，每年大量豪雨沖刷，把疏鬆的火山灰和火山碎屑流堆積物侵蝕殆盡，現在幾乎看不到當年噴發的痕跡。

　　另外，有些火山雖在最近有噴發過，依經驗定義為一座活火山，卻被火山學者認定未來應不會再噴發。例如，1943年2月20日，墨西哥米卻肯州西部的帕里庫廷火山（Paricutín volcano）在一系列的地震後，從玉米田中開始噴出大量的火山物質，24小時形成50公尺高的火山錐，一個星期內達到100公尺；到了3月，火山灰掩埋了帕里庫廷村和聖胡安村兩個村莊的數百幢房屋。一年後，火山錐已經成長到336公尺高，覆蓋了25平方公里的區域，然後持續噴發了8年才漸趨緩和，之後又斷斷續續噴發直到1952年才完全停止。整個火山錐自1943年開始噴爆到1952年停止，堆積高度超過424公尺，海拔高度約3,170公尺。但此一火山已被認為未來不會再噴發。活火山的經驗定義雖擴大時間範圍到10,000年，仍有先天上定義不足的地方。

　　基於時間經驗法則無法有效定義一座火山為活火山，故1994年的國際火山學會又討論出另一套定義：因火山噴發需其地底下有岩漿庫，若能利用各種科學方法，偵測火山地底下是否有岩漿庫存在，就可以認定其是否為活火山，這種定義稱為活火山的**現象定義**。

　　如何偵測地底下是否有岩漿庫的存在，一直是火山學家所關切的問題。要瞭解此問題，就要從岩漿的性質與組成著手。

　　岩漿在上升過程中，會對周圍地層造成擠壓，產生震動，而有地震

的形成。在岩漿上升未噴出地表前，必須有足夠的空間容納它們，故地表常會膨脹隆起變形，以騰出空間。岩漿是一種溫度超過 1,000°C 的液態岩石，比起周圍岩層的溫度高出許多，且會持續的散熱，所以地底下有岩漿庫的地方，地表溫度或熱流會比其他地方高出許多，且經常以噴氣或較高溫的溫泉表現出來。一般的岩漿常含有水蒸氣（H_2O）、硫化氫（H_2S）、二氧化硫（SO_2）、三氧化硫（SO_3）、二氧化碳（CO_2）、氯化氫（HCl），以及稀有氣體如氦（He）、氖（Ne）

等火山氣體，在地底深處壓力較高時，這些氣體溶於岩漿中，等到岩漿上升到較淺處，壓力較小時，這些火山氣體會從岩漿中離溶而逸出地表。前面也曾述及，當地底下有岩漿庫時，就會有地震、地表變形隆起、較高熱流以及火山氣體逸出等現象。所以綜合上述，偵測地底下是否有岩漿庫的方法包括：地震發生、地表變形、高熱流量和火山氣體逸出等。

• 大屯火山群是活火山

　　地球上不管是建設性板塊邊緣

岩漿庫在地底深處可能具有的現象

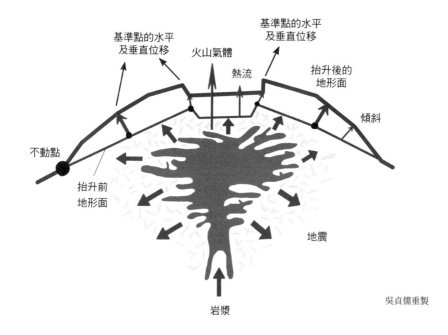

基準點的水平及垂直位移

基準點的水平及垂直位移

火山氣體

熱流

抬升後的地形面

傾斜

不動點

抬升前地形面

地震

岩漿

吳貞儒重製

（divergent boundary，又稱發散性的板塊邊界，包括中洋脊和弧後盆地擴張中心，此處有岩漿噴出，形成新的海洋地殼）、**破壞性板塊邊緣**（convergent plate boundary, destructive plate boundary，又稱聚合性板塊邊緣，即隱沒帶，包括了島弧和活動性大陸邊緣，隱沒帶會有老的海洋板塊被消滅掉）或是板塊內部環境，要有火山活動須有下列條件：1、適當的地體構造環境；2、地底下地函深處有岩漿的形成；3、地底下地殼處有岩漿庫的存在；4、岩漿能上升至地表噴發。

大屯火山群的火山活動，從地體構造的觀點而言，不管是因菲律賓海板塊隱沒入歐亞板塊之下所形成的火山，或是因北呂宋火山島弧和歐亞板塊邊緣碰撞後的崩解張裂作用所形成的火山，兩者模式都具有適當的環境讓岩漿形成，過去也曾經噴發過；且現在的應力場是屬於拉張的環境，岩漿易上升至地表。唯一較不確定的是大屯火山群最後噴發停止的時間，以及地底下是否有岩漿庫的存在。

從火山岩定年資料來推斷，最後噴發停止的年代可能約20,000年前；由於定年方法誤差、新鮮岩石材料取得的局限性，以及由大屯火山群的地形來判斷，此年代可能低估，應該還

要再更年輕。臺北盆地的鑽井中，在井下年輕的松山層中發現火山灰，而松山層的年代年輕於20,000年，故推測大屯火山群的火山活動時間可能年輕於20,000年。

2010年，別洛烏索夫（Alexander Belousov）等人發表了在紗帽山附近古湖泊的火山灰年代，經測得其年代介於11,600年到19,500年前，甚至可年輕至5,000到6,000年前左右。另外，策爾默（Georg Florian Zellmer）等人利用鈾-釷-鐳定年法測定紗帽山熔岩穹窿的年代，獲得可能的噴發時間爲1370年前。但古湖泊的火山灰可能是風化侵蝕而來，並不是火山直接噴發的產物，故有人質疑此年代可能只是碎屑性火山物質沉積的年代，並不代表火山眞正噴發的年代。而利用鈾-釷-鐳定年法測定的年代只有一個，代表性可能不夠，需有更多的樣本進行定年工作，做爲驗證以確定其最後噴發的年代是否在10,000年內。

過去大屯火山群火山岩的定年研究，最年輕的火山作用是否在1萬年以內還有疑義，不能完全符合活火山的經驗定義。然而，大屯火山群的火山地形保存相當完整，包括紗帽山、面天山、七股山等錐狀地；磺嘴山的火山口──磺嘴池；以及分布於七星

山東西兩側的小火山爆裂口等。

印尼默巴布火山（Merbabu）最後一次噴發的時間約為3,500年以前，此後就不再噴發，但3,500年以來，火山體已受到嚴重的侵蝕，地形被切割成很多的侵蝕溝脊。臺灣北部地區年雨量超過2,000到3,000公釐，每年又有颱風大雨造訪，侵蝕速率應與位於熱帶地區的印尼差不多，而卻還能保存這麼好的火山地形景觀，顯示大屯火山群的火山噴發應該是相當年輕才對。放射性定年法之所以未能完整確定訂出年輕的火山活動事件，可能是暴露於地表的火山岩已受到風化作用影響，故無法得到準確的年代；或是使用的定年法無法研究如此年輕的火山岩樣本的緣故。

自2000年至2021年，中央研究院研究團隊陸續利用微震分析，再配合火山氣體、地溫監測和氦同位素的研究，確認了大屯火山群底下有岩漿庫存在（如第1章所述）。雖然經驗定義對於大屯火山還有疑義，但依據活火山的現象定義，可以百分之百確認大屯火山為活火山。

• 龜山島也是一座活火山

龜山島位於宜蘭東方約8海里海域，主要是由安山岩質之熔岩流和火山碎屑岩互層構成的火山島。東西長

龜山島是一座活火山

攝影：宋聖榮

　岩石圖鑑

捕獲岩 ▶ 岩漿上升過程中把地函的橄欖岩捕獲並隨著熔岩一起噴出地表，這些原本不屬於岩漿系統的岩塊稱為捕獲岩。由捕獲岩的組成礦物相可以幫助判斷岩漿來源的深度。橄欖岩主要含橄欖石為主，並含直輝石和斜輝石，因 SiO_2 含量低於45%，故又稱超基性岩石。

澎湖北寮出露的橄欖岩捕獲岩

約3公里、南北寬約2公里，面積約2.7平方公里；地形上分為龜首、龜甲和龜尾等三個部分，最高峰為401公尺。從臺灣本島遠眺龜山島，外形像一隻浮出水面喘息的海龜，因而得名。

龜山島皆由火山岩組成，岩石受到岩漿餘熱產生的熱水換質作用影響外，在龜首還可發現旺盛的硫氣孔和噴氣孔，以及大量由海底冒出的湧泉。這些現象不禁令人產生疑問，龜山島的火山是否為一座活火山？未來是否還會噴發？

回答此一問題，可由兩方面著手，一是從目前世界上對活火山的定義，及其過去的噴發史來探討；另一方面則是從龜山島現在的地體構造環境來研究其所處的地質條件是否還會有岩漿的產生，因為這是一個地方是否會有火山活動的前提。

龜山島底部安山岩質的火山碎屑岩塊中，含有從地殼淺處所捕獲

10 熱螢光定年法的簡單原理為：埋於岩層內的礦物，如石英，受到周遭放射性元素所釋放出的 α、β、γ 射線的輻射線影響，使電子產生游離，被電子陷阱所捕捉，能階發生變化，之後再攜至實驗室加熱處理，使其回到低能量的狀態，同時會放出可見光，即為熱螢光現象。其所放出的熱螢光強度與在地層內受放射性元素輻射線照射的時間長短有關，因此可做為測定岩漿冷卻、形成火山岩的時間。

┌─ 氦同位素比值為什麼重要？如何偵測出物質生成源區的特性？ ─┐

　　地球組成物質的氦同位素比值主要可以區分為四個成分：1、空氣，其氦同位素比值（RA）非常均一（1.39 ± 10^{-6}），通常被用來做為比較的標準；2、地殼成分，由於有豐富的放射性氦4(He^4)含量，所以其氦同位素比值遠低於空氣比值（0.1~0.01 RA）；3、源自於上部地函的中洋脊玄武岩有均一的成分（8 ± 1 RA），而被認為是地函有分層的主要依據；4、源自於下部地函的熱點，被認為保存有地球剛生成時的原始氦同位素組成，而具有最高的氦同位素成分（>30 RA）。由於各成分有明顯不同的分布範圍，故氦同位素比值可以敏感的偵測出物質生成源區的特性，被視為一個有用的「示蹤劑」，廣泛被應用於岩石成因與大地構造上的討論。

的石英砂岩、片岩和石英岩等，利用熱螢光定年法[10]測得龜山島安山岩捕獲之石英砂岩，獲得受到熱作用的年代約7,000年；也就是說，**含有石英砂岩捕獲岩的火山碎屑岩的噴發年代為7,000年**，其上還覆蓋有兩層熔岩流和兩層火山碎屑岩。這顯示了7,000年以來，龜山島火山至少還發生過四次的火山活動。依照國際火山學會目前對活火山的時間經驗定義，龜山島在1萬年以來還有火山活動，所以應屬活火山。

　　龜山島及其周圍有相當多的硫氣口、噴氣口和海底湧泉，不斷地冒出硫氣和氣泡，顯現當地有相當豐富的火山氣體和很高的熱流。龜山島和附近海域，也是臺灣發生地震最多的區域之一，顯現龜山島地底下有活躍的地質作用。

　　2018年中央研究院林正洪研究員等利用震波層析成像術（seismic tomography）觀測到龜山島地底下13到23公里處有一岩漿庫存在；另外，火山氣體中的氦同位素（^{3}He／^{4}He）研究，也提供了我們更多有關地底下岩漿的信息。

　　臺大地質系楊燦堯教授曾於1999年夏天搭乘海研一號與海釣船，兩次至龜山島南方海域利用排水集氣法採集海底溫泉所冒出的氣泡，並攜回沖繩海槽海域附近可能有海底火山的位置上方收集海底的海水（海面上並未有明顯氣泡），在實驗室利用稀有氣體質譜儀分析其氦同位素比值成分。分析結果顯示，龜山島附近的海底溫泉氣泡都有一致的氦同位素比值

（7.8~8.2 *RA*），此比值與全球平均中洋脊玄武岩的比值相同。含如此高的氦同位素比值，顯示龜山島海底溫泉氣泡必須含有來自地函的物質，而岩漿活動是將地函物質帶至地表的最佳方法。所以可以推論，龜山島地底下應存在有一活躍的岩漿庫，依照國際火山學會較完整的現象定義，必須將此座火山界定為活火山。綜合依照時間經驗定義和地底下岩漿庫存在的現象定義，都顯示龜山島確確實實是一座活火山，未來有再噴發的可能。

● 何時會噴發？

地球的地質作用是相當緩慢的。人類的時間計算是以「年」為單位，但談論地球的年代是用「千年，Ka」和「百萬年，Ma」為單位。前者用於描述地球古氣候的變遷和演化，後者用於地球內部地質作用的速度和演變。

大屯火山群和龜山島目前已被定義為活火山，「何時會噴發」一直是政府相關單位和社會大眾關心的議題，尤其1991年臺灣北邊日本雲仙火山和南邊菲律賓皮納吐坡火山相繼噴發，之後我就常常被問到此一問題。我的答案都是，岩漿從深處移動到地表的噴發作用相當緩慢，若無任何監測，何時會噴發很難預測；但火山噴發之前有很多前兆，如地震、火山體隆起、溫度和火山氣體急遽上升等，若能有效的監測，就有機會掌握其活動，相較於難以觀測實體前兆現象的地震，火山的活動性評估容易多了。

1991年菲律賓皮納吐坡火山噴發，從幾個月前就開始有風吹草動了：地震和高濃度的火山氣體。菲律賓火山暨地震研究所（PHIVOLCS）和美國地質調查所（USGS）合作廣設監測儀器，觀測火山前兆並預測何時會噴發，結果預測和實際噴發時間只誤差一天！菲律賓政府聽從火山學家的建議，把居住在皮納吐坡火山周遭約百萬人疏散，將可能造成的大災難旋即消弭於無形。所以，毋須太擔心大屯火山群或龜山島何時會噴發，因其是人力無法阻擋的；重要的是有無對此二座火山進行有系統的監測，以及進一步制定防災計畫。

PART
II
更老、更深、更遠！
從外太空到內地核

火星地表上有太陽系最大、最高的火山——奧林帕斯山

太陽系的火山活動：
活生生的地球、死寂的火星以及氣候演變

地球是一個活躍的行星，不僅地表上有各種地質作用，
如風化、侵蝕、火山噴發和地震等；地底下更有強盛的岩漿對流，
透過火山噴發，源源不斷地提供生命所需的元素。
相對而言，火星地表卻是一片寂靜，地底下沒有任何岩漿對流，
可說是一個死的星球。
地球之所以是活的行星，與其地函中旺盛的岩漿對流有密切的關係。

一、太陽系與地球上最大的火山

• 地球是活行星

46 億年前，地球所在的太陽系散布大量以氫氣和氦氣為主的分子雲，而後因鄰近的恆星發生超新星爆炸，對太陽星雲傳遞震盪波並使之收縮，發生重力塌陷作用，慢慢使質量集中，於質量中心形成了太陽，在邊緣地區攤平並形成了一個原行星盤[1]，繼而因碰撞形成了行星和小行星等太陽系天體系統。

太陽系形成的過程中，於原行星盤內存在大量的碎片，地球是互相碰撞結合所成的較大碎塊。地球距離太陽中央約 1 億 5,000 萬公里，為太陽系中的類地行星[2]。碰撞形成地球的初期，整個地球是由液態融熔體所

一個原行星盤的想像圖
圖片來源：© Pat Rawlings, Public domain, via Wikimedia Commons

海王星　天王星　土星　木星　火星　地球　金星　水星

太陽系八大行星　　　　　　　　　　　　圖片來源：©Public domain, via Wikimedia Commons

組成，而後冷卻分異作用[3]生成地核、地函和地殼等，此分異作用可能發生在43.8億年前[4]。岩漿在地底下慢慢冷卻時會形成晶體較大的深成岩（侵入岩），若岩漿噴出地表快速冷卻則形成噴出岩（火山岩）。地函的岩石是由深成的橄欖岩所組成，但此種岩石的岩漿噴出地表後會形成科馬提岩（komatiite），這岩石只能在25億年前的太古代（Archean Eon）古老

地塊的岩層中被發現，顯示25億年前的地球表面溫度很高、能把目前地函的岩石直接融熔。

• 死寂的火星擁有太陽系最大的火山——奧林帕斯山

　　火星和地球一樣都是太陽系的類地行星，在太陽系形成過程中由固體物質互相碰撞聚集而成。相對於地球，目前的火星地表一片死寂，地底

1 原行星盤（Proplyd or Protoplanetary Disc）是在新形成的年輕恆星外圍繞的濃密氣體，氣體會從盤的內側落入恆星的表面。

2 類地行星，太陽系中距離太陽較近的4個行星，包含水星、金星、地球、火星，其組成主要為岩石、金屬。質量小、體積小、密度大、衛星數少（相較於類木行星而言）。

3 岩漿分異作用（magma differentiation）指岩漿在冷卻過程中發生主要化學變化的各種過程的總稱

4 此年代是由在澳洲古老地殼的冥古宙（Hadean Eon）岩體中找到的鋯石晶體、利用鈾－鉛(U-Pb)定年法所獲得的年代。

岩石圖鑑

科馬提岩（komatiite）▶ 科馬提岩為超基性噴出岩，1969年發現於南非巴伯頓山地的科馬提河流域，故以此命名。科馬提岩又稱為鎂綠岩，其成分與深成的橄欖岩相當，常常形成枕狀構造，具有冷凝的流動頂蓋並且常顯示發育良好的鬣刺結構（Spinifex texture），鬣刺構造是在大量玻璃基質中，橄欖石和輝石晶體呈骸晶狀或刀片狀彼此交生。科馬提岩的發現對證實超基性岩的岩漿成因，具有重要意義，它是地函部分融熔的產物，地球早期富鎂原始岩漿的代表。

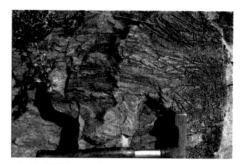

科馬提岩樣本圖，寬度約9公分。
圖片來源：© GeoRanger, Public domain, via Wikimedia Commons

下沒有任何岩漿造成的熱對流。但是，火星地表卻有整個太陽系最大、最高的火山——奧林帕斯山（拉丁語：Olympus Mons），顯現在火星地質史上曾存在一段驚心動魄的火山活動時期。另外，在太空船未確認它是一座火山之前，地面望遠鏡觀察奧林帕斯山是一個相當明亮的亮點，被19世紀後期天文學家命名為「奧林帕斯山之雪」（Nix Olympica）。

奧林帕斯山是一座具有陷落火山口的巨大盾狀火山，類似夏威夷的

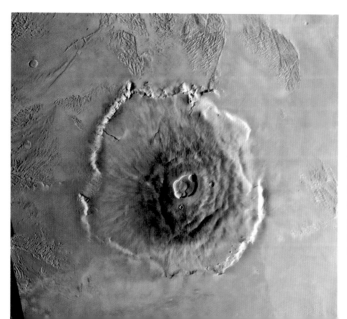

此圖像是奧林帕斯山的拼接圖。奧林帕斯山中央有一個陷落火山口，火山周圍峭壁高數公里，峭壁之外是一個充滿熔岩的護城河，很可能源自奧林帕斯山。更遠處是一個典型的帶溝槽地形的光環。

圖片來源：© Image by NASA, modifications by Seddon, Public Domain, via Wikimedia Commons

基拉韋亞火山和茂納羅亞火山（Mauna Loa），其高度為21,229公尺，底部寬度為648公里，比高（最高點至平均基準面的高度）超過20公里，將近地球聖母峰的兩倍多，也是地球上最大火山茂納羅亞火山（從海底算起高度9公里多）的兩倍多。奧林帕斯山火山體由五個陷落火山口相互連貫和覆蓋所成，火山口東北－西南向長度約85公里、寬約70公里，火山口內壁垂直高度可達3公里。山體周圍環繞4至8公里高的峭壁，可能是在火山大噴發時陷落所形成的，這在火星其他火山很少見。

火星上的火山活動年代大都老於10億年以上。火星地表上類似月球海的玄武岩平原，其年齡約30至35億年；巨型的盾狀火山則較年輕，約10至20億年前形成；最年輕的熔岩流可能出現在奧林帕斯火山，但規模極小，噴發年代可能為2,000萬至2億年間，顯示火星最後的火山活動發生在此一時間。

火星拓荒者號（Pathfinder）的太空船圖片
圖片來源：© Image by NASA, via Wikimedia Commons

美國太空總署（NASA）於1996年12月4日發射火星拓荒者號（Pathfinder）的太空船，前往火星進行地表探勘研究和一系列的實驗，並於1997年7月4日於火星上著陸。此太空船攜帶了一系列的科學儀器來分析大氣層、氣候、地質和岩石與土壤的組成。除了科學研究外，火星拓荒者號的附帶任務是創新各種技術，包括像著陸安全氣囊和自動迴避障礙。相較於其他的無人火星探測器任務，火星拓荒者號的成本相對最低。[5]

---

5 近年來，全球有數個火星探測計畫正在進行，包括美國太空總署的火星2020探測車任務、中國的天問一號、阿拉伯聯合大公國的希望號火星探測車和印度的火星軌道探測器2。另有俄羅斯和歐洲太空總署合作的ExoMars羅莎琳德．富蘭克林探測車。

由於火星有著與地球接近的環境條件，同為太陽系內的類地行星，與金星、水星相比，火星有一層稀薄的大氣層，也有季節變化，只是缺乏海洋，正好可以拿來做為與地球氣候機制比較的對照組。此外，由於人類一直在追尋生命的起源與本質，火星也許有機會發現新的基因祕密。

• 地球火山之冠：從海底拔地而起的夏威夷茂納羅亞火山（Mauna Loa）

地球上最大的火山是坐落於夏威夷大島上的茂納羅亞火山，意為「長山」，為一座活躍盾狀火山，海拔4,169公尺，是世界最大的獨立山體之一，也可說是世界最大比高的山體。其海拔高度雖不及喜馬拉雅山脈中的珠穆朗瑪峰（Mount Everest，聖母峰，8,884公尺），但茂納羅亞火山從水深超過5,000公尺的太平洋海底拔地而起，加上海平面上超過4,000公尺的高度，整座山比高超過9,000公尺；而珠穆朗瑪峰是坐落在平均高度超過4,000公尺的喜馬拉雅山脈中，其比高不及5,000公尺。

2013年地球科學頂級期刊《自然》（Witze, Alexandra, Underwater volcano

茂納羅亞火山
於2022年12月噴發
圖片來源：© by NASA,
via Wikimedia Commons

is Earth's biggest. *Nature*. 5 September 2013, doi:10.1038/nature.2013.13680）發表了一篇文章，介紹位於日本以東約 1,600 公里處的太平洋中，一座被命名為大塔穆（Tamu Massif）的盾狀火山，它坐落於約 2,000 公尺深的海底，面積約 31 萬平方公里、相當於美國新墨西哥州大小，這可能是太陽系內已知最大的火山之一。茂納羅亞火山被認定為世界上最大的活火山，火山體長 120 公里，寬 103 公里，面積約 10 萬平方公里；山頂上陷落火山口面積約為 15 平方公里，深度約 180 公尺，火山體的大小相較於其他火山體大很

多，比冰島最大的火山多出 20 倍左右，比歐洲最大的層狀火山埃特納火山（Mt. Etna）大了約數十倍。大塔穆是一座死火山，約形成於 1.45 億年前。但最近的研究顯示，此一火山並不是由單一火山體所構成，故重新檢討後，夏威夷的茂納羅亞火山重新奪冠。

茂納羅亞火山位在夏威夷地函熱點上，推測從開始噴發至今已經歷了 70 萬年，前 30 萬年為海底下噴發，約在 40 萬年前火山成長，露出海平面上，開始了陸地的噴發。大量黏滯性低的岩漿從火山口和裂隙中溢

夏威夷火山島鏈圖

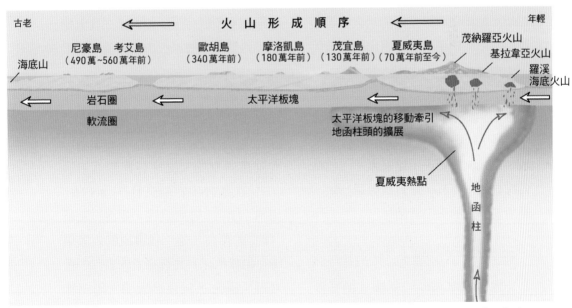

資料來源：©Joel E. Robinson, USGS, Wikimedia Commons

大氣氣體含量變化圖

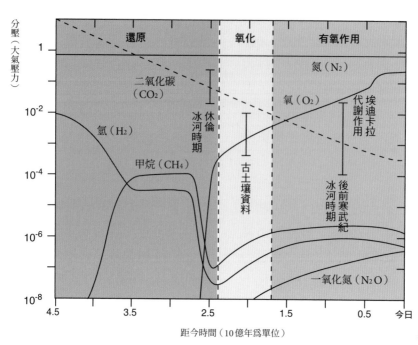

距今時間（10億年為單位）

吳貞儒重製

流出，建構現在巨大的盾狀火山體。茂納羅亞火山是地球上火山活動最頻繁、噴出量最大的火山，最近的噴發是從1843年持續至今。夏威夷島鏈是地函熱點上的岩漿隨著太平洋板塊向西北移動，經歷千萬年噴發所形成。但茂納羅亞火山隨著太平洋板塊的緩慢漂泊移動，終將被帶離熱點，結束其一生的火山活動。

二、火山對地球大氣的影響

　　包圍地球表面的氣圈，稱為地球的**大氣層**。地球剛形成與現今的大氣層完全不同，至少經歷了三次大變化，而整個演變與火山活動脫不了干係。

　　原始大氣出現於46億年前地球剛形成時。從冥古宙古老地層稀少的蛛絲馬跡和行星上大氣的資料來看，太陽系的原始大氣成分推測為甲烷（CH_4）、氨（NH_3）、氫（H_2）、氦（He）和水（H_2O）等所組成，並沒有氧氣（O_2）的存在，是一個還原的大氣環境。由於地球表面有高溫的岩漿、重力還不穩定，以及巨大的太陽風作用，這些原始大氣的輕的元素成分都

地球氧氣含量演變圖

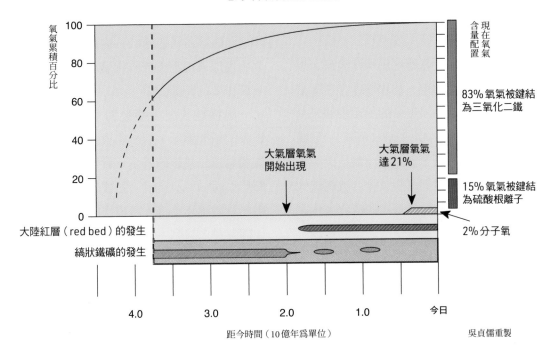

大氣層氧氣開始出現

大氣層氧氣達21%

含量配置現在氧氣

83%氧氣被鍵結為三氧化二鐵

15%氧氣被鍵結為硫酸根離子

2%分子氧

大陸紅層（red bed）的發生

縞狀鐵礦的發生

氧氣累積百分比

距今時間（10億年為單位）

吳貞儒重製

被吹離地球表面，進入太空，可能形成了一段短暫無大氣或濃度很低的世界。

地球岩漿海冷卻的過程中，大量的火山爆發，噴出豐富的氣體，其組成與原始大氣的成分相似，仍屬還原的大氣環境。此一地球形成時期，由於遍及全球的火山噴發排氣，形成所謂的地球次生大氣圈（reducing atmosphere），成分和火山排出的氣體相近。46億年後的今天，夏威夷火山排出的氣體成分主要為水（約占79%）和二氧化碳（約占12%），與地球形成初期以甲烷、氨和氫為主的火山逸氣有明顯的不同。

次生大氣中沒有氧氣，籠罩地表的時期大約距今45億年前到20億年前。所謂還原的大氣環境，沒有氧氣，是因為地殼剛形成時，地表金屬鐵元素以二價的為主，氧很容易和金屬鐵結合而不能在大氣中留存，因此次生大氣屬於缺氧還原大氣。另外，此一階段的水蒸氣從地下大量噴出，進入大氣，因地表溫度高，大氣對流旺盛，水蒸氣上升凝結成液態水，形成地表的江河湖海等水體，而二氧化

硫等氣體融入液態水中變成酸性的水體，故早期的地表環境是一個還原且酸性的世界。

由次生大氣轉化為現在大氣，以及生命大量出現，都和地球存在氧氣有密切的關係。生命的出現根據米勒的實驗（Miller–Urey experiment），他將水、甲烷、氨、氫氣與一氧化碳等，利用火花放電把這些成分合成有機大分子，構成生命最基本的成分，也讓死寂的世界慢慢演變進入多彩繽紛、生機盎然的大地。

時序到了 25 億年前，藍藻細菌已在地球的海洋中大規模繁殖，它們的數量不僅呈指數式的增長，也把水分子和二氧化碳經由光合作用轉變成氧氣，向大氣中排放，讓大氣中的氧氣濃度急劇升高，導致當時的厭氧生物大規模滅絕。同時間，充沛的氧氣孕育地球上由寒武紀至今十分多樣的生物組成，氧氣是地球生物演化以及人類的出現與繁衍最為重要的驅動力之一。

大氣層的氧氣濃度，在地球上並不是一成不變的。早期的地球氧氣濃度是相當低的，遲至 25 億年前左右，氧氣濃度為現今大氣氧氣濃度（約 20%）的十萬分之一左右，爾後逐漸上升，至遠古代末期，達到現今大氣氧氣濃度的 10% 以上，地質學家稱此氧氣濃度變化為「**大氧化事件**」（Great Oxidation Event），從此地球表面由還原環境演變成氧化環境，這是一個重要的時間分野。

根據過去火山噴發對全球氣候影響的研究顯示，若一座火山噴出的氣體是以二氧化碳為主，會造成全球暖化（global warming），影響的時間從數年到數萬年不等。若噴出的是二氧化硫氣體，只到達對流層高度，會造成全球暖化，持續的時間約數天到數月。若噴出的氣體是氯氣，會造成臭氧層的降低，並形成酸性氣體如硫酸、鹽酸和氫氟酸等，造成酸雨；若和二氧化硫結合，則會形成硫酸鹽氣溶膠，或稱懸浮微粒（aerosol），造成全球氣溫下降，影響的時間持續數年。

1815年印尼沉睡了5,000年的坦博拉火山（Tambora）爆發，
岩漿將海拔約4,300公尺的山體爆裂崩毀到剩2,800多公尺，約9萬人喪生。
氣體和塵埃顆粒改變了全球天氣，
導致1816年惡名昭彰的「無夏之年」（Year Without a Summer），
引發歐洲糧荒與霍亂流行。

• 1816無夏之年
（Year Without a Summer）

　　在美蘇冷戰的50到80年代，人們十分擔心美國和蘇聯衝突發生核戰，將導致核子冬天（nuclear winter）來臨；幸運的是，此一核子冬天未曾發生，希望將來世上也不要發生。而人們較陌生的火山冬天（volcanic winter）卻實實在在地發生過，且在歷史上發生過很多次，其中最有名、記錄較完整的是1815年印尼坦博拉火山爆發的影響，當時北半球天氣嚴重反常，導致很多人因飢餓而喪命。

　　1815年4月5日，印尼森巴瓦（Sumbawa）島上的坦博拉火山爆發。此次噴發可能是人類歷史上（5,000年以來）地球上最大規模的火山爆發之一，噴出的火山灰總體積高達150立方公里，噴發高度達44公里的平流層，爆發指數（VEI）為7，造成印尼森巴瓦島上和周遭地區約9萬人死亡。全世界很多地方都可見到因火山灰覆蓋天空所出現的彩霞落日。據估計，此次火山噴發約降低全球平均溫度0.4°C到0.7°C；也使得隔年1816年成為1400年至2000年這600年間，歐洲與北半球溫度紀錄最冷的一年。

　　歷史紀錄中，1815年坦博拉火山的噴發對美國東北及加拿大的影響

非常嚴重。一般而言,美國東北部和加拿大5月和6月的溫度相當穩定,平均20℃至25℃,甚少低於5℃。1816年5月,美國東北出現霜凍,大部分農作物被凍死。6月,加拿大及美國新英格蘭出現兩次大風雪,魁北克積雪達數十公分,許多地方有人凍死。到了7月及8月,南至賓夕凡尼亞州仍可見河水結冰。

1815年,歐洲大陸剛剛結束對拿破崙的戰爭,突如其來的天氣異常導致糧食廣泛短缺,發生有史以來最嚴重的穀物(馬鈴薯)歉收和大洪水,各地都出現搶奪糧食的情況,瑞士尤甚,飢餓造成了人們大量傷亡。威爾斯、愛爾蘭等地的農作物也歉收,英國大批家畜在1816年冬天死亡。歐洲多條主要河流在夏天氾濫,德國等地在8月也出現霜凍。據估計,歐洲約有20萬人死於這次的極端天氣。因天氣酷寒,大批牲畜死亡,包括做為交通工具的馬匹,為了尋找代替馬匹的交通工具,德國的德萊斯(Karl Freiherr von Drais,1785-1951)

印尼森巴瓦島的坦博拉火山口全景。
圖片來源:© Tisquesusa, via Wikimedia Commons

發明了「雙輪跑動機」，是現代腳踏車的雛形，或許是一個意外的收穫。

1816 年是中國清朝嘉慶 21 年，農曆 8 月時「天氣忽然寒如冬」。雲南《鄧川縣志》的歷史記載中，昆明及滇西等地連續三年冬天降雪，導致雲南全省嚴重饑荒。黑龍江省雙城縣在農曆 7 月出現嚴重霜凍，作物歉收，農民大量逃亡。安徽、江西等地亦有農曆 6、7 月出現降雪的紀錄。1816 年冬天，在臺灣的新竹、苗栗等地有記錄到罕有的霜凍，新竹以北則有「十二月雨雪，冰堅寸餘」等現象。

• 火山噴發對天氣與氣候的影響

火山噴發後的數日或數月內，常可看到天空的異象，包括乳白色的天空、太陽或月亮邊緣藍色的色暈，以及傍晚散布於整個天空驚人壯觀的火紅彩霞等，這是由於大氣中的火山灰和硫化物所致。

1815 年坦博拉火山噴發後，傍晚的火紅彩霞持續了好幾天，與印尼

火山相距萬里之遙的英國也出現異常天候。英國畫家威廉・特納（William Turner, 1789–1862）有很多傳世畫作，其中數幅描繪了當時倫敦的天空，充滿絢麗的光影，傍晚落日則散發出鮮豔的粉紅色光暈。

1883年位在印尼巽他海峽中的喀拉喀托火山（Krakatoa）噴發，多數地區在日正當中時可以見到藍色和綠色的太陽暈，以及傍晚時出現鮮豔火紅的落日等。北美西部最近幾年的秋冬季節，廣泛可見豔紅落日，這是因為該地區乾燥的野火燒毀大範圍的森林和草地，讓大量的灰燼飄浮在天空，而後陽光散射，形成了這些景象。由此可知，火山噴發後，大量的火山灰被噴到空中，隨著大氣飄浮，造成某些天空異象。若這些顆粒懸浮在空中夠久，增加太陽光的反射和散射，讓進入地球的太陽光熱能減低，就會對天氣造成一定的影響。

一般而言，火山噴發至空中的物質除了固體的火山灰外，還有各類氣體，主要有水蒸氣（H_2O）、二氧化碳（CO_2）和二氧化硫（SO_2），其他還包括硫化氫（H_2S）、二氧化氮（NO_2）、氯氣（Cl_2）、氟氣（F_2）和鹽酸（HCl）等。通常在數個月內，火山灰的固體粒子很快會受重力作用掉落地面，水蒸氣會冷卻成水滴，並溶解鹽酸隨降雨掉落地面。

二氧化硫會達平流層中，受到紫

影響地球表面溫度的原因

地球表面溫度變化的原因，主要來自白天太陽輻射的吸收多寡，以及從地球表面黑體輻射[6]所形成紅外光返回地球的量。前者進入地球的陽光量愈多、白天溫度愈高；進入量愈少、溫度就降低。反之，黑體輻射返回地球愈少、地表冷卻愈快、溫度愈低；黑體輻射返回愈多、則冷卻較慢、溫度較高。這就是為何當冬天有晴朗的夜空時，清晨的溫度會較低的原因，因為反射黑體輻射的紅外光是靠天空中的積雲來反射，如果夜空晴朗無雲，反射弱、溫度降得快；反之，若是雲量厚、反射強、溫度也降得較少，這時，冬天清晨的溫度會比晴朗的夜空高。

---

6 理想的黑色物體（簡稱黑體）會吸收所有外來的電磁波，並發出熱輻射，稱為黑體輻射。此熱輻射的連續光譜只受黑體本身的溫度影響。當黑體溫度較高時，會輻射出較多能量；反之，則輻射能量較少。

火山硫噴出量與溫度降低的線性關係圖

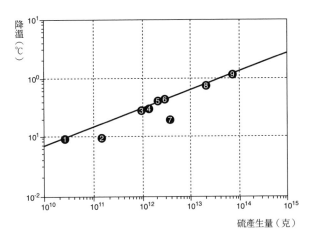

1. 聖海倫斯火山　　6. 喀拉喀托火山
2. 海克拉3號火山　7. 卡特邁火山
3. 福埃哥火山　　　8. 坦博拉火山
4. 阿貢火山　　　　9. 拉基火山
5. 聖瑪麗亞火山

吳貞儒重製，資料來源：Correlation between volcanic sulfur yield to the atmosphere and the observed Northern Hemisphere temperature decrease for several historical eruptions. Sulfur yield is based on petrologic estimate (Devine et al., 1984; Palais and Sigurdsson, 1989). Figure is after Sigurdsson Collapse (1990).

外線（hv）及氫氧基（OH⁻）的作用變成硫酸（H_2SO_4），而後因高空環境的飽和蒸氣壓較低，造成硫酸氣溶膠以指數速率凝結生成。這些硫酸氣溶膠會在平流層停留，平均大約12到14個月，期間快速沉澱凝結掉落地面。平流層飄浮的硫酸氣溶膠不斷環繞地球，最久甚至可達數年以上，此時同緯度的鄰近區域很容易見到鮮紅的落日。

從地球對太陽輻射能量收支的觀點來看，進入平流層的大量氣溶膠會對太陽輻射產生反射和散射作用，導致地球的反照率（albedo）增加，也就是到達地球大氣層頂的太陽能會被直接反射回天空，降低太陽輻射熱進

入地球，導致地表溫度降低。以菲律賓1991年皮納吐坡火山噴發爲例，火山爆發前後，全球的反照率從5年平均的0.236提高到0.250，增加了近6個百分點，也造成那5年全球平均溫度的降低。

至於火山噴發後會降低全球溫度多少呢？火山噴發降低全球溫度是因爲有大量的二氧化硫噴至平流層，科學家根據過去300年來各個火山硫噴出量與降溫的數據，畫出幾乎爲線性的關係。也就是說，一座火山噴出二氧化硫的量愈多，全球的平均溫度也下降愈多。

火山噴出的氣體當中，會長期影響地球氣候的是二氧化碳，這和人類

溫室效應

　　影響地球氣候的動力為太陽輻射的熱能，到達地球大氣層頂的太陽能中約有三分之一被直接反射回太空（稱之為反照率），剩下的三分之二主要被地球表面吸收，其餘被大氣吸收。為達到平衡，被吸收多少入射能量，地球本身也會向太空輻射出幾乎等量的能量。因為地球比太陽的溫度要低得多，故輻射到太空以能量較低、波長較長的紅外光為主。陸地和海洋釋放的熱輻射中有很多被大氣（包括雲）吸收了，然後又被反射回到地面，保持地表一定的熱能和溫度，這就是所謂的溫室效應。

溫室效應示意圖

部分太陽輻射被地球
大氣層反射回太空

有些紅外光可以穿透大氣層，有些則被溫室氣體吸收後，再被大氣層散發到其他方向。這個效應能溫暖地球表面與大氣底層。

大氣層

地球表面

部分太陽輻射被
地球表面吸收

地球表面因增溫
而散發紅外光

　　如人為溫室中的玻璃牆減少了空氣流動，吸收來自於外面的光熱能，因不易藉由空氣流動散熱，提高了溫室內的氣溫。如果沒有溫室效應，地球就會冷得不適合人類居住。

　　大氣中含量最高的氣體是氮氣（乾燥大氣中的含量為78%）和氧氣（含量為21%），這兩者都不是溫室氣體，不會形成溫室效應。水氣是最重要的溫室氣體，其次是二氧化碳、甲烷（CH_4）、氧化亞氮（N_2O）、臭氧（O_3）和少量存在於大氣中的其他氣體。在潮溼的赤道地區，空氣中的水氣含量非常高，以致溫室效應很強；因此增加少量的CO_2或水氣等溫室氣體，對射向地面的紅外輻射量只有很小的直接影響。但在冷而乾的高緯度地區，增加很少量的溫室氣體會產生很大的效應。同樣冷而乾的高空大氣中，增加少量的水氣所產生的影響，比在近地面增加同量水氣的影響要大得多。

地球氣候系統中的某些組成成分，特別是海洋和生物，影響著大氣中溫室氣體的排放和濃度；最重要的是植物吸收大氣中的二氧化碳，然後通過光合作用將其（和水）轉化成碳水化合物。

在現今工業化時代，人類燃燒化石燃料（煤、石油和天然氣）和破壞森林，造成二氧化碳排放增加，並減少二氧化碳被植物吸收。大氣中增加二氧化碳排放會增強溫室效應，從而使地球平均溫度增加、氣候變暖。變暖的多寡取決於各種反饋機制，例如，由於溫室氣體濃度增高，大氣變暖，大氣中的水氣含量也隨之增加，進而又增強了溫室效應，反過來又引起了進一步的變暖，而水氣含量又接著增加，這是一種不斷自我強化的循環。

水氣反饋的效應非常強，由它引起的溫室效應增強的量是增加二氧化碳所引起的溫室效應量的兩倍。但水蒸氣在大氣中會因冷卻凝結成水滴下降，而維持一定的平衡。

另外，其他重要的反饋機制包括雲量。雲可以有效地吸收紅外線輻射，產生較大的溫室效應，進而使地球增溫；雲也能有效地反射入射的太陽輻射，從而使地球降溫。雲的任何改變，如類型、位置、水含量、高度、微粒大小和形狀、存續時間等等，都會影響對地球的增溫或降溫效應。有些變化放大了增溫效應，而其他變化減弱了增溫效應。

工業化後大量排放的溫室氣體一樣，都會造成全球暖化，進而長時間影響地球氣候和極端氣候事件。從過去的地質紀錄中發現，地球因火山噴發增加的二氧化碳，造成全球暖化和增溫的時間可長達百萬年以上。

在地球歷史上，由火山爆發釋放到大氣中的二氧化碳，是造成古氣候變化的重要自然因素之一。然而，科學家研究顯示，在過去一個世紀，每年由人類活動排放二氧化碳的量，遠遠超過由陸地和海底火山所釋放的總和。2010年由人類活動引起的二氧化碳排放量，估計約為350億噸，是全球火山估計二氧化碳排放量（約每年2.6億噸）的100倍以上。若此種趨勢一直下去，將預見地球暖化和增溫的速率是地球歷史上未曾見過的現象。

另外，目前火山噴發的規模比起地質史上的超級火山噴發差距甚大，例如上個世紀最大的火山噴發為位於美國阿拉斯加的諾瓦魯普塔火山（Novarupta），噴發量約為13到15立方公里；第四紀（260萬年以來）最

碳循環：火山爆發與人為開發會破壞碳循環的平衡

地球是一個相當巨大的碳儲存槽，陸地與海洋各自吸收與釋放一定的量，讓整個地球碳的含量和循環呈現穩定的動態平衡。例如，植物藉由光合作用一年固定下來的碳約有1,200億噸，但有約一半的量（600億噸）因自身呼吸作用返回大氣，另一半則經由土壤中微生物的呼吸和分解作用返回大氣。由於人類大量燃燒化石燃料、改變土地利用型態，一年多增加900億噸到大氣，干擾了平衡。

地球上的碳以不同型態的化合物存在於生物和環境中。大氣中的二氧化碳從無機物經過植物或藻類的光合作用，合成有機化合物，大多為碳水化合物，為構成生命的基本物質，因此植物或藻類被稱為生產者。動物從植物獲取養分，稱為消費者。碳經過植物固定後進入食物鏈，不論是生產者或消費者都會經由呼吸作用產生二氧化碳，於是碳又回歸大氣中。另外，生物死亡後遺體經由微生物分解也會放出二氧化碳，部分沉積至土壤中成為木炭或石油。碳從大氣到生物體再回歸大氣的這些路線，便稱為碳循環。

碳循環是生物、地質和化學作用等相互的影響和循環，指碳元素在地球大氣層（氣圈）、海洋（水圈）、地殼（岩石圈）和生物體（生物圈）中相互交換，維持一定的平衡關係。

一般而言，生物圈與大氣圈和水圈的碳循環是經由光合作用及呼吸作用在進行，兩者作用是接近平衡的。但是火山爆發或人為開發會改變碳元素在交換庫和貯藏庫的量，而破壞原有的平衡。

依據循環場所和方式的不同，碳循環可分為三種途徑。一是陸地與大氣之間的交換，即陸地上的植物和藻類透過光合作用與呼吸作用，利用二氧化碳使之循環。二是大氣與海洋間的交換，透過海洋生物光合作用與呼吸作用、生物形成的碳酸鈣沉澱與深海的溶解作用，以及二氧化碳溶解與蒸發等作用，促使二氧化碳在大氣與海洋之間進行交換。三是火山作用與岩石風化作用，前者促使二氧化碳釋出；後者則使二氧化碳分解或沉澱。

氣溶膠、平流層與火山冬天

　　氣溶膠，或稱懸浮微粒（aerosol），可做雲和冰的凝結核，這些凝結核的增加，會使雲增加熱的吸收，進而影響氣候系統。平流層中增加氣溶膠的濃度，會讓雲滴的平均粒徑變小，導致散射和反射增強，進一步增加雲的反照率。然而氣溶膠數目的增加，也會導致雲在平流層的時間增加，稱為**雲生命期效應**或**氣溶膠的第二種間接效應**，這兩種效應都會使平流層下方的對流層冷卻。另外，含化學物質的**高空卷雲**會吸收來自於地表的輻射，發生微化學反應放出熱能，使得平流層溫度增高，同樣會使原先該反射回地表的紅外線減少，而降低地表的溫度。若此兩種作用的時間拉長，就會讓地球降溫，進入火山冬天。

　　美國國家海洋暨大氣總署（NOAA）衛星觀測資料發現，從1979到2003年間，在距地表12到22公里的平流層中，發生兩次突然升溫的情形，分別是1982到1984年間以及1991到1993年間，發生的時間點為1982年艾齊瓊火山（El Chichon）與1991年皮納吐坡火山噴發後。

　　約經過一、二年之後，平流層溫度才開始緩慢降低。這可說明火山噴發的硫酸鹽氣溶膠吸收地球長波輻射導致增溫，而後氣膠濃度逐漸降低，平流層的溫度也隨之降低。

火山噴出氣體與地球氣候變化關係圖

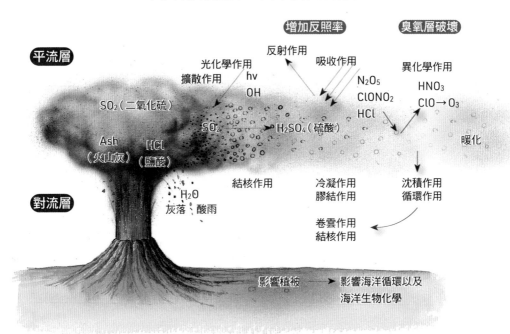

原始圖片提供：遠足文化

1883年喀拉喀托火山噴發所繪製的版畫

© By Lithograph: Parker & Coward, Britain;Image published as Plate 1 in The eruption of Krakatoa, and subsequent phenomena. Report of the Krakatoa Committee of the Royal Society (London, Trubner & Co., 1888)., Public Domain via Wikimedia commons

大的火山噴發為位於印尼蘇門答臘島上的托巴火山，噴發量約為2,800立方公里，是諾瓦魯普塔火山噴發量的200倍。

地質史上強烈的火山爆發釋放到大氣中的二氧化碳，相當驚人，例如托巴火山所噴出的二氧化碳，約超過現今人類社會一年所排出的量；大火成岩區（Large Igneous Province）[7] 在短時間所噴出的二氧化碳量，比起托巴火山排出的量，還要高出數千至數十萬倍。然而，人類在非常短的地球活動期間所排放的二氧化碳量，卻快速超越悠長地史的巨大火山爆發，人類活動對於地球的影響是其本身難以想像的。

• 近代氣象史記錄的火山噴發與氣候改變

從18到20世紀的300年間，地球上有無數次大規模的火山噴發。拜人類科學進步和氣象觀測技術發展之賜，地球上最早的氣象觀測可前推到18世紀，當時歐洲和北美已經有完整的氣象觀測資料，提供火山氣候專家研究火山噴發後對地球氣候的影響。科學家們發現，火山噴發後會造成全球平均溫度的下降。

1783年冰島的拉基火山（Laki，冰島語Lakagígar）噴發持續約8個月，噴出14立方公里的玄武岩岩漿和火山灰，火山煙霾從冰島一直延伸到敘利亞，導致冰島大部分牲畜和四分之一的居民死亡。另外，噴出340億噸的硫酸氣溶膠到平流層，造成當年度冰島冬天的溫度比225年來平均的冬天溫度低了4.8°C，並估計整個北半球的溫度也比平均溫度低了1°C。

1815年坦博拉火山爆發，噴出大於1千億噸的硫酸氣溶膠到平流層，降低全球平均溫度0.4°C到0.7°C。

科西圭納火山（Coseguina）是尼加拉瓜西北部的一座複式火山，山頂有一個直徑2公里至2.4公里、深500公尺的火山口，這是1835年1月20日火山噴發所形成的，該次是科西圭納火山有史以來最大的一次噴發，火山灰在墨西哥、哥斯大黎加和牙買加都可看到蹤跡。此次噴發出240億噸的硫酸氣溶膠到平流層，約降低全球平均溫度0.75°C。

---

7 大火成岩區是在地殼中規模巨大的火成岩的堆積，大於104立方公里。此區內大部分是玄武岩質初生地殼並含有各種類型的火成岩，其成因與重要礦藏的開發以及大規模生物滅絕相互關聯。

喀拉喀托火山（Krakatoa）位於印尼異他海峽中，最著名也是最大的一次噴發是1883年、爆發指數為6，總共噴出約500億噸的硫酸氣溶膠到平流層，遠在印度洋上之模里西斯島、3,500公里外的澳大利亞以及4,800公里外的羅德里格斯島，都能聽到噴發的劇烈聲響，是人類歷史上最大的火山噴發之一。噴發同時發生海嘯，摧毀了數百個村莊和城市，超過43,000多人死於非命。爆發後一年，北半球的夏季平均溫度下降了0.4℃，噴發後的4年全球異常寒冷，甚至在1887至1888年的冬季發生強烈暴風雪，同時全球多處都有降雪紀錄。此次喀拉喀托火山有三分之二在爆發中消失，新的火山活動自1927年又產生了一個不斷成長的火山島，名為「喀拉喀托之子火山」。此火山於2018年爆發，火山體滑落海中引發海嘯，造成數百人死亡。

1902年加勒比海地區有三個大的火山噴發，分別是瓜地馬拉的聖塔瑪麗亞火山（Santa Maria）、聖文森特島上的蘇弗里耶爾火山（Soufriere）和法屬馬提尼克北端的培雷火山（Pelee）。聖塔瑪麗亞火山爆發指數為6，是20世紀四大火山爆發之一；蘇弗里耶爾火山爆發導致1,680人死

亡，但該火山爆發數小時後，馬提尼克島上的培雷火山爆發，亦造成20世紀最嚴重的火山災害之一。火山爆發所產生的火山碎屑流把當時馬提尼克島上最大的城市聖皮埃爾整個毀滅，城市中約30,000居民幾乎全喪生，只剩兩名倖存者：路易－奧古斯特·西爾巴里（Louis-Auguste Cyparis）被關在通風不良、像地牢般的監獄；另一人則生活在城市的邊緣，遭到嚴重燒傷。這三個火山總共噴出330億噸的硫酸氣溶膠到平流層，降低全球平均溫度約0.4℃到0.5℃。

阿貢火山（Agung）是一座位於印尼峇里島東部的活火山，海拔3,031公尺，為峇里島的最高峰，被當地人奉為聖山。1963年火山活動噴出的火山灰高達4,000公尺，是20世紀阿貢火山最大的一次噴發，導致1,500人死亡。此次噴發出160到300億噸的硫酸氣溶膠到平流層，降低全球平均溫度約0.2℃到0.3℃。阿貢火山最近一次噴發是2019年5月24日，熔岩流從火山口延伸最少3公里。

1980年5月18日，位於美國華盛頓州的聖海倫斯火山因地底下岩漿上升、誘發火山體北坡崩塌，劇烈的火山混合火山灰和氣體形成的噴發柱瞬間沖上25公里的高空，如搖晃香

地球80萬年以來的二氧化碳與溫度變化圖

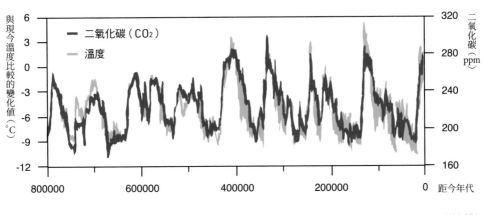

吳貞儒重製

檳後充滿氣體的瓶子，打開瓶蓋後，氣體加酒水從瓶中以水柱型態快速噴出。由於火山灰和氣體混合物隨著氣流在天空移動，造成區域的異常天氣。如火山所在地的華盛頓州，噴發前後的氣象預測白天低了8°C、晚上則比預測值高出6°C到7°C；但持續時間甚短，不像一般火山持續數年，主要是聖海倫斯火山噴出的二氧化硫較少的緣故。

1982年艾齊瓊火山爆發，噴出2,000萬噸的火山灰和700萬噸的二氧化硫到平流層，並停留繞行地球達三周以上，造成全球地表1983年降溫約0.2°C；但1982到1983年是20世紀最強的聖嬰事件年，所以此次火山噴發並沒有觀測到顯著的溫度變化。由此可知，自然界的全球溫度變化是一個複雜且經由相互作用所構成的系統。

皮納吐坡火山1991年6月爆發，是20世紀發生在陸地上規模第二大的火山噴發，火山爆發指數為6，與上一次已知的噴發相距約450至500年。此次噴發被成功地預測，實際噴發時間與預測值差一天，是有史以來

預測最成功的一次火山噴發，及時疏散附近居民；但爆發引起的火山碎屑流、火山灰，和繼之登陸並降雨的容雅颱風所引發火山泥流，卻嚴重破壞鄰近地區和數千間房屋和建築物。1991到1996年期間，每年颱風季節的降雨沖刷堆積於火山周遭，鬆散的火山灰和浮石造成發育於皮納吐坡火山的九條河流形成火山泥流，將中下游方圓約30公里的村莊和土地淹沒。此次火山爆發噴出約100億噸的岩漿和2,000萬噸的二氧化硫到平流層，二氧化硫與水分子結合形成硫酸氣溶膠飄移全球數月後，造成全球平均氣溫下降約0.5℃並使臭氧層損耗。

地球二氧化碳自我療癒的過程

　　地質史上火山作用所噴發的二氧化碳量相當巨大，大氣中二氧化碳的濃度若快速增高，對於地球氣候和生物的影響相當大。從岩石紀錄可看到，大氣中二氧化碳從火山作用前的低濃度，快速增加到火山活動完畢，然後又慢慢地下降回復到原來的濃度。

　　在中期中新世時期，約1,500萬年至1,700萬年前，全球平均氣溫大約比今天溫暖4℃至5℃、大氣中二氧化碳從低於400ppm上升至高於600ppm；約1,400萬年前左右，溫度和二氧化碳濃度又回復到未上升前、甚至更低於從前，形成了南極大陸冰蓋。此一氣候溫暖時期稱之為中中新世氣候最佳期（Mid-Miocene Climatic Optimum，縮寫為MMCO），引發此一事件的地質作用，一般相信是因美國西部發生了哥倫比亞河玄武岩噴發，噴發量約為21萬5,000立方公里，比第四紀最大火山托巴的噴發量高出約75倍。二氧化碳造成氣候變暖的時間長達100萬到300萬年。這一結果顯示地球對二氧化碳有自我療癒的作用。

CHAPTER

06

生物滅絕的殺手

從5億年前的寒武紀生物大爆發（顯生元）以來，
根據化石紀錄，地球上曾發生至少20次明顯的生物滅絕事件，
其中有5次大規模的集群滅絕事件，
即奧陶紀末期、泥盆紀末期、二疊紀末期、三疊紀末期和白堊紀末期。

• 地球歷史上的生物滅絕事件

白堊紀－新生代滅絕事件因恐龍消失而受到廣泛關注，不過二疊紀生物絕滅事件卻是規模最大、涉及生物類群最多、影響最爲深遠的一次。一般而言，生物集體滅絕事件指的是在一段短暫的地質時間裡，在一個以上且較大的地理區域範圍內，生物數量和種類急劇下降的事件。據研究推測顯示，地球上最大的一次滅絕事件，可能曾經造成超過98％的生物滅絕。

造成生物滅絕的可能原因很多，學者曾提出的生物滅絕機制包括隕石撞擊地球、火山活動、氣候突然變冷或變暖、海平面上升或下降和缺氧等。從地球歷史上的化石和火山活動紀錄顯示，這五次大滅絕事件最少有三次與大規模火山噴發有關，時間是二疊紀末期、三疊紀末期和白堊紀末期。但有些大規模火山噴發時期並未發生生物滅絕事件。

每次的大滅絕事件都能在短時期內造成70％到90％的物種滅絕；但是，少數旺盛的生命力或逃逸能力強的物種，能夠忍受災變後極端惡劣的環境，或逃離災區至其他地方生存下來。災變引起的惡劣環境也給新的物種創造條件和機遇，一旦適應新的環境，反而變得更強大。

地球史上化石和火山活動記錄五次生物大滅絕年代圖

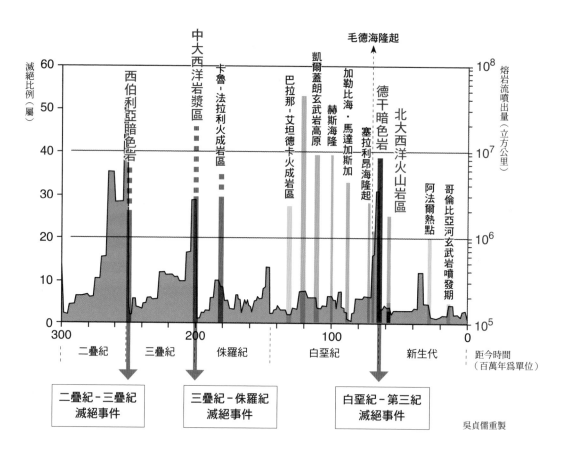

吳貞儒重製

二疊紀－三疊紀滅絕事件 ▶ 此一事件發生在 2 億 5 千萬年前左右的二疊紀－三疊紀過渡時期，是地球上已知最大規模的生物死亡事件，許多動物類整個目或亞目全部滅亡，早古生代繁盛的三葉蟲全部消失、蜓類原有 40 多個屬完全消失、菊石有 10 個科絕滅、腕足類原有 140 個屬在此事件後所剩無幾。據估計，總共約有 70% 的陸地生物和 96% 的海洋生物滅絕；但對於植物的影響較不明確，除了舌羊齒植物群幾乎全部絕滅外，其餘不清楚，因為全世界幾乎沒有三疊紀早期形成的煤田。但新植物類群在此次滅絕事件後開始占優勢。推測此事件可能肇始於西伯利亞大規模玄武岩噴

發，除了噴出大量的二氧化碳外，也造成淺海地區可燃冰大量融化，釋放溫室氣體甲烷，造成全球暖化、海水溫度上升；或是因盤古大陸形成後改變了地球環流與洋流系統等，因而造成不利於生物生存的惡劣環境，於是引發大量動植物死亡。

在世界具有二疊紀－三疊紀過渡時期的地層中，都有發現異常高的汞元素，研究顯示，火山噴發過程會排放出大量的火山氣體與燃燒過後的有機物，並釋放出大量的汞到地球表面，這是目前科學家用於研究和鑑定相關地層和火山作用的指標。在全球多處此期的地質紀錄中，發現極高的汞含量，證明火山爆發是這次事件的可能禍首。

二疊紀－三疊紀的大滅絕事件可能持續數十萬年之久，火山噴發出大量的二氧化碳，讓大量的森林和煤炭層同時被燃燒，釋放出高濃度的溫室氣體，使得全球平均溫度上升達10°C左右，造成極大的災難。

三疊紀－侏羅紀滅絕事件 ▶ 發生於三疊紀與侏羅紀之間的大滅絕事件，年代大約是2億年前，在盤古大陸分裂前，經歷時間短於10,000年。此次大滅絕事件的影響程度遍及陸地與海洋生物。陸地上約23%科與48%屬，海生生物約20%科與55%屬，共計70%到75%的生物量滅絕。陸地上大多數非恐龍的主龍類、獸孔目以及幾乎所有大型兩棲類都死亡，讓恐龍失去了許多陸地上的競爭者，成為侏羅紀的優勢陸地動物。海洋生物中著名的牙形石、許多大型偽鱷類、獸孔目，以及大型兩棲動物也都滅亡。

有數個關於引起此次大滅絕事件原因的理論，包括：1、三疊紀晚期，曾發生緩慢的氣候改變，或是海平面變動；但海生生物的死亡是快速且短暫，不支持此一說法。2、隕石撞擊事件，但目前未發現年代相當的隕石坑。年代最近的加拿大曼尼古根隕石坑，形成時間早了1,200萬年。法國的羅什舒阿爾隕石坑，年代約2億100萬年前，但這個侵蝕過的隕石坑，直徑約25公里，原始直徑可能約50公里，以規模來說太小，無法造成生物的滅絕。3、大規模火山爆發，可能的火山活動是中大西洋岩漿區（Central Atlantic Magmatic Province）地函柱噴出巨量的玄武質岩漿，形成厚層洪流式玄武岩。大量的火山爆發釋放出的二氧化碳氣體，可以長時間造成全球暖化、氣候異常和環境惡劣，引發生物的大量死亡。近年研究顯示，

三疊紀與侏羅紀之間的大氣層，含有高濃度的二氧化碳，可能是火山爆發釋放大量二氧化碳，並伴隨天然氣水合物被氣化釋放到大氣層中。天然氣水合物的氣化也被認為是二疊紀－三疊紀滅絕事件的主因之一。

白堊紀－第三紀滅絕事件 ▶ 發生在距今6,500萬年前、中生代白堊紀（Cretaceous）過渡到新生代第三紀（Tertiary）所發生的一次大滅絕事件，傳統上稱之為 K-T界限事件（K-T boundary event），又稱「恐龍大滅絕」事件。約17% 科、50% 屬在此一事件中滅絕。雖然滅絕程度在地球的五次大滅絕中只能排到第四，但由於造成恐龍的完全滅亡而令人所熟知。地質證據顯示，植物受到此一事件的影響，大量減少，使得草食性動物數量減少；同樣地，頂級掠食者（如暴龍）也受到影響。

海洋生物中的石藻、軟體動物（包含菊石亞綱、厚殼蛤、水生蝸牛、蚌），還有以硬殼動物維生的動物，都在這次滅絕事件中滅亡或嚴重減少；但雜食性、食蟲性以及食腐動物大都存活下來，可能是牠們的食性較多變化性，可以以任何死亡的植物與動物為食，或以動植物的有機碎屑物

為生，因而較不受植物群崩潰滅絕的影響。另外，河流生物群只有少數動物滅亡，主要原因為河流生物群多以陸地沖刷下來的生物有機碎屑物為生，較少直接依賴植物的緣故。海洋也有類似的狀況，生存在浮游帶的生物，受到的影響遠比生存於海床上的動物還大，因為牠們幾乎以活的浮游植物為生；反之，生存在海床的動物，則以生物的有機碎屑物為食。

在白堊紀－第三紀滅絕事件存活下來的生物中，最大型的陸地動物是鱷魚與離龍目，屬半水生動物且以生物碎屑物為生。現代鱷魚以食腐為生，並可長達數月不用進食；幼年鱷魚體型小、成長速度慢，大都以無脊椎動物和死亡的生物為食。這種特性可能是鱷魚能夠活過白堊紀事件的關鍵。

一般相信引發這次滅絕事件的成因，是有顆直徑大約10公里的小行星撞擊在墨西哥猶加敦半島，造成直徑約180公里的希克蘇魯伯隕石坑（Chicxulub crater）。撞擊事件引發大規模海嘯，並使大量高熱的灰塵進入大氣層，撞擊體的碎片與再度落下的噴出物，造成全球性的高溫風暴；而極大的撞擊波，可能引發各地的地震與火山爆發。撞擊事件造成大量灰塵進

入大氣層，長期遮蔽陽光，妨礙植物進行光合作用；而在食物鏈上層的草食性動物、肉食性動物也跟著滅亡，造成生態系統的崩解。但最近的研究發現，恐龍的滅亡不是短時間發生，而是持續百萬年之久，故推測小行星撞擊後引發大規模的火山活動，如印度德干高原洪流式玄武岩的噴發，大量的二氧化碳被噴入大氣層中，引起長時間的溫室效應，也是造成此次滅絕的兇手之一。

● 恐龍滅亡之謎

　　恐龍，一種地球上曾經生存過的謎樣生物，是很多小朋友的最愛。曾經稱霸地球 1 億 6 千萬年的巨獸，為什麼會在 6,500 萬年前滅亡？過去對恐龍滅亡成因的說法，包括隕石撞擊、氣候變遷、火山爆發、造山運動、海洋潮退和物種老化等；近年來的研究慢慢收斂成兩派，一派認為小行星撞擊地球導致恐龍滅亡，另一派則說大規模火山爆發才是殺害恐龍的真兇。近期的研究提出一個兼顧兩派說法的見解，認為小行星和火山兩者同時發生，是促成恐龍滅亡的兇手。

　　隕石撞擊造成恐龍滅絕的理論是美國地質學家沃爾特・阿爾瓦雷茨（Walter Alvarez）和曾獲得諾貝爾物理學獎的父親等人共同提出的。他們從位於義大利 K-T 界限地層中的薄層黏土堆積物中，發現相當高的銥（Ir）。地球地殼的銥含量很低（0.001 ppb（μg/g）），而隕石可高達 0.65 ppb。在 K-T 界限黏土層中的銥含量，比上部和下部地層的平均含量高了數倍到數十倍，顯然需要有地球以外的物質加入，依此提出隕石撞擊造成恐龍滅絕的理論。其後在世界許多地方也陸續發現銥異常的地層；且更進一步發現了造成該滅絕事件的巨大撞擊坑為坐落於墨西哥猶加敦半島的希克蘇魯伯隕石坑。但化石證據顯示，恐龍的滅亡不是短時間完成，可能持續上百萬年，因隕石撞擊是瞬間作用，對地球的影響可能不會持續那麼久，故恐龍滅絕不是單一原因，可能還有其他的地質作用。

　　美國柏克萊大學研究地球與行星科學的馬克・理查（Mark Richards）教授和他的團隊研究指出，6,500 萬年前的小行星撞擊地球後約 10 萬年，發生印度德干高原大量玄武質岩漿噴發，是因地函柱的湧升、引發大量部分融熔，而後岩漿上升至地表引發洪流式火山活動所致；長時間的火山作用噴出巨量的二氧化碳，造成地球持續相當久的溫室效應、快速增高地表

┌ 鳥是恐龍演化來的嗎？火山知道 ┐

過去幾十年，古生物學界最熱門的討論議題就是鳥類如何由恐龍演變而來。恐龍可能是鳥類祖先的理論，早在1868年由湯瑪斯·亨利·赫胥黎（Thomas Henry Huxley）首次提出。但20世紀早期，格哈德·海爾曼（Gerhard Heilmann）出版了一本《鳥類起源》（The Origin of Birds），他根據恐龍缺乏叉骨（接合的鎖骨）而認為兩者沒有關係，進而假設鳥類演化自鱷形超目或槽齒目的祖先，而非恐龍。其後恐龍化石中發現了鎖骨或叉骨，如1924年發現的偷蛋龍，但在當時被誤認為是**間鎖骨**。1970年代，約翰·奧斯特倫姆（John Ostrom）重新提出鳥類演化自恐龍的理論。隨後幾十年，演化分類的研究以及更多小型獸腳類恐龍與早期鳥類的發現，使得這個理論得到更多的支持。

羽毛是鳥類最具識別的特徵，中國遼寧省義縣的中生代地層發現了有羽毛恐龍化石，是鳥類演化自恐龍理論最重要的發現。1861年，德國南部索倫霍芬石灰岩（Solnhofen Limestone）中發現了**始祖鳥化石**，這是第一個被發現的「有羽毛恐龍」。始祖鳥是個過渡化石，明顯具有爬蟲類與鳥類的中間特徵。

90年代以來在中國遼寧省的白堊紀地層中，發現了更多的有羽毛恐龍，其中最著名的是「**中華龍鳥**」和全身長出羽毛的「孔子鳥」化石，牠被火山灰快速掩埋而完美保存著各式羽毛，並更進一步在火山灰中發現20多種不同種類有羽毛的恐龍，證實了恐龍與鳥類的關係。

劇烈的火山噴發，大量的火山灰被噴到空中再落下，因而造成這些生物死亡，但也將生物完整地埋藏和保存下來，形成從恐龍演變到鳥類的完整化石紀錄。化石進一步提供材料從事氬-氬絕對定年工作，讓我們知道中華龍鳥生長在距今1.22~1.24億年前，而孔子鳥出現在距今1.2~1.25億年前。

溫度，使得因小行星撞擊已瀕臨滅亡邊緣的生物，再次遭受打擊，最後演變為大規模的生物滅絕事件。

此研究團隊認為這兩起事件之間絕對有因果關係，「為什麼地球上規模最大的撞擊事件和德干高原上的火山爆發會在10萬年間接連發生……這絕對不只是巧合而已。」其提出德干高原上的火山活動是由小行星撞擊引起的。在小行星撞擊地球之前，德干高原就已經開始有岩漿的溢流，而撞擊事件就像是催化劑一樣，更促使存在於地函的岩漿在短時間內大量湧出，並在接下來的數十萬年之間，火山不斷噴出巨量的二氧化碳和其他會改變氣候的溫室氣體，因此造成大量

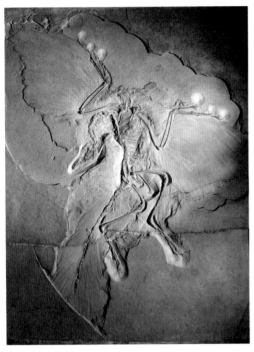

始祖鳥化石圖

圖片來源：© Richard Owen, Public domain, via Wikimedia Commons

中華龍鳥化石圖

圖片來源：© Inner Mongolia, 2007. Sam / Olai Ose / Skjaervoy from Zhangjiagang, China, via Wikimedia Commons

的物種死亡。

　　美國密西根大學的賽爾‧彼得森（Sierra V. Petersen）和他的研究團隊，利用碳酸鹽碳氧叢同位素古溫度測定法，分析採自南極西摩島（Seymour Island）找到的完整軟體動物貝殼化石，獲得白堊紀與第三紀界限的溫度變化，在兩次溫度迅速上升的事件和物種大滅絕的時間相吻合。這顯示火山噴發釋放的氣體可能導致全球溫度上升，在白堊紀最後40萬年間，平均氣溫升高了8°C，引發全球性的氣候異常，植物難以生長，因而造成大量物種的死亡。

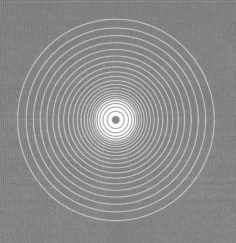

PART

III

走一趟一億二千萬年的
火山大歷史：
臺灣各地火山岩訴說了什麼

岩石如音符綴在岩壁
可要仔細觀察啊
這邊唱詠的石
譜著當年　岩漿在水下
奮力擠出枕狀的波狀的繩狀的泥流的碎屑的穹窿的
熔岩樂章

陽明山大油坑，臺灣規模最大的噴氣孔區，後火山作用猛烈且活躍，
是早期臺灣最主要的天然硫磺礦區。
攝影：宋聖榮

CHAPTER

07

隱藏在脊梁山脈的火山紀錄

從地體構造的觀點來看,臺灣位於歐亞板塊和菲律賓海板塊的交界處。
菲律賓海板塊在臺灣的東北方沿著琉球海溝隱沒到歐亞板塊之下,
並在歐亞板塊上形成琉球島弧;在臺灣的南方則沿著馬尼拉海溝
逆衝到歐亞板塊之上,在菲律賓海板塊的西緣形成呂宋島弧。
臺灣就位在這兩個島弧之間的轉接碰撞點上,所以不管從北往南看,
或是從南往北看,臺灣都是位於從隱沒帶轉變為碰撞帶上。

臺灣地體構造圖

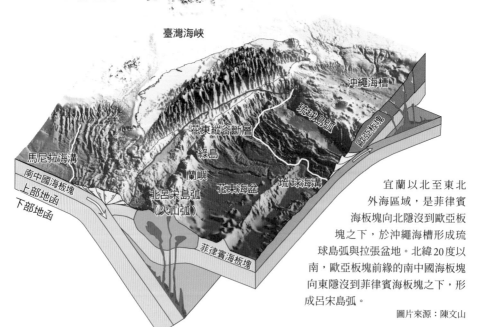

臺灣海峽

沖繩海槽

花東縱谷斷層

琉球島弧

綠島

馬尼拉海溝

蘭嶼

南中國海板塊

上部地函

下部地函

北呂宋島弧
(火山弧)

花東海盆

琉球海溝

歐亞板塊

菲律賓海板塊

宜蘭以北至東北
外海區域,是菲律賓
海板塊向北隱沒到歐亞板
塊之下,於沖繩海槽形成琉
球島弧與拉張盆地。北緯20度以
南,歐亞板塊前緣的南中國海板塊
向東隱沒到菲律賓海板塊之下,形
成呂宋島弧。

圖片來源:陳文山

• 臺灣最老的火山活動——
白堊紀：中部橫貫公路長春祠
（1億1千萬到1億2千萬年前）

　　翻開臺灣地質史，臺灣地區出露最老的地層為分布於脊梁山脈東麓的大南澳片岩帶，年代介於二疊紀到白堊紀（根據化石研究）。其中，花蓮縣秀林鄉長春祠的長春層，含有由火山噴發堆積而成的火山碎屑岩、基性熔岩流和淺層侵入的輝綠岩，雖已受到變質作用的影響（變質為綠色片岩或綠泥石片岩），有些還是保存著玄武岩在水下噴發所形成的枕狀構造，稱為**變質基性岩**。利用定年法（碎屑鋯石鈾鉛定年法）分析後，這些採集自花蓮中橫公路的變質火成岩，獲得年代相當於早白堊紀（1億1,000萬年到1億2,000萬年前），顯示臺灣地區最老的火山活動可能發生於此一時期。

長春層的綠泥石片岩見證臺灣最老的火山活動
圖片來源：陳文山主編，《臺灣地質概論》（臺北：中華民國地質學會，2016年）

岩石圖鑑

蛇綠岩

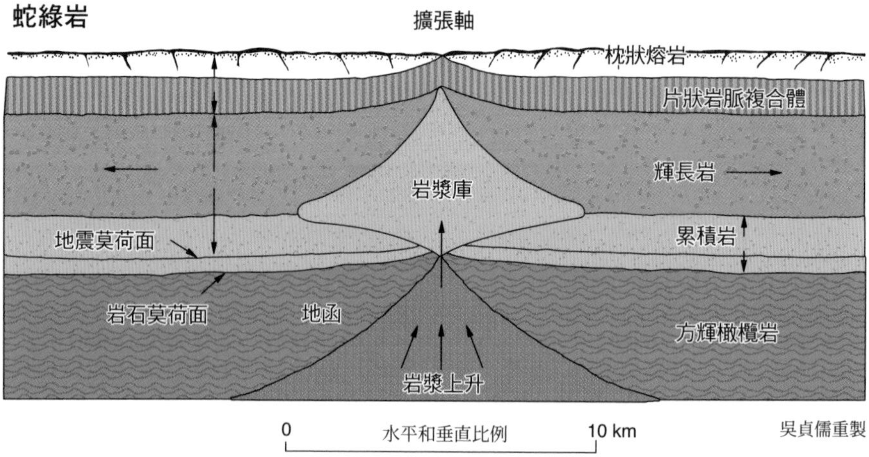

擴張軸

枕狀熔岩

片狀岩脈複合體

岩漿庫

輝長岩

累積岩

地震莫荷面

岩石莫荷面　　　地函

方輝橄欖岩

岩漿上升

0　　　水平和垂直比例　　10 km

吳貞儒重製

增積岩體

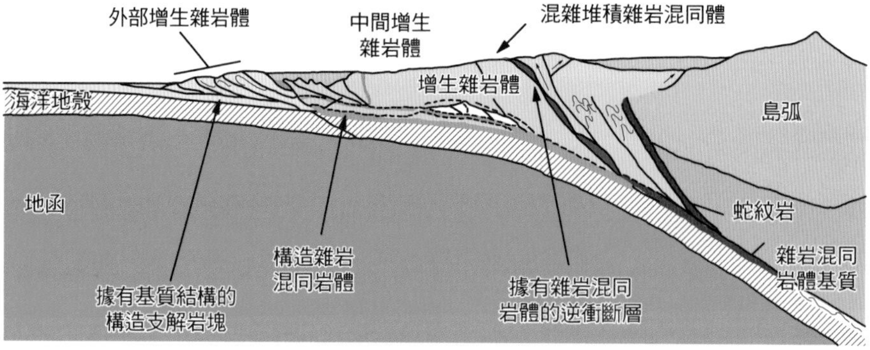

外部增生雜岩體

中間增生雜岩體

混雜堆積雜岩混同體

增生雜岩體

海洋地殼

島弧

地函

蛇紋岩

雜岩混同岩體基質

據有基質結構的構造支解岩塊

構造雜岩混同岩體

據有雜岩混同岩體的逆衝斷層

吳貞儒重製

混同層

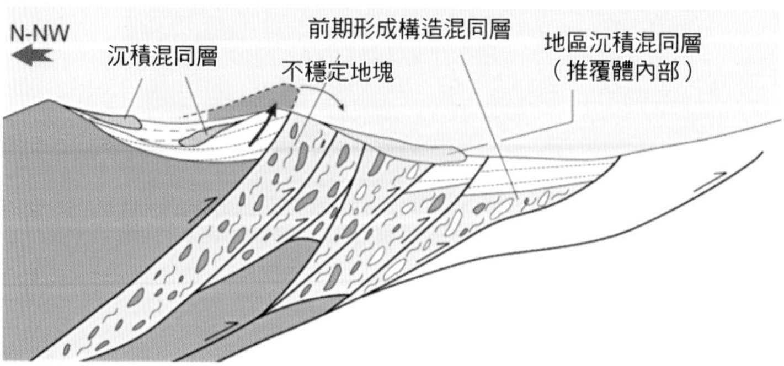

海平面

N-NW

沉積混同層

前期形成構造混同層

不穩定地塊

地區沉積混同層（推覆體內部）

蛇綠岩（Ophiolites）與利吉混同層
（mélange）▶「蛇綠岩」又稱為蛇綠岩
套（Ophiolites），為海洋板塊岩石圈的組
成，包括海洋地殼以及屬於上部地函的
岩石，是一系列的火成岩和少許深海遠
洋沈積岩。其中海洋地殼的部分為輝長
岩、輝綠岩席狀岩牆、枕狀玄武岩和深
海的泥或燧石等；而屬於上部地函的
部分則是以橄欖石為主的超基性橄欖岩
的累積岩和一般橄欖岩。這些蛇綠岩的
岩石可能成套出現；也可能經歷強烈構
造作用剪切變成碎塊，而成為在以沈積
物為主的**增積岩體**中之「**外來岩塊**」，
臺東關山蛇綠岩是屬於後者。
mélange，在原文中的意思是「混合
物」，在岩層的應用上則是指「**混同層**」，
混同層是板塊聚合的產物，形成於隱沒
帶中的增積岩體，為沉積物中含有來自
於海洋板塊的蛇綠岩岩塊或來自於大陸
的沉積岩塊，這些岩塊原不屬於沉積體
系的物質，統稱為「外來岩塊」的岩石。
臺東利吉混同層就是臺灣位於板塊交界
地帶的重要證據。

• 海陸交界隱沒帶的指示：
　花蓮玉里帶

　　出露於脊梁山脈東側的玉里帶，
岩層可分為**原地片岩**[1]**和構造地塊**
[2]。此兩種岩層的組合為典型的隱沒
帶混同岩層，類似出露於臺東利吉層
的岩石組合，但玉里帶的岩層是在海
溝處隱沒入地殼深處後，變質所成；
利吉層的岩石則並未隱沒入深處發生
變質作用。

　　過去的地質學者都認為玉里帶的
變質作用發生於中生代晚期，與太魯
閣帶號稱為**成雙變質帶**。但2017年
採集玉里帶混同層中之火成岩樣本從
事定年（碎屑鋯石鈾鉛定年）分析，
獲得年代為1,450萬到1,650萬年前，
顯示玉里帶中的變質火成岩岩漿形成
時期較之前認為的晚了許多，為中期
中新世。另外，針對這些火成岩樣本
從事地球化學分析，顯示其與北呂宋
火山島弧初期生成時所噴發的海岸山
脈岩漿相似[3]。

---

1 岩性包含有砂質的石英雲母片岩、泥質的鈉長石雲
　母片岩（斑點片岩）和雲母片岩，偶夾有綠泥石片
　岩、角閃岩和蛇紋岩塊等，其原岩可能為增積岩
　體的沉積物部分。
2 岩性以含鐵鎂質岩石之蛇紋岩、角閃岩、藍閃石
　片岩、變質輝長岩、變質輝綠岩和綠色片岩等，
　為蛇綠岩套經由高壓變質作用所成。

玉里帶分布簡圖

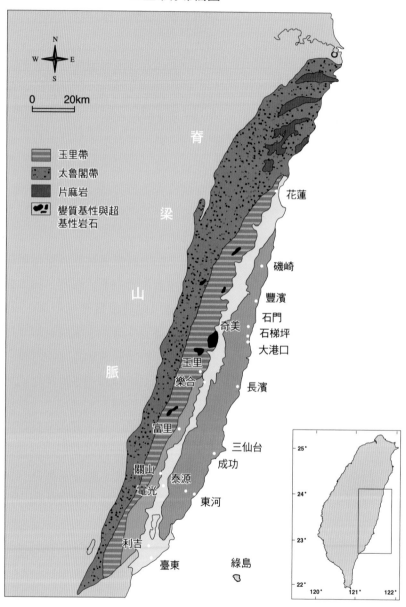

資料來源：中央地質調查所、國立自然科學博物館
吳貞儒重製

綜合上述結果，中期中新世南中國海板塊張裂結束，北呂宋島弧形成後往西北方移動，而後因俯衝作用進入隱沒帶，和新生代沉積物同時被捲進隱沒帶中；中期中新世至晚期中新世，隱沒帶中的增積岩體經過變質作用，最後在晚期中新世因為北呂宋島弧上衝到歐亞板塊之上，成為臺灣島的一部分，增積岩體也在造山過程中逐漸出露至地表，形成現今的玉里帶。

• 板岩地層裡的火山：
北橫－中橫－南橫，以及八通關的綠色之石（500萬到5,600萬年前）

臺灣雪山山脈和脊梁山脈地質區廣泛分布著由泥質岩層受到變質作用而形成的硬頁岩、板岩和千枚岩，其年代分布從始新世、漸新世到中期中新世，這些岩層中夾雜有多期的火山岩，顯示此一時期臺灣地區有多期的火山活動。

雪山山脈中部的北部橫貫公路榮華地區有玄武質火山碎屑岩出露[4]，根據岩相觀察，玄武質原來的礦物已轉變成低溫礦物[5]之變質作用；在新竹縣油羅山兩側也有發現受到變質作用影響的安山岩質熔岩流。[6]

中部橫貫公路以南至玉山地區，地質上歸屬於雪山山脈南部。南投東埔東北方有綠色火成岩出露於達見砂岩層下部，嘉義－玉山－水里公路沿線在新高層之板岩層中有火成岩出露，兩種不同岩性的接觸面上有熱變質作用，愈接近岩體附近的板岩中，長石和石英比值也愈高，推測夾於板岩地層中的火成岩應是與地層沉積同時發生，也就是說，是由火山噴發所形成的。火山岩主要出露的地點包括塔塔加鞍部，以角閃石安山岩和綠色凝灰質砂岩為主；八通關往秀姑巒山沿途及中央金礦一帶有綠色碎屑性安山岩和凝灰岩出露。

脊梁山脈中部的中部橫貫公路匡廬隧道以東120公里至碧綠隧道西口

3　具有島弧岩漿的鉭－鈮－鈦虧損（Ta-Nb-Ti depletion）

4　產狀以層狀的火山礫凝灰岩（lapilli tuff）、輝綠岩（diabase）及玻璃-晶體凝灰岩（vitric-crystal tuff）呈凸鏡狀或不規則體夾於大桶山層的硬頁岩和粉砂岩中。

5　葡萄石和綠纖石相

6　發現有安山岩質熔岩流夾於漸新世巴陵層之硬頁岩及板岩中，且在平行岩層走向有出露凝灰岩，但都已受到變質作用影響，部分斜長石已換質為綠簾石，鐵鎂礦物則換質為綠泥石。

雪山山脈和脊梁山脈中部火成岩出露分布

分布地區	火成岩出露之地點	火成岩出露之地層	原岩產狀及其岩性	文獻出處
雪山山脈中部	北橫公路榮華地區	漸新世大桶山層	輝綠岩脈和凝灰岩	蕭炎宏等（1987）
	新竹油羅山兩側及其南方	漸新世巴陵層	安山岩	塗明寬等（1991）
	中橫公路光明橋	始新世達見砂岩層	凝灰岩	曹恕中等（1996）
雪山山脈南部	塔塔加鞍部	始新世新高層	角閃石安山岩	張郇生（1984）
	東埔溫泉		閃長岩和凝灰岩	
	八通關往秀姑巒山沿途及中央金礦一帶		碎屑性安山岩體和凝灰岩	
脊梁山脈中部	中橫公路關原以東地區	始新世黑岩山層	基性岩	羅偉（1993）
	萬大水庫壩址西側	中新世廬山層	凝灰岩	能礦所（1984）

122公里之間，發現厚層變質砂岩中夾有火成岩凸鏡體，其所屬地層為始新世黑岩山層。工業技術研究院能礦所（廬山地熱區之地質，1979）於廬山地熱區進行資源探勘研究時，在萬大水庫附近發現暗灰色板岩層內夾有數層薄層的凸鏡狀玄武岩質火山岩。野外因地形限制，無法詳細追蹤，但知其所屬地層為中新世廬山層。

脊梁山脈板岩帶南部地區包含南部橫貫公路以南至臺東知本地區。[7]

南橫公路檜谷至栗園間是已受到換質和變質作用之火山熔岩和火山碎屑岩[8]；寶來地區之玄武岩亦受到換質作用影響[9]。小關山越嶺步道沿線有綠色岩出露[10]，皆由凝灰岩變質而來，並且與南橫公路檜谷地區之變質凝灰質砂岩相似。

綜上所述，臺灣雪山山脈和脊梁山脈西側的板岩層中，有相當多的火山岩出露，顯示始新世到中新世時期，臺灣地區有廣泛的火山活動。

---

7 在南部橫貫公路檜谷一帶有玢岩（多稱斑岩，為具斑狀岩理的安山岩質火山岩，常含細粒礦物結晶）和變質凝灰岩夾於板岩層中，所屬地層為始新世檜谷層。

8 於常仕橋與向陽地區有安山岩質火山岩的出露，地層為始新世檜谷層和畢祿山層之板岩層。

9 具枕狀構造，且受到換質作用影響，組成礦物包含蒙脫石和綠泥石類礦物。

10 在岩性上可分成綠色板岩和變質凝灰質砂岩

脊梁山脈南部火成岩出露分布

分布地區	火成岩出露之地點	火成岩出露之地層	原岩產狀及其岩性	文獻出處
脊梁山脈南部	南橫公路檜谷地區	始新世檜谷層	玢岩和凝灰岩	李錫堤（1977）
	南橫公路常仕橋	始新世檜谷層	玄武安山岩質之火山熔岩、火山角礫岩和凝灰岩	陳培源（1991）
	南橫公路向陽地區	始新世畢祿山層		
	南橫公路向陽地區	始新世畢祿山層	基性至酸性岩質之火山熔岩和凝灰岩	陳耀麟（1994）
	臺東知本溫泉橋西方及知本溪兩岸	中新世廬山層	枕狀玄武岩	礦研所（1979）
	南橫公路寶來地區	中新世廬山層	枕狀玄武岩和凝灰岩	陳汝勤（1981） 宋國城等（2000）
	小關山越嶺古道	始新世畢祿山層	輝綠岩和凝灰岩	胡賢能等（2008）

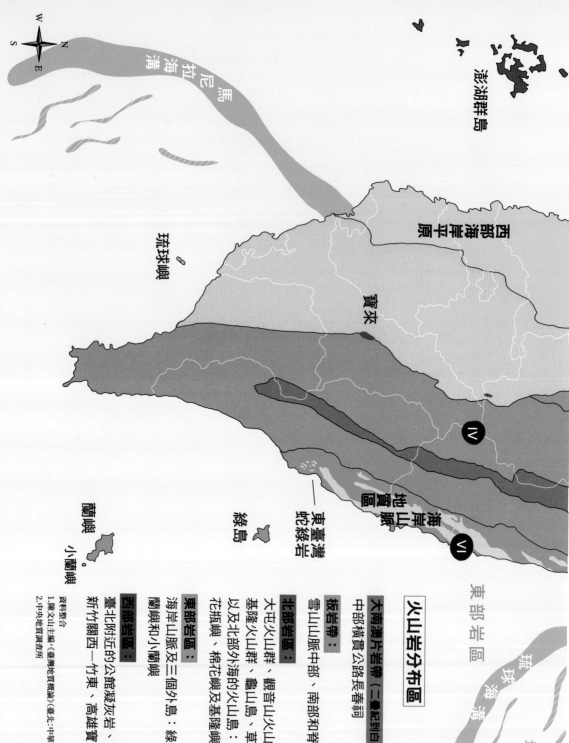

火山岩分布區

大南澳片岩帶（三疊紀到白堊紀）：
中部橫貫公路長春祠

板岩帶：
雪山山脈中部、南部和脊梁山脈中部

北部岩區：
大屯火山群、觀音山火山、
基隆火山群、龜山島、草嶺山、
以及北部外海的火山島：彭佳嶼、
花瓶嶼、棉花嶼及基隆嶼

東部岩區：
海岸山脈及三個外島：綠島、
蘭嶼和小蘭嶼

西部岩區：
臺北附近的公館凝灰岩、桃園角板山、
新竹關西－竹東、高雄寶來和澎湖群島

資料整合
1. 陳文山主編：《台灣地質概論》（臺北：中華民國地質學會，2016年）
2. 中央地質調查所

Ⅰ 西部海岸平原區
第四紀沖積層

Ⅱ 西部麓山帶地質區
上新世到漸新世地層

Ⅲ 中央山脈西翼地質區—雪山山脈帶
始新世到漸新世硬頁岩與變質砂岩

Ⅳ 脊梁山脈地質區
始新世到中新世板岩與片岩

Ⅴ 脊梁山脈地質區
古生代到中生代變質雜岩

Ⅵ 海岸山脈地質區
中新世火山岩及濁流式碎屑岩

臺灣火山岩分布簡圖

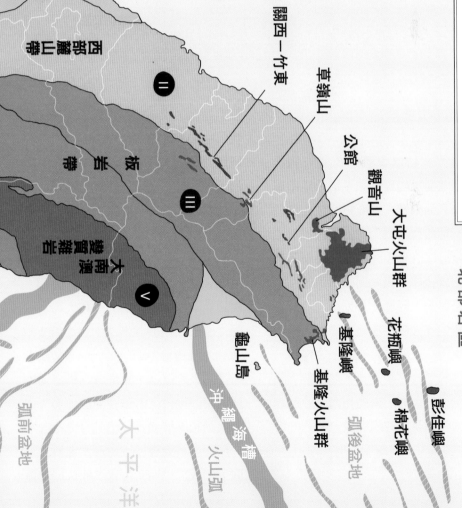

臺灣海峽

西部岩區

北部岩區

大屯火山群
花瓶嶼
棉花嶼
彭佳嶼
基隆嶼
基隆火山群
觀音山
公館
草嶺山
關西—竹東
龜山島
大南澳變質雜岩
板岩帶
西部麓山帶
弧後盆地
沖繩海槽
火山弧
大平洋
弧前盆地

臺灣新生代以來火山

臺灣位於琉球島弧和呂宋島弧之間的轉接碰撞點上，
從大地構造的觀點而論，
臺灣島可視為北呂宋島弧碰撞歐亞板塊邊緣形成的造山帶，
稱之為弧陸碰撞。

• 臺灣的板塊構造：碰撞與隱沒

臺灣本島以中壢－花蓮一線為界，以北屬於琉球島弧系統，以南屬於呂宋島弧系統。歐亞板塊以亞洲的大陸型地殼為基底，在古生代以前中國大陸分成許多小陸塊，在經歷多次碰撞和併合作用後，到中生代晚期才形成整體的大陸塊[11]。

新生代之後，古太平洋板塊的隱沒停止後，大陸邊緣產生張裂作用，造成地殼厚度逐漸減薄，並張裂下陷形成渤海、黃海、東海和南海等邊緣海；同時在臺灣海峽造成一系列的地塹型盆地，堆積了厚層的新生代沈積物。在南海地區，張裂活動將大陸邊緣地殼拉張，形成了海洋型地殼。東海地區，歐亞板塊邊緣一直有拉張作用伴隨，雖然有裂谷產生，但不曾有海底擴張。

臺灣位於東海和南海之間，正是**被動大陸邊緣**（passive margin，又稱大西洋型大陸邊緣，指大洋和大陸岩石圈之間最初由裂谷形成的過渡帶）和**活動大陸邊緣**（active margin，又稱太平洋型大陸邊緣，是地球上構造運動最活躍的地帶，有最強烈的地震、火山活動和區域變質作用）的交界處。

菲律賓海板塊以海洋型地殼為基底，形成於早期新生代，原位於赤道

---

11 Hsu et al. 1990

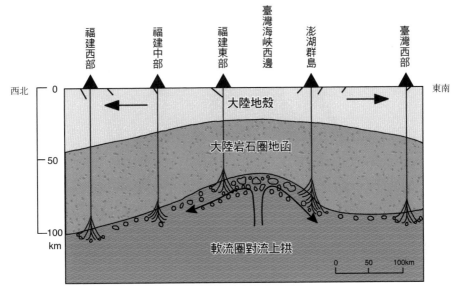

西北 ... 東南

福建西部　福建中部　福建東部　臺灣海峽西邊　澎湖群島　臺灣西部

大陸地殼

大陸岩石圈地函

軟流圈對流上拱

0　50　100km

西部火山形成圖

附近，經由不斷的板塊作用北移到達現今位置，如今仍以每年約8公分的速度向西北移動。從大地構造的觀點而論，臺灣島可視為北呂宋島弧碰撞歐亞板塊邊緣形成的造山帶，稱為**弧陸碰撞**。臺灣脊梁山脈和海岸山脈向南延伸，分別和馬尼拉海溝內的增積岩體以及呂宋島弧相連。花東縱谷就是島弧和大陸之間的縫合帶。

臺灣的弧陸碰撞作用從北開始向南延伸，目前北段（花蓮以北）的碰撞已轉為山脈崩毀張裂的構造環境，稱為**後弧陸碰撞區**；中段（花蓮至臺東）為碰撞最為劇烈的區域，也是擠壓抬升最為快速的地區，稱為**弧陸碰撞區**；南段（臺東以南）為正開始碰撞的地區，稱為**初始弧陸碰撞區**。

• **簡論臺灣火山的三大分布區與生成構造原因**

臺灣的火山岩依上述板塊構造體系，可分為三個火山岩區：一是西部火山岩區；二是北部火山岩區；最後一個是東部火山岩區，包括了海岸山脈、綠島以及蘭嶼。宜蘭外海的龜山島以現在的研究來看，屬於北部火山岩區。

西部火山岩區的火山岩都是玄武岩，成因是地殼張裂、地下的軟流圈地函上湧，高溫物質上升至淺處加熱岩石圈底部的橄欖岩，發生部分融熔，形成玄武岩質岩漿；後因地殼拉

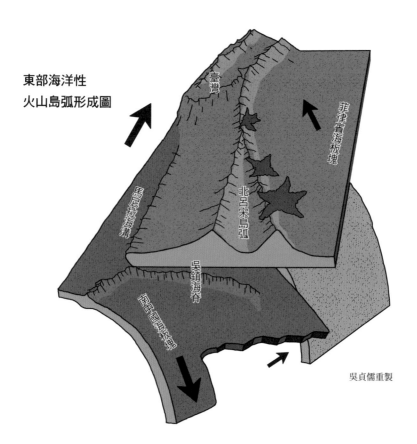

東部海洋性
火山島弧形成圖

臺灣

菲律賓海板塊

馬尼拉海溝

北呂宋島弧

吳鎮海脊

南中國海板塊

吳貞儒重製

張作用產生裂隙，使玄武岩質岩漿沿著裂縫上升至地表，形成火山。但此一軟流圈地函上湧、地殼拉張分裂活動，在約800萬到900萬年前左右，因呂宋火山島弧與歐亞板塊在臺灣東部發生了弧陸碰撞，擠壓的應力往西傳遞，終止了臺灣西部張裂的地殼活動，岩漿的生成和上升停止了，故不再有火山活動了。

主要分布於西部麓山帶的中新世地層中，包括有早期中新世臺北附近的公館凝灰岩、中期到晚期中新世的桃園角板山、新竹關西—竹東、高雄寶來和澎湖群島等地區的岩層。

東部火山岩區主要包括海岸山脈以及三個外島：綠島、蘭嶼和小蘭嶼。成因是屬於歐亞板塊前緣的南海板塊向東隱沒入菲律賓海板塊之下，因脫水作用、降低菲律賓海板塊下地函楔的熔點，引起地函橄欖岩物質發生部分融熔生成岩漿，然後噴發至地表形成海洋性的火山島弧。

火山島弧於中期中新世（1,500萬年前）開始形成於深海中，因深海

彭佳嶼屬於臺灣北部火山岩區，可能是崩解張裂作用後形成的火山。 攝影：宋聖榮

水壓抑制火山氣體的離溶作用和噴發行為，故此時期的火山噴發相當溫和，形成大量厚層的枕狀熔岩和塊狀熔岩。然後隨著火山的成長演變，到了晚期中新世，火山口成長至淺海，因海水水壓已不能抑制火山氣體的離溶作用和噴發行為，且海水會與高溫的岩漿作用，使液態水加熱轉變為水蒸氣，體積快速膨脹增加爆炸威力，故此時期的火山噴發行為相當劇烈，形成了大量的枕狀角礫岩和火山碎屑岩。

到了晚期中新世至早期上新世（420萬到800萬年前），火山口已露出水面，岩漿內的氣體更容易離溶出來，使得火山的噴發行為更為劇烈，形成了以火山碎屑流為主的中酸凝灰岩。其後，因弧陸碰撞的緣故，不再有隱沒作用，也不再有岩漿生成，而停止了火山作用。

因北呂宋島弧（海岸山脈、綠島、蘭嶼）與歐亞板塊的碰撞屬於斜碰撞，海岸山脈北段最先與歐亞板塊碰撞，所以火山活動停止的時間較

北部火山帶地體構造環境

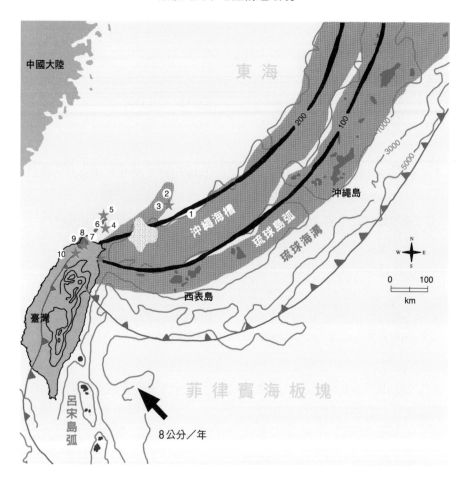

8公分／年

火山島名稱

1 赤尾嶼（Sekibisho）
2 久場島（Kobisho）
3 釣魚臺列嶼（Senkakushoto）
4 棉花嶼
5 彭佳嶼
6 花瓶嶼
7 基隆火山群
8 大屯火山群
9 觀音山
10 草嶺山

圖例

★ 第四紀火山

● 臺灣造山帶基盤

▨ 未露出之火山岩體（晚上新世）

↖ 菲律賓海板塊移動方向

⌐ 隱沒之班尼奧夫帶等深線

注：班尼奧夫帶又稱班氏帶，是隱沒帶
　　深處的地震活動區域

吳貞儒重製

早，距今約600萬年前；其次是中段，距今約500萬年前停止火山活動；南段則約在距今300萬年前停止火山活動；綠島約在距今54萬年前停止火山活動，而最南邊的蘭嶼和小蘭嶼約在距今2萬年前停止火山活動。

北部火山岩區包括大屯火山群、基隆火山群、觀音山火山、草嶺山，以及北部外海的火山島：彭佳嶼、花瓶嶼、棉花嶼及基隆嶼等。形成這些火山的地體構造環境至今尚無定論。

在90年代以前，大部分的臺灣地質學者都認為臺灣北部火山岩區的火山，是由菲律賓海板塊向北隱沒入歐亞板塊之下，形成的大陸邊緣性火山島弧，如南美安地斯山脈火山的地體構造環境，是屬於琉球島弧西延的一部分。但最近幾年，根據對臺灣北部及其鄰近地區地體構造環境和演變的瞭解，尤其是琉球島弧和其弧後盆地的最新地質資料研究，部分學者認為臺灣北部火山岩區的火山並不屬於琉球島弧的西延；而是與北呂宋火山島弧和歐亞板塊在北部的碰撞作用停止後，因地殼反彈引發崩解張裂作用（extensional collapse）有關。

但筆者從火山岩的地球化學和菲律賓海板塊隱沒入臺灣北部的深度，以及北部外海的火山島：彭佳嶼、花瓶嶼和棉花嶼的地球化學特徵和噴發年代來研判，認為臺灣島上的大屯火山群、基隆火山群、觀音山火山以及基隆島等，應還是屬於島弧火山；而外海的其他三個火山島則可能屬於崩解張裂作用後的火山活動。

龜山島位於宜蘭外海，在地體構造環境上是位於沖繩海槽和琉球火山島弧的交會點上。因其位在沖繩張裂海槽上，故過去認為可能與北部隱沒火山島弧有不同的構造環境和岩漿成因。但最近的鑽井岩芯和地球化學研究顯示，其早期還是屬於火山島弧的岩漿成因，晚期才是與張裂活動有關。

CHAPTER

09

臺灣西部火山岩區

中新世時期，地殼伸張與陷落，軟流圈大量岩漿向上湧出地表，
形成臺灣西部廣泛的玄武岩噴發，主要分布於西部麓山帶的沉積岩層，
構成臺灣西部火山岩區。其中，澎湖群島為出露面積最廣的地區，
除了花嶼之外，全部的島嶼都由玄武岩噴發所構成。

• 歐亞板塊東緣的張裂活動：地殼伸張陷落、岩漿上湧

距今大約 6,500 萬年到 1 億 8,000 萬年間，古太平洋板塊向西隱沒到華南板塊下；類似今天太平洋板塊向東隱沒入南美板塊，形成類似南美大陸邊緣的火山活動和造山運動。

約中生代結束，古太平洋板塊已完全隱沒，而熔化消失在華南板塊底下的地函中，解除了華南板塊長久以來受到古太平洋板塊的擠壓力量，華南地區的火山也因而逐漸停止噴發。地殼長久的擠壓作用去除後，使得整個東亞地區，包括臺灣在內，轉變為張裂的應力，造成華南地區因地殼張裂而陷落，形成了許多的沈積盆地。位於淺海大陸棚的臺灣海峽，從始新世開始拉張形成許多的盆地，陷落的沈積盆地堆積大量來自華南地區侵蝕沖刷下來的碎屑沈積物，期間有零星的火山活動。

中新世時期，張裂活動達到頂點，因為地殼伸張與陷落的緣故，地殼下方軟流圈上湧，形成大量岩漿向上湧出地表，於現今臺灣西部產生廣泛的玄武岩噴發，主要分布於西部麓山帶的沉積岩層中，包括臺北近郊的公館、土城、三峽；桃園的角板山；新竹的關西、竹東；高雄寶來；以及澎湖群島等地區，構成了臺灣西部的火山岩區。其中以澎湖群島出露面積

花嶼是澎湖群島中唯一不是由玄武岩所構成的島嶼　　　　　　　攝影：宋聖榮

最廣，除了花嶼之外，全部的島嶼都是由玄武岩所構成。

• 公館期的火山活動：野柳群、瑞芳群和三峽群

　　臺灣北部地層以沉積岩層為主（新生代新近紀），漸新世末期至上新世初期有三次較高海水面的時期，所沉積的地層為野柳群、瑞芳群和三峽群。在野柳群地層中可見火山噴發遺跡，代表中新世初期有火山活動。其分布相當廣泛，由臺灣北部海濱向西南延伸至桃園與新竹交界的大漢溪流域，這一期火山活動為著名的公館火山期。

　　臺北近郊的玄武岩是公館期火山活動的產物，主要出露於基隆－內湖、南港－深坑、公館－中和－清水坑和山子腳背斜等地區。此期火山岩統稱為公館凝灰岩層。

　　在野柳群和三峽群中間的瑞芳群地層內，過去報導有火山岩的出露，稱為尖石火山期。此期的火山岩多半僅在桃園縣、新竹縣和苗栗縣一帶石底層煤礦的地下坑道內，因此很多地質人員不知道有本期火山活動的存在，因其都是在坑道中出露，故在後續的地質文獻中，已不再提及此一火山活動。

北部公館火山期、
角板山火山期火成岩分布

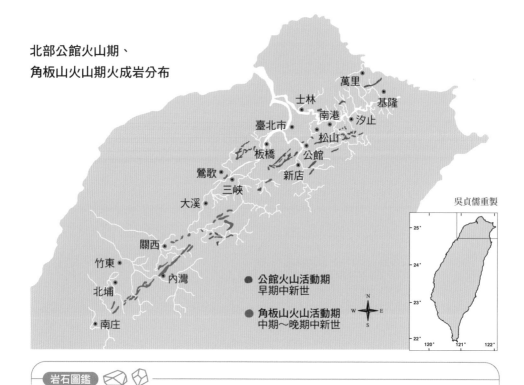

萬里
士林
基隆
南港
臺北市　　汐止
松山
板橋　公館
鶯歌　　新店
三峽
大溪
關西
竹東　　內灣
北埔
南庄

吳貞儒重製

● 公館火山活動期
　早期中新世

● 角板山火山活動期
　中期～晚期中新世

岩石圖鑑

公館凝灰岩層 ▶ 公館火山期野外出露的產狀包括凝灰岩、集塊岩、熔岩流和凝灰質沉積岩等，因其主要以凝灰岩、集塊岩和凝灰質沉積岩等火山碎屑岩為主，故此期火山岩統稱為公館凝灰岩層。

公館凝灰岩層是臺灣北部位於大寮層和木山層中間的一個地層單位，其厚度變化很大，從幾公尺到200公尺或更厚的岩體都有，其中最厚的凝灰岩體出露在新北市的清水坑背斜中，厚約200公尺以上。比較著名的出露地點有臺北市六張犁及公館附近山區、新北市中和南勢角及土城清水坑附近山區、鶯歌的鶯歌石等。臺大尊賢會館與臺灣大學土地公廟旁的小徑上（位於羅斯福路）有陳列一顆大石頭，為典型的公館凝灰岩的岩性。利用核飛跡定年法獲得此公館火山期的火山活動時間約從2,000萬至2,300萬年前，為早期中新世的火山活動。

上：臺大土地公廟旁凝灰岩
右：凝灰岩

• 角板山火山期：
　　南莊層帶狀分布

　　在臺灣西部麓山帶，從桃園至新竹間有一些玄武岩分布，出露地點包括熊空山附近、桃園復興附近之角板山、新竹關西－竹東間之錦山（舊名為馬武督）、六畜、馬福、而莞窩、南河、內灣、九讚頭和上坪等地，其中以新竹關西－竹東和桃園角板山較為出名。由於它特別廣布在桃園縣的角板山一帶，因此地質學家把這一期的火山活動命名為角板山火山期。

　　這些玄武岩的產狀為熔岩流、岩脈、角礫岩及凝灰岩等，多以帶狀分布夾於臺灣北部晚期中新世南莊層之地層中；澎湖玄武岩和南部橫貫公路的寶來玄武岩也屬於此期的噴發產物，從絕對定年資料顯示，此期的年代介於800萬到1,700萬年前，為中期至晚期中新世。

　　值得一提的是，出露在馬福、六畜兩地區的屬鹼性玄武岩，常含有許多超基性的捕獲岩。鹼性玄武岩是上部地函深處之部分融熔作用所生成，在噴至地表時，如果速度夠快，則所挾帶之上部地函及地殼深處捕獲岩即可保留在岩漿中被攜至地表，因此，可提供瞭解臺灣地下地函的組成。

（ 岩石圖鑑 ）

角板山玄武岩與南莊層 ▶ 角板山位於桃園復興鄉，從臺北出發約需一個半小時才會到達。出露於角板山的玄武岩夾於南莊層地層中。南莊層以前被稱為「上部含煤層」，是臺灣西部三個中新世含煤地層中分布最廣的地層，從北海岸向南延伸到嘉義的阿里山，標準地點為苗栗縣中港溪流域的南莊。

　　角板山區出露的玄武岩產狀有二：一為與岩層沈積同時之火山熔岩流、凝灰岩及集塊岩；另一是岩脈。在南莊層沈積之前半期，有劇烈的火山活動，噴出多層的玄武熔岩流；其中有三層時斷時續，延展較遠，每層間隔約30至100公尺，玄武岩流厚約5至20公尺。

　　中、下層玄武岩流會合於角板山西方之小溪流中，出露厚度達100公尺。此等熔岩流皆屬與南莊層同時沈積之玄武岩流，以鹼性玄武岩為主。

岩石圖鑑

關西－竹東玄武岩：灰黑熔岩流，淺海噴發 ▶ 關西－竹東位於新竹縣臺三省道上，玄武岩在此出露的產狀以熔岩流為主，且常與火山碎屑岩包括集塊岩（火山角礫岩）、凝灰岩、砂岩和頁岩交錯成層；沉積物堆積於淺海的環境，與火山活動產物相伴產出，顯示凝灰岩層可能為淺海的水成噴發產物。

熔岩流大都為灰黑色；凝灰岩常呈球狀風化，主要由玄武質之細小碎屑構成，所含的礦物如石英、斜長石、輝石、方沸石、磁鐵礦和鋯石等；細晶質之玄武岩，表面常有白色碳酸鈣充填之杏仁孔；中粗玄武岩類大都以岩床或岩脈產出。

在新竹馬福和馬武督之凝灰岩與集塊岩中含有鋯石與剛玉。出露在馬福、六畜兩地區的鹼性玄武岩中，其捕獲岩包括斜輝橄欖岩、純橄欖岩、尖晶石二輝橄欖岩、橄欖石直輝岩等，而以鎂橄欖石為構成這些岩石的最主要成分。

馬福出露之凝灰質集塊岩呈灰黑色，膠結鬆散，極易剝離。岩石中除角礫狀的火山碎屑物外，含有許多磨圓的礫石和一些偉晶。礫石包括粗粒玄武岩、淺綠色或紅色受碳酸鹽化的岩石和石灰岩等，推測其可能為中新世中期含石灰岩地層，因火山爆發而混雜於集塊岩中。

關西－竹東玄武岩的絕對定年為910萬到1,030萬年前，相當於臺灣西部麓山帶中新世中期南莊層沉積的年代，顯示當時沉積盆地邊緣在南莊層沉積的時期，有火山活動噴發出火山碎屑岩，堆積在岩層之內。

關於「集塊岩」，依據定義，是由直徑大於64釐米、噴出火山口時還是液態岩漿的火山彈所組成，顆粒呈現平滑的外型或有塑性變形的特徵；而在關西－竹東出露大顆粒的玄武岩質岩塊，呈現出有稜有角的外型，顯現其噴發出火山口已是固體的顆粒，故應稱為「火山角礫岩」。過去文獻報導此地為集塊岩，可能是誤用。

球狀風化構造

堅硬的岩石暴露於空氣中，受風吹雨打，容易發生風化作用。若因冷、熱交替作用使得岩石外皮一層一層的剝落，然後往中心作用，似洋蔥狀，形成一顆顆圓球狀的風化顆粒，稱為球狀（洋蔥狀）風化作用，屬於物理風化作用的一種。若一層一層剝落岩塊的組成成分已改變，顯示其後也已受強烈的化學風化作用影響。

岩石圖鑑

三峽玄武岩：文石 ▶ 三峽玄武岩出露在新北市土城區往三峽區的臺三線省道上，就在橫溪站的山坡上，因私人建築公司開挖而露出，部分露頭目前已不可見了。出露的玄武岩產狀包括熔岩流、火山角礫岩、火山礫岩和凝灰岩。玄武岩層厚度從數十公分至數公尺不等，與臺灣北部中新世南莊層的砂岩和頁岩互層，後被桂竹林層直接覆蓋。利用鉀－氬定年法測定三峽玄武岩的年代為800萬年到1,000萬年前。

　　三峽玄武岩質的熔岩流柱狀節理相當發達，呈現垂直和塔狀的外形，且富含氣孔，這些氣孔被後續的碳酸鈣填充，成為有名的**三峽文石**。三峽文石的野外產狀可分為兩大類：氣孔填充之杏仁狀構造，以及玄武岩及其圍岩裂隙填充的脈狀構造。其中孔隙填充的礦物常見有粒狀、針狀、纖維狀、同心圓狀、膠狀、放射狀、球狀、腎狀、鮞狀、樹枝狀等，較為特殊的產狀為同心

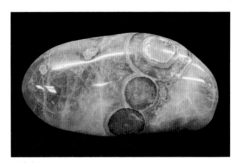

圖片來源：©Public domain, via Wikimedia Commons

圓條帶。文石的礦物相主要為碳酸鹽類和矽酸鹽類，其中以方解石最常出現。另外，相較於澎湖文石，三峽文石的二氧化矽含量較多，可能的原因是三峽玄武岩夾於南莊層的砂、頁岩中，沉澱文石的原水可能是海水或地下，當其流經沉積岩時，溶入較多的矽元素，故其沉澱文石時會含有較高的二氧化矽。

杏仁狀結構（Amygdaloidal）

　　岩漿從地下上升噴出後，由於壓力急速下降，使得溶於岩漿中的氣體因為降壓而離溶出，但因噴出的岩漿表面已急速冷卻凝固，使得離溶的氣體來不及從岩漿表面溢出，而被留在岩石中形成大大小小的氣孔，這些形狀似橢圓形氣孔的長軸方向通常與玄武岩流的流向一致，稱為杏仁狀結構。

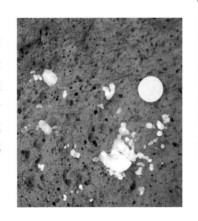

岩石圖鑑

寶來玄武岩的細碧岩化作用（熱水蝕變）

▶ 寶來位於臺灣南部西部麓山帶與脊梁山脈之邊界，在南部橫貫公路80至90公里出露有玄武岩，厚約3到4公尺，產狀呈現水下噴發的枕狀熔岩構造，每個枕狀熔岩大小從30公分至150公分，組成礦物有鈉長石、鉀長石、斜輝石、綠泥石、鈦鐵礦、磷灰石、方解石及石英等。

表面有氣孔或杏仁狀構造，顏色為灰綠色至暗綠色，且被許多碳酸鹽礦脈所貫穿，杏仁狀的氣孔內也為碳酸鹽礦物或綠泥石所充填，是受到熱水換質成細碧岩的特徵。

原來玄武岩中含**鐵鎂**較高的礦物，如輝石類礦物，因為受到低變質度的**熱水蝕變**，轉變成綠泥石、綠簾石、方解石等次生礦物，而呈現灰綠色，稱為「細碧岩」（Spilite）。而有些熱水蝕變所產生的礦物質流體於岩石裂隙、孔洞中重新再沉澱結晶，而成方解石之填充物。

• 澎湖玄武岩的故事

澎湖玄武岩是整個臺灣西部火山岩區出露面積最大、火山岩產狀最完整、柱狀玄武岩最為壯觀的區域。群島由一百多個大小不等的島嶼和岩礁所組成，最北為目斗嶼，最南為七美嶼，最東為查某嶼，最西為花嶼，北迴歸線通過群島的虎井嶼和望安島海域。平坦地形的玄武岩，出露約占整個澎湖群島的90%以上。

這裡是臺灣地區年降雨量最少的區域。受季風影響，冬天風大；夏天雖熱，有海風輕吹，倒也不覺得酷熱難耐。澎湖一遊，享受碧海藍天，弄潮賞魚，欣賞自然的田野風光、高聳的玄武岩柱以及質樸的人文景觀，是人生一樂。

• 為什麼是低平火山口

澎湖的火山屬於板塊內部的火山活動，發生於中新世中期至晚期（800萬至1,700萬年前），主要為玄武岩噴發，大部分可能為裂隙噴發，產生大量的噴溢相熔岩，火山碎屑物甚少。自火山活動形成玄武岩以後，澎湖群島再也未受過任何造山或地殼運動的影響，除了部分受風化侵蝕作用外，火山的各種產狀都保持

澎湖低平火山地景 　　　　　　　　　　　　　　　　　　　攝影：宋聖榮

得相當完整，地層相當水平，爲一觀察火山作用的天然教室，值得有興趣者細細品嘗。

　　澎湖地區的玄武岩主要是在陸地噴發，形成厚層的熔岩流，而局部地區可能在相當淺海的環境中噴發。

　　澎湖玄武岩的產狀，主要以厚層熔岩流爲主，熔岩流表面的繩狀構造，以及發生熱氧化作用的熔岩層，都還保存著，且熔岩流的柱狀節理相當發達，這些證據顯示澎湖的熔岩流是陸地噴發的產物。火山噴發發生在陸地，除了在上升至地表時，偶而與天水發生作用，產生較劇烈的噴發，形成火山碎屑岩之外，大部分都屬於較溫和的溢流式火山噴發，形成厚層熔岩流，因其冷卻相對於水中環境較慢，故岩體較易發展形成柱狀節理。

澎湖群島的地質構成

澎湖群島的地質是由中生代晚期的石英斑岩、中新世的玄武岩和沉積岩的互層，以及第四紀的沉積物所組成。

上：石英斑岩｜右：第四紀沉積物

攝影：宋聖榮

在澎湖群島的東邊，玄武岩直接覆蓋在陸地風化作用所形成的紅土層之上，更顯示澎湖大部分的火山岩是在陸地所噴發形成的。

澎湖群島形成低平火山口的成因，正是因為岩漿在上升至地表的過程中，和地下水或地表水相互作用，高溫岩漿的熱能迅速傳給水，使水由液態轉變為氣態，體積快速膨漲，產生劇烈的水成火山噴發或爆炸，因此

形成低平火山口，亦可見凝灰岩環或凝灰岩錐等。

在地底下形成的深切到圍岩的近圓形火山口，被火山碎屑堆積物形成的低矮環包圍，其後常常積水而形成火山口湖。若持續噴發，往下和往側向擴展，環火山口有火山碎屑物堆積；接著繼續往下擴展，至接近地下水補充的區域；最後接近火山岩筒底部，兩邊岩層崩落，形成陡峭的內部

夏威夷歐胡島鑽石頭火山的凝灰岩錐　　　　　　　　　　　　　　攝影：宋聖榮

構造。此種型態的火山口大都發生在大陸張裂型陸上玄武岩的噴發作用，且是單一次噴發作用（Monogenetic eruption）所形成。

澎湖群島南邊的幾個島，都含有厚層從細到中粒的火山碎屑岩，這些火山碎屑岩主要以玻璃質為主，顯示含這些火山碎屑岩的南方諸島，可能是在相當淺的水中所噴發形成的。

因玄武岩漿的低黏度和揮發性物質含量少等因素，其噴發大都以溫和的噴溢作用為主，產生大量的熔岩流流速較高、覆蓋的面積較廣，但厚度較薄，形成盾狀火山地形等特徵，與高黏度的熔岩流有極大不同。

與黏度有關的熔岩流特徵

特徵	低黏度熔岩	高黏度熔岩
成分	基性岩石：如玄武岩	中酸性岩石：安山岩及流紋岩
流動性	片流及旋流	片流
厚度範圍	2～30 公尺	20～300 公尺
平均厚度	～10 公尺	>100 公尺
高寬比	<1/100	1/100～1/2
基質	常為微晶	常為玻璃質
表面構造	多為繩狀或 Aa 熔岩	多為塊狀熔岩
火山類型	易形成盾狀火山	易形成錐狀或層狀火山

資料來源：Walker, 1973

• 三種火山岩相：近、中、遠火山口

想要追索澎湖的火山口如今何在？需要先瞭解火山岩相的分類與形成。火山岩相依相對噴發口位置的遠近，可分為三類：**近火山口相**、**中間火山口相**，以及**遠火山口相**。其中中間火山口相的特徵包括熔岩池（lava pool or lake）[12] 以及火山頸（volcanic neck），熔岩池是含有大量岩漿的池塘或湖泊，是由溢流出的岩漿在火山口低窪地內累積並保持液態而成的；岩性通常為流動性較大的玄武質岩漿，面積一般不大，可能含有噴氣口和硫氣口等，亦可為已經部分或全部冷卻成固體的熔岩。

澎湖有出露熔岩池，位於西衛大石鼻，直徑約為 15 公尺，具有同心圓構造。此一圓形構造可能是玄武岩熔岩流在冷卻過程中，受到流動應力作用讓已部分凝固、高黏滯性的玄武質岩漿表層產生褶曲變形，因主要推力來自於中心上湧的岩漿，如靜止的池水丟一石塊造成同心圓水波往外擴展，此一往外擴張的圓形構造因冷卻形成於熔岩池表面。另外，在同心圓中有很多細小、斷斷續續的岩脈和

12 世界上目前長期存在的熔岩池，包括有：非洲衣索比亞的爾塔阿雷火山（Erta Ale Volcano）；南極洲的埃里伯斯火山（Mount Erebus）；坦納島的亞蘇爾火山（Mount Yasur）；夏威夷的基拉韋亞火山（Kīlauea Volcano）；剛果民主共和國的尼拉貢戈火山（Nyiragongo Volcano）；萬那杜的安布里姆基島（Ambrym Island）；尼加拉瓜的馬薩亞火山（Masaya Volcano）等。

三種火山岩相特徵比較

近火山口相	中間火山口相	遠火山口相
1、侵蝕至火山體內部時可見岩株，岩床和岩脈群等侵入岩 2、**厚層熔岩流** 3、火山口內存在因岩漿侵入所形成的**火山碎屑角礫岩**，或因岩壁過陡而發生崩塌所形成的**崩積角礫岩** 4、呈近圓形構造之**熔岩池和火山頸** 5、**放射狀岩脈** 6、由厚層呈楔形及不連續之火山碎屑岩堆積於火山陷落口內	1、熔岩流和**火山碎屑岩**互層，後者比例變大 2、隨距離增加，再積性火山碎屑堆積物增加 3、火山碎屑岩顆粒變小	1、由細粒、淘選佳的火山彈落堆積物組成 2、**非火山物質成分增加** 3、**再積性火山碎屑堆積物增加**

厚層熔岩流

上：澎湖白沙赤崁的薄層熔岩流，爲岩漿從火山口溢出後沿斜坡往下流的特徵。

下：再積性角礫岩爲遠火山口相的特徵產狀

一坨一坨的熔岩塊，沿著柱狀熔岩的邊緣裂隙分布，並呈現快速冷卻的現象。這些岩脈和岩塊可能是熔岩池岩漿冷卻、發育柱狀節理產生裂隙的過程中，地下深處的岩漿仍有活動性且往上移動，並沿著正在發育柱狀節理的縫隙充填，形成細岩脈，或溢出形成熔岩塊。其溢出地表時會快速冷卻形成玻璃質的邊緣，而後易受風化作用影響形成明顯的環帶構造，此後被陸續噴發的熔岩流覆蓋，因此保存下來。

經過數百萬年的風化侵蝕後出露的獨特地質景觀，由天時地利所形成，應加以保育，並提供環境解說教育，讓更多人觀賞。

西衛大石鼻出露的熔岩池呈現同心圓構造

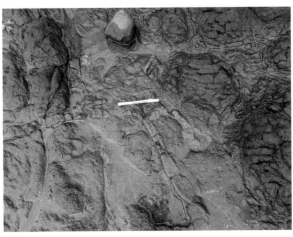

代表熔岩池同心圓構造內可見很多細小、斷斷續續的岩脈和熔岩塊。

澎湖大石鼻東邊海域的圓形構造，具有中間凸起且稍具風化的岩體，被圓形彎曲的熔岩流所包覆，外圍至少有四條以此一突出高地為中心的放射狀岩脈，由於接觸面相當尖銳且岩性不同，因此判定其可能為火山頸構造。火山頸是充填熔岩的火山通道。

中心式噴發的火山管道，在火山噴發停止後會被凝固的熔岩所填充，因管道內的熔岩較周遭火山噴出物緻密堅硬，經過長期侵蝕破壞，地表噴出物幾乎全被侵蝕去除，只有火山管道中的岩體巍然突露，兀立在地面上，是尋找老火山口的標誌。澎湖地區的玄武岩形成至今，已受相當程度的侵蝕風化作用影響，故上述火山岩相的分類，只適合對近火山口相的判

西衛大石鼻出露的火山頸，具有最少5-6條放射狀岩脈。

定，中間和遠火山口岩相則已侵蝕殆盡，或爲後來的噴發所覆蓋，而無法辨認。另在兩期火山作用之間的休止期，暴露於地表的玄武岩會受風化作用形成土壤，或侵蝕成低地，積水成湖，而有湖相沉積物的形成。

　　要恢復澎湖地區原有的火山地形及岩石產狀，有其困難。早期火山活動所形成的地形和岩石產狀特徵，被後期的火山活動所覆蓋；而後期的特徵，則受風化侵蝕的影響，以至於辨認困難。故在無明顯火山錐、破火山口等地形之古火山地區，要恢復原有火山地形及岩石產狀，有賴火山岩相的分析與研究。

曾報導過的赤嶼旁火山頸，中間部分爲黃褐色微輝長岩，周遭爲深色的玄武岩。

澎湖火山岩大觀

• 澎湖火山岩產狀

（1）熔岩臺地（方山地形）▶澎湖的火山活動，大部分在陸地上，以裂隙噴發為主，且是由黏度低、流動性佳的玄武岩為主，所以熔岩流分布範圍廣，易形成熔岩臺地。而後經長期風化侵蝕的切割以及海侵海退的影響，形成現今澎湖地形平坦、一座座的方山島嶼地形。

（2）岩丘 ▶在澎湖平坦的地形中，偶而可見一突起的小山丘，且主要分布在群島的邊緣。這些小山丘主要是由較年輕的鹼性玄武質熔岩所組成，表示澎湖的火山活動，可能已由早期的裂隙噴發產生矽質玄武岩，轉變為中心式噴發產生鹼性玄武岩。由於每次的噴發量較少，揮發性物質逸出快，再加上溫度的快速降低，以致岩漿的黏度增加快速，熔岩流不易流動，而形成一個個的岩丘。

澎湖赤嶼岩丘

（3）繩狀熔岩 ▶ 基性熔岩流表面常常有各種波浪起伏和繩狀的形態，稱為繩狀熔岩。因低黏度流速較快的岩漿，在噴出流動過程中，表層與空氣接觸，較快冷卻成「半塑性狀」的狀態，而內部冷卻速率較慢而繼續流動，使得處於半冷卻狀態的表層岩漿受帶動而捲曲，形成指向流動方向突出的繩狀、波狀形態。

澎湖玄武岩的形成年代相當久遠，表面的細微構造大都已受風化作用影響而不復見，只有在風櫃和將軍嶼可見到殘餘的繩狀熔岩構造。

澎湖風櫃繩狀熔岩

（4）Aa 熔岩 ▶ 此一熔岩的特徵是熔岩具有凹凸不平且尖銳的表面，夏威夷土話叫「啊啊」。傳說土著初登上夏威夷時，踩在尖銳表面似煤渣的熔岩流之上，相當刺痛腳底，發出「啊啊」的叫聲，故稱此熔岩為「Aa 熔岩」（又稱阿丫熔岩）。

其成因主要為玄武質岩漿，因冷卻使得岩漿黏滯性變大，熔岩表面已冷卻成固態，而內部熔岩還繼續流動，拖動已成固態的熔岩表面使之碎裂成塊狀，而形成 Aa 熔岩。形成的條件相較於繩狀熔岩須較長時間的冷卻，故在夏威夷火山地區，常可發現由繩狀熔岩過渡到 Aa 熔岩，也就是說，Aa 熔岩分布的地方較繩狀熔岩遠離火山口的位置。澎湖的 Aa 熔岩主要分布在海邊厚層玄武岩下方。

澎湖風櫃 Aa 熔岩

（5）柱狀節理 ▶ 成分均一的岩漿結晶過程中，由於均勻的冷卻、收縮而裂開成多邊形規則的柱狀體。柱狀體的形狀從四邊形到八邊形皆有，其中以五邊形和六邊形為最多。柱狀體各平面的方向是垂直熔岩流冷卻的方向，即垂直熔岩流層面或是侵入體的接觸面，藉由柱狀體的方向，可幫助我們在野外判定此熔岩的產狀。

澎湖玄武岩的柱狀節理發育相當好，方向有垂直、水平、傾斜和扇狀等，其中垂直方向大都是由噴出地表的熔岩所形成；水平方向則可能是侵入的岩體所形成；而傾斜和扇狀則侵入和噴出兩者皆可形成。

澎湖柱狀節理有垂直、水平、傾斜、扇狀等形狀，
此為七美石獅壯麗的柱狀玄武岩景觀。

（6）枕狀熔岩 ▶ 澎湖典型的枕狀熔岩出露在馬公觀音亭附近。枕狀熔岩產狀有多個堆疊在一起，也有單一個體存在。枕狀直徑大小從數十公分至約1公尺左右，大部分呈現橢圓體。枕狀內部的節理大致呈現放射狀，表層是由快速冷卻所形成的玻璃質。（參考29頁）

澎湖馬公觀音亭枕狀熔岩

（7）火山角礫岩 ▶ 主要出露在澎湖一些近火山口區域，如北寮、赤嶼、白沙煙燉山和七美牛母坪－龍埕海岸等。（參考29頁）

澎湖火山角礫岩

（8）玻質角礫岩 ▶ 主要出露於白沙煙墩山（參考29頁）

澎湖玻質角礫岩

（9）凝灰岩 ▶ 澎湖凝灰岩相當少，只在局部地區有發現，且已氧化呈紅色。（參考29頁）

（10）捕獲岩 ▶ 澎湖橄欖岩捕獲岩分布很廣，只要是鹼性玄武岩出露的地方幾乎都有。其中，以湖西鄉北寮地區的番仔石出露最多，岩石中幾乎60%為橄欖岩的碎塊。（參考47頁）

澎湖北寮捕獲岩

• 火山次生產狀

（11）再積性火山碎屑岩 ▶ 指火山岩形成後，再經風化侵蝕作用，重新堆積的火山碎屑岩。其與原生的火山碎屑岩最大的區別是顆粒較圓且岩性種類較雜。此類岩石主要出露於北寮和白沙煙墩山等地區。

澎湖再積性火山碎屑岩

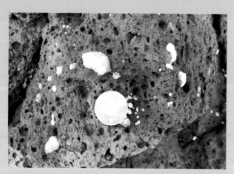

澎湖文石氣孔

（12）氣孔充填物—文石 ▶ 泛指充填於玄武岩孔洞和隙縫中，具有紋理的礦物岩石。岩漿中含有揮發性氣體，在高壓的環境中，此一氣體溶解在岩漿中；當岩漿上升減壓，氣體會開始從岩漿中離溶出來，在冷卻的岩體中產生氣孔。

氣孔柱為揮發性氣體在岩漿減壓冷卻中逸出的管道，玄武岩中富含氣孔或裂縫，被海水或者地下水覆蓋後，熔岩中原有的礦物受到風化淋移作用，尤其是富鈣的斜長石礦物，就會把鈣離子溶解出來，然後與富含碳酸根離子的地下水結合形成碳酸鈣，沉澱於氣孔或裂隙中，於是形成了文石。

文石成分為各種次生礦物，若水溶液中富鈣離子且缺少鎂離子或鍶離子，形成的沉澱礦物以方解石為主；若水溶液中同時富鈣離子和鎂離子或鍶離子，則形成的沉澱礦物以霰石為主。澎湖玄武岩中包括有霰石、方解石、沸石和玉髓等。學術研究上，大都把文石認為是霰石礦物的晶體。

• 火山岩風化侵蝕後產狀

（13）紅土 ▶ 紅土爲熱帶多雨地區常見的風化土壤，受到高度風化作用，富含次生鐵、鋁氧化物或氫氧化物。由於強烈淋溶作用，其中的矽酸鹽類幾乎破壞殆盡，僅存石英及高嶺石等礦物，可溶性鹽類則完全流失。

澎湖大部分地區都有紅土，尤其是澎湖群島東半部白沙講美的東山頭最具代表性。玄武岩層間存在厚度不等的紅土，大部分是風化自玄武岩層及火山碎屑物，少部分來自於砂質沉積岩。前者的紅土化程度較高，含鐵鋁氧化物較高，比重較大，主要的黏土礦物爲高嶺石和膨潤石。後者的紅土化程度較低，含鐵鋁氧化物較低，比重較小，主要的黏土礦物爲高嶺石和伊萊石。由紅土的出露，顯示澎湖地區在紅土形成時是在高溫多雨的氣候環境，和現在的高溫乾燥氣候大不相同。

（14）球狀風化構造 ▶ 澎湖的玄武岩柱狀構造發達，岩層本身的解理亦多，把玄武岩切割成方塊的形狀；因冷、熱交替作用使得岩石外皮一層一層的剝落，然後往中心作用，形成一顆顆似洋蔥狀的圓球風化顆粒。（參考104頁）

澎湖紅土與膨潤石　　澎湖球狀風化

10

臺灣東部火山岩區

臺灣東部火山岩區主要包括海岸山脈都巒山層的火山岩，
以及外海的綠島、蘭嶼和小蘭嶼等火山島。
在大地構造上，一般認為是呂宋火山島弧系統往北延伸的一部分。

呂宋火山島弧系統是中期中新世至上新世，距今約自420萬至1,500萬年前由南中國海板塊開始向東隱沒入菲律賓海板塊，所生成的一系列火山，稱為「呂宋火山島弧」；其後在約晚期中新世至早期上新世，距今大約500到600萬年以前，蓬萊造山運動過程中，呂宋火山島弧北端的海岸山脈與歐亞大陸板塊相碰撞，因而隆起形成臺灣現今的模樣。

此碰撞作用為斜碰撞，從海岸山脈北端開始，然後碰撞點慢慢往南移動，目前的碰撞還往南繼續的作用著。因斜碰撞的緣故，海岸山脈的

海岸山脈弧陸碰撞前的火山岩。此圖為石梯坪。

弧陸碰撞前的火山沉積物。此圖爲樂合溪。

火山作用由北往南漸漸的停止，如海岸山脈北段停止火山活動的年代約爲600萬年前；中段約爲500萬年前；南段則約爲300萬年前。而綠島雖還未完全碰撞上歐亞板塊的邊緣，但也因碰撞造成隱沒作用停止，地底下不再形成和供應岩漿，火山噴發作用已停止；因其火山停止活動的時間較晚，故仍保存良好的火山地形。若隨著時間流轉，未來有一天，綠島、蘭嶼和小蘭嶼也會像海岸山脈的火山一樣，因碰撞嵌入歐亞板塊邊緣，破壞了整個火山地形，而臺灣島的面積會因而更爲擴大。

一、海岸山脈的四座火山

海岸山脈屬於菲律賓海板塊的一部分，與脊梁山脈隔著花東縱谷遙遙相望。地質上主要分爲兩大部分，一是弧陸碰撞前，由火山島弧噴發作用所產生的火山岩，以及其衍生的火山沉積物和圍繞在島弧邊緣、由生物作用所形成的石灰岩。

另一是在弧陸碰撞後，由位在大陸邊緣的造山山脈侵蝕下來的沉積物所組成的沉積岩。另外還有從隱沒開始到碰撞後都存在的海溝沉積物──利吉層。因弧陸碰撞前，島弧火山作用所堆積的火山岩與其衍生物，層序並不顯著，而且化石稀少、水平

弧陸碰撞前的石灰岩。此圖爲膽曼海邊。　　　　海岸山脈利吉層

岩相變化大，以致於對其瞭解程度不如碰撞後所堆積的大陸性沉積岩來得清楚。另外，因爲碰撞抬升、風化侵蝕，海岸山脈主要的火山地形都已不復存在，唯有依照火山學噴發產物的火山岩相和地球化學的原則恢復火山體。過去學者研究顯示，海岸山脈最少有四座火山，從北到南分別爲**月眉火山、奇美火山、成廣澳火山和都鑾火山**。

• 月眉火山岩：消失成爲地函深處那一塊地殼？

相較於沉積岩層，火山岩的抗風化侵蝕能力較高，是構成海岸山脈嶺脊主體的部分。海岸山脈北段出露最多和最厚的火山岩位於花蓮月眉村，此村落東有海岸山脈倚屏，西隔花蓮溪與國立東華大學相望。月眉名稱來自該村遠望像極了彎月或人之眉毛，因而得名。另外，月眉村於清朝時期，稱象鼻嘴，村落上半區則被阿美族居民稱爲「阿巴落」，語意爲「麵包樹」。

從火山岩相的觀點來看，海岸山脈北段似乎不存在有一座火山。因爲月眉地區並未出露代表火山中心的岩相，如侵入岩、岩脈、厚層熔岩流和

海岸山脈弧陸碰撞後組成的沉積岩。此圖為富里鱉溪。

熱水換質的岩石組合，反而是以中間或遠端火山岩相為主的火山角礫岩和凝灰角礫岩。但從岩石地球化學的觀點與證據指示，海岸山脈北段的火山岩不是由中、南段火山中心噴發的產物，北段應存在一座火山體。[13]

　　為何此火山體中心已消失、不復見於海岸山脈？可能的原因包括已被侵蝕殆盡，或隨菲律賓海板塊隱沒入歐亞板塊下。前者較不可能，因為目前還出露有較易被風化侵蝕的中間火山相；而最近根據琉球隱沒帶地震波的研究顯示，在菲律賓海板塊向北隱沒入歐亞板塊下，地函深處存有一塊

地殼的物質，可能是來自於北呂宋海岸山脈的火山體。此一研究結果顯示海岸山脈北段消失的火山體應已經沒入歐亞板塊下。

月眉火山岩產狀

　　出露於月眉的火山岩，產狀為塊狀、厚層和層理不佳的火山角礫岩和凝灰角礫岩。岩層下部岩性為深色的兩輝安山岩，上部則為白色的輝石角閃石安山岩。

---

13 北段安山岩從底部到頂部的釹同位素比值（εNd）都大於9，顯示北段的岩漿都直接來自於上部地函部分融熔的產物；相較於海岸山脈其他火山，上部安山岩的釹同位素比值都小於9，甚至小於5或0。

火山百科 海岸山脈火山島弧的演變

南中國海板塊向東隱沒入菲律賓海板塊下方後，形成岩漿並上升至海底，開始深海噴發，然後堆積成長至淺海和陸地，海底火山逐漸成至出露海水面。火山於發生弧陸碰撞後停止活動，並抬升擠壓成海岸山脈的一部分。

四座火山體顯示不同程度的侵蝕作用，因而出露從火山體深部到僅僅火山表面的岩相。因菲律賓海板塊和歐亞板塊的碰撞是從北向南的斜碰撞，四座火山的抬升時間不相同，受風化侵蝕作用的時間長短也不同，愈往南抬升作用的時間愈晚，受到侵蝕的部分也就愈少。而海岸山脈最北段的月眉火山體，因菲律賓海板塊向北隱沒，最終沒入歐亞板塊下方。

因此，一個海洋島弧火山系統從其誕生、成長、停止噴發、抬升乃至於侵蝕後隱沒消失，這個過程被重建。

在最初的時期，隱沒作用形成的岩漿上湧並噴發形成海底火山，從深海成長至出露水面。在現今北呂宋島弧裡，巴丹（Batan）與巴布亞（Babuyun）島仍屬於活火山，也正在噴發中，就屬於**隱沒噴發階段**。第二個時期為火山島隨菲律賓海板塊移動發生**弧陸碰撞**，並停止噴發。位於臺灣外海的綠島、蘭嶼和小蘭嶼火山島就屬於這個階段，火山停止噴發的順序由北而南逐漸年輕，最後一次火山作用可能為1854年在靠近小蘭嶼附近的海底火山噴發，為北呂宋島弧活火山與休眠火山的界線。第三個階段為已經抬升並擠壓形成**海岸山脈**的一部分，並經過不同程度的風化侵蝕而出露不同深淺的火山岩相。海岸山脈的奇美、成廣澳與都巒火山有不同的岩相出露，是屬於本階段。最後一個階段，火山隨著菲律賓海板塊向北隱沒入歐亞板塊下方。海岸山脈北段的月眉火山，火山中心已經**隱沒消失**，就屬於這個時期。

海洋島弧火山系統過程重建圖

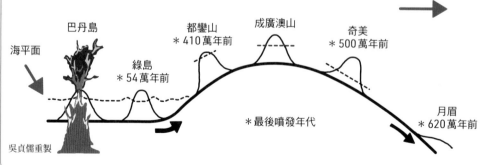

巴丹島

海平面

綠島
＊54萬年前

都巒山
＊410萬年前

成廣澳山

奇美
＊500萬年前

＊最後噴發年代

月眉
＊620萬年前

吳貞儒重製

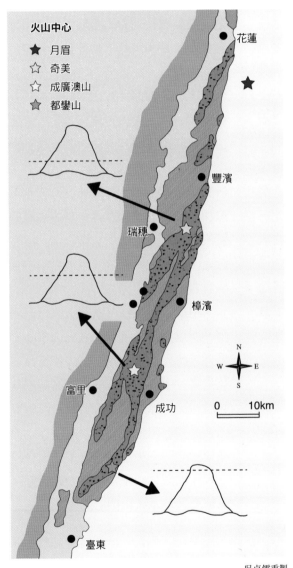

火山岩噴發環境演變圖

吳貞儒重製

奇美火成雜岩：
秀姑巒溪畔的火山中心

奇美火山中心位於花蓮縣奇美村，此村坐落在瑞港公路中途秀姑巒溪畔，是秀姑巒溪泛舟的中點休息站。奇美是阿美族Kiwit的音譯，原意指一種質地堅韌，可以用來捆綁東西的爬藤——海金沙。奇美村，日治時代稱為「奇密社」，後來改為今名。這裡是阿美族的發祥地，早期聲勢頗大，根據縣誌記載，因當地野草繁茂，故族人以阿美族話「奇密」命之。現在除了泛舟熱之外，也是著名的水牛王國。

出露於奇美地區的火山岩層稱為奇美火成雜岩。「雜岩」是指種類繁多的岩體，如火山岩、深成岩、沉積岩和變質岩的混合；或者岩體構造複雜不易辨識者均稱之。

奇美火成雜岩主要分布於秀姑巒溪的中下游兩岸，因碰撞的逆衝斷層把火山體移至年輕的沉積岩之上，再加上長時間受風化侵蝕影響，於是把火山內部的岩層顯露出來。

值得一提的是奇美地區是一座火山中心，火山中心的岩相包括侵入岩、岩脈群、厚層熔岩流和顆粒大的碎屑顆粒，以及熱液換質岩石等，這些岩石組合都可以在這裡看到。岩漿除了上升至地表，也可能未達地表而以侵入岩方式存在於地底下，如岩株、岩脈和岩床等。島弧岩漿一般都是以高黏滯性的安山岩為主，噴出地表後受冷卻作用而不易移動，堆積於火山口附近，故近火山口處熔岩流會較厚，然後慢慢往火山斜坡變薄。若是以噴發形成火山角礫岩，在近火山口的地區顆粒較大，往兩側斜坡則變小。另外，岩漿為高溫的液態岩石，一般溫度都達 1,000°C 以上，天水下滲加熱或與岩漿水混合，形成高溫的熱液與岩石發生熱水換質作用，故在近火山口處或地下可發現大量的熱液換質岩石。

由於奇美地區可看到這些岩石組合，所以判斷此處是一座火山中心。另外，此火山體的遠端火山相出露在花東縱谷中間的樂合溪，以深海的枕狀熔岩流、厚層的凝灰岩層和凝灰質礫岩為其岩相組合。下次前往秀姑巒溪泛舟經過奇美部落時，不妨稍作停留，仔細觀賞兩岸多采多姿的岩壁，想想穿過地下火山中心的感覺。

奇美火成岩體與火山雜岩產狀

　　奇美地區的火成岩體，包括侵入的輝綠岩、噴出的安山岩岩流和岩脈群、火山角礫岩、熱水換質岩石，和礦化的岩體（將岩石轉化為礦石的各種作用），並含有薄層的頁岩。由於受到最少三期強烈的熱水換質作用，使得整體構造不容易辨識。

　　產狀可分為以塊狀輝綠岩為主的天港山輝綠岩，以及以厚層安山岩岩流為主的灣潭安山岩。從侵入關係和岩流所含捕獲岩判斷，兩者應該屬於同一時期。形成的年代應為早期中新世（老於1,500萬年）。

奇美雜岩輝綠岩

奇美雜岩安山岩
岩流和岩脈群

成廣澳火成岩產狀

三仙溪上游出露的岩石產狀包括厚層的安山岩質熔岩流和岩脈，以及玄武岩質岩脈，並未有侵入岩和強烈的熱水換質岩石出露。往下游則見較年輕的厚層火山角礫岩、枕狀角礫岩和凝灰質角礫岩出露。

• 成廣澳火山：碰撞最劇烈之區段，保持完整火山地形

成廣澳山位於花蓮富里鄉與臺東成功鎮交界處，標高 1,598 公尺，是臺灣海岸山脈第三高峰（第一高峰為新港山、第二高峰為白守蓮山）。因地處海岸山脈的中心地帶，荒郊野徑十分原始，斷稜、崩溝很多，植被密布，地形相當險峻陡峭，是攀爬難度頗高的一座中級山，故攀登者不多。

岩石圖鑑

港口石灰岩 ▶ 在都鑾山火山岩層和八里灣沉積岩層中，夾有數十公尺的石灰岩，稱為「港口石灰岩」。石灰岩露頭底部 0 到 17 公尺是不具層理且生物擾動頻繁的**泥粒石灰岩**；18 到 32 公尺則是含紅藻球的**散石矽泡石灰岩**；而夾在此兩岩相之間是厚 1 公尺的平板狀和厚塊狀原生珊瑚組成的**骨構石灰岩**，類似目前綠島周邊海域堆積以珊瑚碎屑顆粒為主的石灰岩。

筆者年輕時曾隨當地原住民嚮導攀爬此山，山頂上不僅有火山角礫岩和凝灰岩出露，還有薄層頁岩夾於其中。

侵蝕穿過成廣澳山的河流為鄰近臺東成功的三仙溪，在三仙溪上游出露此山內部的岩層，下游則出露較年輕的岩石。有些火山角礫岩的岩塊五顏六色，且岩性繁雜，是被風化侵蝕再重新搬運堆積的火山岩，不是火山噴發直接的產物。

三仙溪出露的岩相組合，應屬於近火山口相，代表有一座火山體位於此區，稱為「成廣澳火山」。在本火山體的另一條溪──都威溪，出露厚層淺海噴發堆集的火山產物，包括富集氣孔且被方解石和沸石類礦物充填的枕狀熔岩、枕狀角礫岩和玻璃凝灰岩層等。

雖然此座火山也受碰撞逆衝斷層向上移動，蓋在沉積岩之上，但因碰撞時間較晚和侵蝕較短，相較於奇美火山出露火山深部的岩相，成廣澳火山只有出露較淺的岩脈和厚層熔岩流，且還保持相較完整的火山地形。另外，從地形高度而言，成廣澳山和其鄰近高山是海岸山脈最高的區域，向西對照的是脊梁山脈最高的玉山，顯示此一區域是目前臺灣碰撞最為劇烈、抬升最快的區域，故有些學

都鑾山

者把此區稱爲成熟的弧陸碰撞區段
（mature arc-continent collision）。

• 都鑾火山：熱液換質
　　形成臺灣藍寶

　　都鑾山，又稱都蘭山，爲臺東
縣縣山，擁有一等三角點，與八里灣
山、新港山並稱海岸三雄。都鑾山爲
海岸山脈南段最高峰，山勢宏偉，形
態巍巍，地形保持相當完整，是當地
原住民卑南族及阿美族的聖山。鹿野
鄉一帶居民以其狀似倒臥的佛陀頭，
而稱之爲「佛陀山」。另外，其地理
環境位處盛行雲霧帶，山頭終年雲霧
繚繞，蒙上神祕空靈的氣氛，因此又
稱爲「美人山」。

　　都鑾火山並沒有像奇美火山和成
廣澳火山有露出完整或連續的火山岩
相，只有在切穿火山的七里溪上游出
露少許受到熱液換質的熔岩流，還有
在都鑾山區火山角礫岩和凝灰岩的礦
脈中，發現經由熱液換質所形成的藍
玉髓，俗稱「臺灣藍寶」。其碰撞抬
升的時間有限，風化侵蝕的深度也尚
不足夠讓近火山口相的侵入岩、岩脈
和厚層熔岩流出露；但根據熱液換質
的出露，可判定應有一座火山坐落於
此，稱爲「都鑾火山」。

 **寶石圖鑑**

臺灣藍寶 ▶「臺灣藍寶」又稱「藍寶」、「藍玉髓」、「矽寶石」或「水晶翠」，其中以「臺灣藍寶」在華人文化圈最為著名。臺灣藍寶是一種含矽孔雀石量高的藍玉髓，相傳日治時代，臺東都巒山的一位原住民在狩獵時無意間發現了一顆高70公分，寬30公分，長50公分的藍色半透明石頭，帶下山後，做成裝飾品或器物。

臺灣藍寶
圖片來源：臺灣藍寶及原礦研究室－都蘭山礦與九份山礦

　　二次世界大戰中期，日本人需要天然礦產作為戰略物資，在海岸山脈發現銅礦並開採，卻將藍玉髓的原礦挖出後丟棄之，因此許多藍玉髓的原礦石就被棄於花東山區，居民遂揀去收藏。不久，被日本商人或寶石玩家發現這樣的漂亮石頭，便以米與當地原住民交換原礦，帶回日本；亦有商人在該處設機具採礦。由於它是臺灣發現的藍色寶石，日本人據其鮮豔的藍色調及半透明之質地，以「產自臺灣的藍寶石」稱之，亦名為太魯閣石（タロコ石）。

　　臺灣光復後，此地仍盛行挖寶，大量開採之下，上層礦脈迅速枯竭；而下層礦脈因機具及技術問題難以克服，採礦成本大增，產量大減。

　　臺灣珠寶業界以中翻英直譯為「blue chalcedony」或「Taiwan sapphire」對外發表使用。在歐美地區的名稱有「gem silica」、「blue chalcedony」、「azurlite」or「azurchalcedony」、「chrysocolla in quartz」、「chrysocolla quartz」、「chrysocolla chalcedony」等。如果從學術礦物命名的嚴謹角度來看，由於各種藍色調的玉髓在其內含物的組成上多有不同，故如「藍玉髓」、「blue chalcedony」這類以描述色澤為主要意象的名詞，有可能與其他藍色調但特性完全不同的玉髓發生混淆，造成同名不同物的情況。

　　　筆者前往七里溪流域從事地質調查時，有個小插曲。我在臺11線旁停好摩托車，進入河谷，首先碰到的是厚層的八里灣砂頁岩，往上游走到沉積岩與都巒山火山岩的界面，常有深潭，深潭周圍長滿大樹，樹蔭遮蔽潭水且樹枝延伸至潭中央。當日陰雨綿綿，每根大樹枝都掛著一條一條的赤尾青竹絲，最少有六條，讓人不禁毛骨悚然、全身起雞毛疙瘩。於是我心裡嘀咕著「今天不是我的日子，It's not my day」，就放了自己一天假。

二、時間、空間與火山相演變的關係

海岸山脈保留了以上四座火山。綜合它們各自出露的岩相和受到碰撞抬升時間的不同，顯示侵蝕作用由北向南程度漸漸減小，與現今海岸山脈各段火山停止噴發的時間相吻合。

最北段的月眉火山，火山中心已經被破壞且隱沒，野外露頭僅觀察得到中間火山相與遠離火山口相。中段的奇美火山，整個火山體及出露的火山岩相都被保存得很完整，岩相組合可以連續而完整地看到自火山中心向外的近火山口相、中間火山相以及遠離火山口相等岩相出露排列。此外，火山體深部的岩漿侵入體如輝綠岩體和岩脈群，也廣泛地出露在近火山口相的部分，說明本火山已經因侵蝕作用而出露深部的岩相；同時，在海水中的火山噴發岩相也在此出露，由深而淺包括枕狀熔岩、枕狀角礫岩與玻璃質角礫岩等等，說明火山體被侵蝕至底部的位置。

海岸山脈中南段是成廣澳火山，出露的剖面很連續，岩相組合同樣自近火山口相至遠離火山口相。不過在火山體受侵蝕而出露的部分，相較於奇美火山就顯得比較少，近火山口相僅可見較厚的熔岩流與岩脈，而火山底部的岩相僅出露少許的枕狀熔岩和較多淺海噴發的枕狀角礫岩，因此成廣澳火山相對於奇美火山，受到較少程度的風化侵蝕作用。

海岸山脈南段的都巒火山，火山地形保存得較好，火山岩相出露得較少，近火山口相僅僅出露受熱液換質的岩相，而相對火山體底部的枕狀熔岩和枕狀角礫岩出露非常少，說明此火山經歷碰撞抬升而受到侵蝕的時間較短。

• 火山噴發環境——
　從深海到陸地的演變

從海岸山脈火山岩相的研究，以及前篇所說明的火山噴發環境來看，海岸山脈火山岩曾經歷海底到陸地三階段火山作用，分別為深海、淺海和陸地演變。

奇美火成雜岩含有薄層的頁岩，且堆積在厚層的火山角礫岩和石灰岩之下，屬於溫和的溢流式火山作用，應該是深海環境火山作用的產物。

石門火山角礫岩覆蓋在奇美火成雜岩之上，顯示為淺海階段火山產物。這個階段的火山產物的分布特徵包括：近火山口處，火山角礫岩較多且富、顆粒也較粗；遠離火山口處，

海岸山脈中段火山岩 噴發環境的演變模式

　　中期中新世火山開始活動時，主要發生在深海中（水深超過500公尺），屬於溢流式噴發，形成以岩流為主的奇美火成雜岩。到了晚期中新世以後，海底火山活動已演變到比氣泡碎屑作用還淺的深度，火山爆發劇烈，形成了以火山碎屑岩為主的石門火山角礫岩。在這個階段晚期，火山活動已演變到陸地的噴發，並在火山斜坡上有石灰岩的堆積。而到了中新世晚期以及上新世早期，火山活動已經完全在陸地噴發，形成了石梯坪的中酸凝灰岩和三富川的玄武岩流，並在火山島的斜坡上，堆積了大量的石灰岩，而結束了整個火山活動。

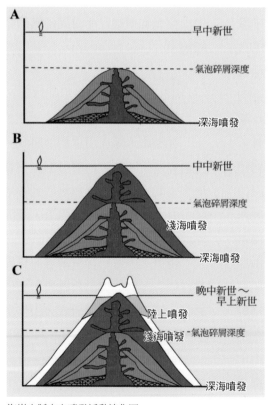

海岸山脈火山噴發活動演化圖

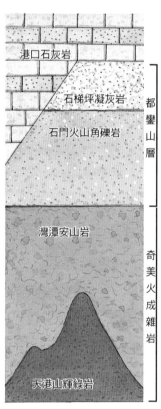

海岸山脈火山岩地層圖

圖片來源：遠足文化

火山角礫岩則較少、顆粒也較細，變成以凝灰岩爲主。到了晚期，開始有石灰岩的形成，這可從石門火山角礫岩上部含有石灰岩，得到驗證。不過，因火山噴發仍然繼續進行著，以致石灰岩發育不良。

要確認陸地的火山活動，除了靠火山岩中保有不與水作用的特徵，以及高溫所留下的構造外，還需要依賴一些間接資料的支持。石梯坪凝灰岩的組成岩屑氣孔多，顯示較少水參與作用；石門火山角礫頂部的紅色岩礫爲高溫熱氧化作用的產物；石梯坪的中酸凝灰岩保有高溫冷卻的構造。

此外，從風化侵蝕而形成的晶體凝灰岩、礫岩、曝露於地表風化淋餘的古土壤，以及受重力撞擊等構造，也都指出海岸山脈中段火山噴發形成石梯坪凝灰岩時，已經是屬於陸地火山作用的階段了。

● 黑與白相遇為何不是灰色？

位於海岸山脈臺23線省道東河到富里的公路段，小馬隧道口旁，有一片全長約160公尺的露頭剖面，同時具有「混合」與「混和」作用的火山岩。黑色基性與白色酸性兩種岩漿[14]相遇後發生了岩漿混和作用，形

混合作用（mixing）vs. 混和作用（mingling）

火山作用包括了深部岩漿的形成、岩漿庫內的結晶與分異、上升至地表噴發和冷卻，以及形成火山熔岩流或火山碎屑岩等過程。在自然界中，當液態和液態、液態和固態物質相遇，若成分融合為一種新成分，稱為混合作用（mixing），亦即化學混合。

但若彼此仍能保有各自原有的成分，則稱為混和作用（mingling），如油和水的相遇，為一種物理的機械混合作用。在中文的使用上，「合」及「和」常混用，但在自然界中，這兩個字的應用代表不同意義。當兩種不同成分的岩漿，如基性玄武岩漿和中酸性矽質岩漿，上升於近地表或噴出後相遇，發生岩漿混和作用，仍會各自保有自己的特性。

小馬隧道黑白混和露頭相嵌

岩石圖鑑

熔積岩（peperite）▶ 由液態岩漿和尚未固結的沉積物混和而成的特殊岩類，通常發生在熔岩流的底部或前端，以及侵入岩體的周圍。熔積岩的產狀會根據岩漿與沉積物混和的過程而決定，特別能夠反映當時的古環境狀態。

都巒山層

成彼此相互侵入穿插或相嵌的構造，且各自仍保存著原本的特性，因而產生一種類似油和水混和不相溶的情形。這顯示了兩岩漿相遇時，仍皆為流體或半固結的狀態，是在同時噴發且噴出到地表後才相遇的。年代學的研究也證明了兩種岩漿確實為同時噴發。[15]

另外，白色火山角礫岩中出現許多斑點狀的凝灰岩質砂岩塊，約為數公釐至十數公分不等，凝灰岩質的沉積物只發現在混和區以及白色火山角礫岩中，這些可能是岩漿噴發時接觸未固結的沉積物所造成。有一種由液

態岩漿和尚未固結的沉積物混和而成的特殊岩類，稱為熔積岩（peperite），它常見於海洋性火山島弧環境的火山及沉積層序中，特別能夠反映當時的古環境狀態。

• 烏石鼻港的凌亂岩層指示了地震加山崩

整個海岸山脈從北到南，在八里灣層的砂頁岩裡，都可看到獨立的火山岩塊存在，如蕃薯寮坑、芭崎、大石鼻山、磯崎、石梯坪、大峰峰、膽曼（烏石鼻）、三仙臺和金樽等。岩塊直徑大小從數公尺到數公里都有，

過去在地質圖裡，把其定為「都巒山層」。這些火山岩塊的層序雜亂無章，且大部分都是都巒山層上部的組成物質，以出露在臺東成功附近的烏石鼻最為典型。

膽曼是長濱鄉寧埔村一個小部落，緊鄰烏石鼻風景區，有一個小漁港——烏石鼻港，是東海岸磯釣及潛水的天堂。烏石鼻漁港雖然規模不大，卻是足具魅力的漁港，每年二月是釣白毛的季節，吸引許多釣客前來挑戰。

走進烏石鼻風景區之前，先看到的是八里灣層的砂頁岩，進入海邊

八里灣層的砂頁岩以及
凌亂的岩相

---

14 黑色基性（SiO_2：54-56wt.%），白色酸性（SiO_2：62-64wt.%）。

15 利用火山岩基質（groundmass）進行氬氬定年法和鋯石的鈾鉛定年分析。酸性火山岩的氬氬年代為740萬年；而鋯石鈾鉛定年年代為800萬與780萬年。火山岩基質的年代代表火山噴發的時間，鋯石年代為礦物在岩漿庫結晶的年代，若考慮誤差範圍，兩者可視為同一年代。

烏石鼻風景區八里灣層的火山岩

這些火山岩可歸納為數個岩相，包括淺海噴發相的富含氣孔且充填沸石、魚眼石和方解石的枕狀角礫岩和玻璃凝灰岩；淺海過渡到陸地噴發的有火山碎屑岩、熔積岩、石灰岩、凝灰質砂岩與石灰岩混雜的岩相；陸地噴發的有柱狀節理熔岩流、塊狀熔岩流、火山泥流堆積物、紅棕色風化土壤和岩塊等岩相。

後，出露大量的火山岩，這些火山岩基本上相當凌亂，且呈現一塊一塊類似拼圖的產狀。

這些岩相和層序組合在成廣澳火山也有，但在烏石鼻風景區內卻無層序且雜亂無章，夾雜在八里灣層的砂頁岩內，顯示是八里灣層沉積時，因地震引發大規模的山崩，讓火山體上部的岩層崩落入沉積盆地內而形成。換句話說，在臺灣弧陸碰撞過程中，不僅會發生大規模的地震，同時也會發生大規模的山崩，供應火山物質到沉積盆地內。

岩石圖鑑

地震岩 ▶臺11線省道公路近20號橋右側岩壁，有灰白色的凝灰岩出露，當中有5到6條深灰色的砂岩岩脈，所以在改建20號橋時，新橋被命名為「砂脈橋」。岩脈中含有很多板岩岩屑，是典型海岸山脈八里灣層中的砂岩組成。

其成因不像火成岩脈以液態岩漿移動侵入周遭岩層；而是未固結的固體顆粒隨高壓孔隙水的脫水作用往上移動，侵入周遭岩層，充填裂隙所形成。能引發高壓水柱攜帶砂顆粒往上移動侵入的機制，需有飽含水且未固結的不透水砂層，然後受到地震波作用造成液化現象，使得顆粒的有效應力變為零，似液態物質而能任意移動形成砂岩岩脈，故其又稱為「地震岩」。

綠島、蘭嶼、小蘭嶼火山

綠島和蘭嶼火山是由4,000公尺水深的環境開始噴發，然後慢慢堆積到淺海噴發，最後可能發育至陸地噴發。推測蘭嶼和綠島早期的岩漿活動，也和東部海岸山脈一樣，都屬同一時期的火山活動所形成。

一、綠島火山：良好的火山和新構造運動天然教室

綠島位於臺灣東南海域的太平洋上，距臺東約35公里，長與寬各約5公里，地形平坦有小山丘，最高點為火燒山，標高281公尺，天氣晴朗時可自海岸山脈南段、富岡漁港附近眺望。綠島舊名為「雞心嶼」、「青仔嶼」與「火燒島」等，阿美族稱為Sanasay，達悟族則稱為Jitanasey，西方人以「Samasana」稱之。火燒島舊名雖眾說紛紜，以清嘉慶年間大火焚燒島嶼之說最為大眾採信。日本統治臺灣期間（昭和12年，1937年）設火燒島莊，屬臺東廳臺東郡管轄。戰後火燒島設鄉，歸屬於臺東縣，1948年改名為「綠島」，沿用至今。

綠島最早為達悟族、阿美族等原住民居地，後漢人漁民大量移入，目前幾乎為漢人所居住。

• 火山噴發環境的演變

以地體構造來看，綠島坐落於深海的菲律賓海板塊上，菲律賓海的平均水深為4,000公尺，所以早期綠島的火山活動應該都是在海底深水環境噴發、堆積火山噴發產物；然後火山慢慢堆積到淺海噴發；最後可能發育至陸地噴發。因綠島抬升侵蝕有限，代表早期海底火山噴發的枕狀熔岩、枕狀角礫岩和玻璃凝灰岩沒有出露，只有在鑽井岩芯中可看到。陸地噴發的產物幾乎整個綠島都可看到，包括熔岩流、火山碎屑岩和再積性火山碎屑岩等。

綠島保存著原本的火山地形以及產物，還有海階和珊瑚礁，是非常好的火山天然教室。

綠島幾乎都是由安山岩質的火山碎屑岩及熔岩流所組成，島上有三個地形高區，分別為火燒山、阿眉山及牛子山，還保存著原來的火山地形；不同的火山岩和火山產物，則可能代表著不同時期的火山噴發中心。陡峭的海岸懸崖及小島，保存著原來火山噴發中心的火山口及火山岩頸等特徵。除了前述的火山地形景觀外，綠島的地表還有數階因弧陸碰撞快速隆起的海階和隆起珊瑚礁。綠島可說是考察火山和新構造運動一處相當良好的天然教室。

• 火山噴發史與特徵

中期中新世，古南海板塊向東南隱沒至菲律賓海板塊之下，在菲律賓海板塊的西緣形成呂宋火山島弧。晚期中新世呂宋火山島弧的北段已大致形成，就是現今的海岸山脈；推測綠島早期的岩漿活動，也在這個時候開始。

　　綠島出露地表的火山活動，依據地形、火山噴發產物和分布、岩層上下關係及定年資料，可分為五期：

　　第一期火山活動在地表露頭已不可見，主要是根據普遍存在於綠島安山岩中的捕獲岩來推斷，其形成年代可追溯至500萬年前[16]。

　　第二期火山活動約從200萬年前開始，持續噴發至約140萬年前，主要以阿眉山為噴發中心。早期大量噴出較基性的火山岩，隨後由基性逐漸變為中性，噴出的產物遍布全島底層，也是構成綠島火山岩底層的主要成分。

　　第三期火山活動約發生於120萬年前，火山口主要坐落在綠島北部的牛子山，噴發出大量角閃石安山岩的熔岩流，熔岩流中含有董青石巨晶。

　　第四期火山活動可能在180萬年前就已開始，但主要發生在79萬到110萬年前之間，持續至54萬年前都還有零星、小規模的噴發。本期火山主要集中在綠島的北邊和東邊的海參坪、油子湖及公館海邊，噴發出大量含黑雲母的角閃石安山岩，威力可能很強。海岸山脈南段成功附近、東河和泰源盆地八里灣層內的層狀凝灰岩

綠島董青石巨晶的摀獲晶

分布於阿眉山的火山角礫岩

層，就是這一期火山活動的產物。

　　最後一期的火山噴發中心在火燒山，以熔岩流為主，流到綠島的西南邊直接覆蓋在第二期火山噴發產物之上。噴出的岩性以角閃石安山岩為主。

　　火山角礫岩是綠島出露最多、分布最廣的火山岩產狀，主要在阿眉山及其周圍、全島海岸線和海崖等地，由岩性均一的玄武岩質至安山岩質、大小顆粒不等的火山岩塊所組成，顆粒成角礫狀至次角礫狀，淘選度差。

　　綠島的熔岩主要出露在海參坪、

綠島熔岩的柱狀節理

綠島火山岩岩性

　　綠島火山噴發產物的岩性，早期以多氣孔的深黑色至灰黑色的玄武岩和玄武質安山岩為主。玄武岩主要含有橄欖石、輝石和斜長石的斑晶；玄武質安山岩則含有普通輝石、紫蘇輝石和斜長石等斑晶，都呈斑狀組織。後期火山產物以含不同種類的鐵鎂斑晶安山岩為主，也呈斑狀組織，斑晶種類主要有普通輝石、紫蘇輝石、角閃石、黑雲母和斜長石等。在火山岩中，常含有「富含角閃石團塊」的捕獲岩以及角閃石和菫青石巨晶的擄獲晶。

油子湖、公館村和大白沙的海邊，熔岩成塊狀，具水平或傾斜的柱狀節理。岩漿冷卻的方向和柱狀節理生成的裂隙成垂直，顯示這些熔岩流可能沒有流出地表，而是在地底下就已冷卻生成了；故判定這些熔岩可能是屬於火山岩頸的產狀，因侵蝕作用把周遭膠結較差的火山碎屑侵蝕殆盡，而留下塊狀、抗風化侵蝕能力較堅硬的熔岩。

　　凝灰岩在綠島的出露有限，主要分布在油子湖和海參坪海邊。細粒的凝灰岩具有不明顯的平行狀和塊狀層

右：綠島朝日溫泉旁珊瑚礁海階
下：綠島有發育良好的海階地形

蘭嶼是臺灣東南方最大的離島，島上的大森山、紅頭山、青蛇山、尖禿山、殺蛇山等都保存著良好的火山地形。

理，淘選度佳，伴隨著火山碎屑流堆積出現，顯示可能是火山湧浪的堆積產物。

再積性火山碎屑岩是火山在不活動時，經風化侵蝕堆積而形成的，主要出露在各層海階的頂端，形成海階堆積物的主要成分，以公館村附近發育最好。

● **發育良好的海階地形**

綠島是臺灣地區海階發育最好、最廣泛的地方，約可分為七層海階。第一階（最低階）分布於標高2到15公尺的海岸，鳥瞰時呈現半月形，背山側為數十公尺的崖壁，海側則無明顯的階崖出現。第二階主要分布在綠島的東北側及東南角，海岸線角在標高45至55公尺之間。東北側的觀音洞和東南角的朝日溫泉的海階，是第二階的代表。

第三階分布於綠島東南部的第二海階之上，海岸線角標高為90到100

公尺之間。第四階高度位於海拔140
到150公尺之間，分布於綠島山區四
周的平坦接面，由於侵蝕的關係，現
已保存不多，且很難在野外露頭去認
定；但從分布與今日海岸相對比，認
定這些階面應是海階。第五階的高
度位於海拔165到175公尺之間；第
六階高度位於海拔190到200公尺之
間。在火燒山西南側有一標高245到
255公尺的平坦階地，且存在海岸線
角的發育，故認定其為綠島最高的海
階——第七階。

從綠島的多層次海階發育，以及
3萬多年前第二階海階目前已抬升至
標高50公尺左右來看，顯示綠島的
抬升速率相當高。以海階的高度和定
年結果計算出綠島最近8萬年來，平
均上升速率為每年約3.4公分。這麼
高的抬升速率主要與近期臺灣地區的
蓬萊碰撞運動有關。

二、蘭嶼和小蘭嶼：向西北移動

蘭嶼位於臺東市東南方約90公
里的太平洋上，北距綠島約60公里，
南臨巴士海峽，面積約45平方公里，
是臺灣東南方最大的離島。丘陵起
伏，最高點紅頭山標高548公尺。
蘭嶼最早的名稱為達悟語「Ponso no
Tao」，意思是「人之島」。漢人最早
以臺語音譯紅頭嶼或紅豆嶼，日治時
期以後固定為紅頭嶼。1947年因島
上盛產蝴蝶蘭而改名。西方國家早年
稱蘭嶼為「Botel Tobago」（譯為菸草
島），目前有些英文網站與電子地圖
稱它為「Koto island」（源自Kōtō，
『紅頭』的日語『こうとうしょ』音）或
是「Orchid Island」（意為蘭花之島，
此即蘭嶼的意譯）。另外，阿美族人
稱蘭嶼為Futud，撒奇萊雅族人叫它
Butud，卑南族人以Butrulr稱之，布
農族人則名其為Pangkalkalan。

1974年，行政院原子能委員會
（原能會）展開「蘭嶼計畫」，預計於
蘭嶼隆民地區設立核廢場。蘭嶼貯存

蘭嶼火山岩產狀與岩性

蘭嶼火山岩的噴發產狀包括熔岩
流、岩脈、火山角礫岩、凝灰角礫岩、
凝灰岩和再積性火山碎屑岩等。除了
少數粗粒玄武岩和蛇紋岩外，主要以
多氣孔深灰色的玄武質安山岩和安山
岩為主。玄武質安山岩主要含有橄欖
石、輝石和斜長石的斑晶；安山岩則
含有普通輝石、紫蘇輝石、角閃石和
斜長石等斑晶，都呈斑狀組織。火山
岩中和綠島一樣，常含有「富含角閃
石團塊」的捕獲岩和角閃石巨晶的擄
獲晶。

場於1981年成立之後，早期由原能會之放射性待處理物料管理處經營管理，後於1990年7月臺灣電力公司依據行政院頒布之「放射性廢棄物管理方針」接管該場之經營，原能會則負責安全監督工作；直到現在島上居民仍然有不少反對的聲音。

蘭嶼全島幾乎都是由安山岩質的火山碎屑岩及熔岩流所組成，局部夾有粗粒玄武岩脈、角閃岩、閃長岩和蛇紋岩等。島上有五個地形高區，分別為大森山、紅頭山、殺蛇山、青蛇山及尖禿山，都還保存著原來的火山地形，以及不同的火山岩和火山產物，可能代表著不同時期的火山噴發中心。除了前述的火山地形之外，其四周主要為河流沖積扇與崖錐堆積層，更外圍則為最新之隆起珊瑚礁所圍繞。山區稜線上的臺地面，被較早期隆起的海階、隆起珊瑚礁或紅壤層所覆蓋。

• 蘭嶼火山噴發產物和特徵

蘭嶼出露最多、分布最廣的火山岩產狀是熔岩流和火山角礫岩。熔岩流主要出露於椰油村、朗島村、紅頭村、紅頭山、青蛇山和雙獅岩等地，由安山岩為主要組成。熔岩流可進一步區分為塊狀熔岩流、Aa熔岩流和碎屑熔岩流等。蘭嶼分布的熔岩流具有垂直、水平或傾斜的柱狀節理，如饅頭山、象鼻岩、朗島村和老人岩等，這些熔岩流與綠島相同，可能沒有流出地表，而是在地底下就已冷卻生成。另外有部分的水平柱狀節理，則是岩脈作用所形成的，如五孔洞集塊岩中的玄武岩脈。

火山角礫岩主要分布在大森山和尖禿山及其周圍、紅頭村、紅頭岩、象鼻岩等地。凝灰岩出露有限，主要分布在紅頭岩附近海邊；和蘭嶼一樣，伴隨著火山碎屑流堆積出現，顯示可能是火山湧浪的堆積產物。再積性火山碎屑岩主要出露在各層海階的頂端，其中以東清灣附近發育最好。

• 蘭嶼火山噴發環境與時序的演變

蘭嶼火山和綠島一樣，是由4,000公尺水深的環境開始噴發，然後慢慢堆積到淺海，最後可能發育至陸地噴發。推測蘭嶼早期的岩漿活動也和東部海岸山脈和綠島一樣，都屬同一時期的火山活動所形成。

蘭嶼出露於地表的火山活動可分為四期，第一期早於350萬年前，因露頭已被後來火山活動噴發的產物覆蓋，分布範圍不可知。第二期約發生於330萬年前左右，以大森山為可能

上：蘭嶼象鼻岩有發育良好的水平柱狀節理
下：蘭嶼五孔洞集塊岩中的玄武岩岩脈

小蘭嶼四周海底有北呂宋島弧最年輕的火山，全島火山岩普遍呈赤紅色。

的噴發中心，分布在蘭嶼島的南部，其中發育良好的象鼻岩火山頸露頭即是此一時期的產物。本期火山活動所噴出的岩性以基性橄欖石—輝石安山岩至中性的輝石安山岩、角閃石—輝石安山岩，以及輝石—角閃石安山岩等為主。

第三期火山活動發生於120萬到240萬年前，主要以青蛇山和紅頭山為噴發中心，大量的熔岩流分布於島的中部及東北部，為目前蘭嶼分布最廣的一期火山岩。因受廣泛的熱水換質作用的影響，主要的斑晶礦物大都已崩解為次生礦物，不過依稀可辨其岩性為角閃石安山岩和輝石安山岩。

第四期火山活動可分為前、後兩期，前期發生於約210萬年前，以尖禿山為噴發中心，大量的火山角礫岩伴隨少量的碎屑熔岩流和Aa熔岩，分布於雙獅岩和郎島海邊，岩性以輝石—角閃石安山岩為主，熔岩中夾有菫青石的巨晶。後期約發生於140萬到160萬年前，以殺蛇山為噴發中心，火山角礫岩和凝灰角礫岩常呈良

好的層面，且大都以殺蛇山為中心向外傾斜，岩性同前期。

至此，蘭嶼島的形狀已大致形成，而後約在100萬年前脫離了隱沒帶之後，即迅速向西北擠壓、抬升，進入所謂的「弧陸碰撞初期」。又受到更新世中、晚期（2萬至50萬年前）四次大冰期海升、海降的影響，蘭嶼被反覆侵蝕、風化、崩移、堆積，而形成沈積性的地層，分布於現今的海階和沿海平原上。從更新世晚期（約10萬年前）到現在，蘭嶼平均以每年3.2公分的速率上升。由最近全球衛星定位系統（GPS）的研究顯示，蘭嶼正以每年8.2公分的速率，向西北移動。

• 小蘭嶼有年輕赤紅熔岩流，四周餘熱存在……

小蘭嶼位於蘭嶼東南方約4公里的海面，漢名小蘭嶼、小紅頭嶼，均為相對蘭嶼（紅頭嶼）而命名。達悟語稱其為Jiteiwan或Jimagaod，是茺藤之意；另有Domaciatovan、Dosakapozo、Jiawood、Likeya等別稱。地形上，全島東西兩側高而中央凹陷，又以東側較高、西側較低，皆呈南高北低之勢。東南側有四個山峰，除小紅頭嶼山高175公尺外，其餘皆在165公尺左右。小蘭嶼呈方形，地形可分為臨海的四面與中央凹地五部分，中央凹地可能為火山噴發所形成的火山爆裂口。

小蘭嶼全島主要是由含黑雲母的角閃石安山岩的熔岩流和火山角礫岩所組成，熔岩流普遍遭受到熱氧化作用而呈赤紅色，為小蘭嶼火山岩最大的特徵。其最後噴發年代大約在2萬至4萬年前，目前島的四周還有從海底冒出的熱液，顯現火山底下還有餘熱存在，為北呂宋火山島弧最年輕的火山。

CHAPTER 12

臺灣北部火山岩區

臺灣北部火山岩區包括了大屯火山群、基隆火山群、觀音山火山、草嶺山，
以及北部外海四個島嶼：彭佳嶼、花瓶嶼、棉花嶼和基隆嶼，還有龜山島。
大屯火山群的分布面積最大，火山岩的總量也最多。

• 記錄北臺灣地史──基隆火山
群從造山擠壓到張裂

如前章所言，臺灣的弧陸碰撞是
從北開始向南延伸，目前北段（花蓮
以北）的碰撞已停止，轉爲山脈崩毀
張裂的構造環境。地質研究顯示，臺
灣北部已由逆衝擠壓的構造環境轉變
爲張裂環境。[17]

基隆火山群位於臺灣東北角九份
到金瓜石一帶，主要是由六個火山體
所構成，卽基隆山、九份、本山（金
瓜石）、武丹山、草山及雞母嶺等。

基隆山、九份、本山和武丹山爲侵入
岩體[18]；九份岩體並未露出地表，
是因挖礦才知有此岩體的存在；基隆
山、本山和武丹山三個已被侵蝕出露
地表；草山和雞母嶺則爲火山噴發作
用堆積形成的噴出岩體。

由氬－氬定年得知，基隆火山群
的侵入－噴發作用主要發生於約120
萬年前左右，是由菲律賓海板塊向北
隱沒入歐亞板塊下，形成琉球火山島
弧往西延伸所形成的，此一時期臺灣
仍處於造山擠壓階段，雖然有岩漿形
成，但岩漿活動不容易上升到地表形

---

17 根據臺灣北部的區域地質研究所得出的結論，包括斷層裂隙的截切關係、區域地震的震源研究和抬升速度量
測等。

18 主要侵入臺灣北部的中新世地層，包括木山層、大寮層、石底層、南港層和南莊層等。

北部火山岩區分布簡圖

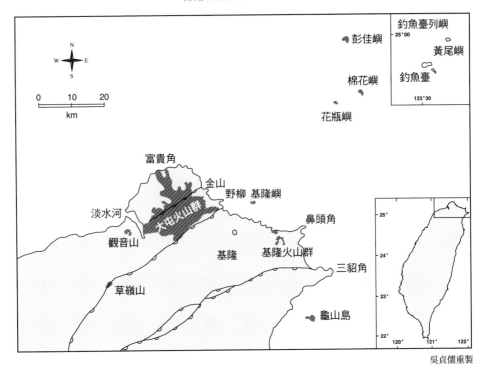

吳貞儒重製

成劇烈噴發，故以侵入的火成活動為主，伴隨著零星的火山噴發活動，規模都很小。

而後在約90萬年前左右，造山擠壓的力量消失，板塊反彈，產生一系列的正斷層切過這些火成岩體，並發生角礫岩筒爆發作用和廣泛金、銅和銀等的礦化作用，形成臺灣最重要的金、銅和銀礦場。後因沖繩海槽弧後盆地的張裂，或隱沒板塊的往南移，使得金瓜石地區地底下不再有岩漿生成，基隆火山群的火山活動就此停止。

金瓜石地區曾是臺灣最重要、產量最多的黃金產區，據官方估計，60年代金瓜石－九份的黃金產量約200噸，而民間或部分學者估計可能有500到600噸。金瓜石的產金面積範圍不大，故其單位產量在全世界的黃金生產史當中，是數一數二的。

基隆火山群的火山岩體

含普通輝石－角閃石－黑雲母－石英等斑晶的石英安山岩，因為受到後期**熱水礦化作用**影響，大部分斑晶或基質礦物因而蝕變為黏土礦物、重晶石、明礬石、矽化物或石英等脈石礦物，以及各種金屬礦石礦物，例如黃鐵礦、硫砷銅礦、呂宋石等。

基隆火山群的石英安山岩

基隆火山群的火山體分布

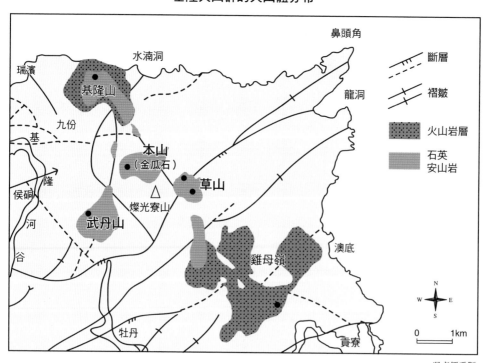

吳貞儒重製

• 臺北都會區的山神：大屯火山群的熔岩流與穹窿地形

大屯火山群位於臺北盆地的正北方，東北面臨海，西止於淡水河，東南以崁腳斷層為界，總面積約350平方公里。因其是座活火山，若有任何風吹草動，對於周遭大臺北都會區和北海岸地區將會造成翻天覆地的影響。

大屯火山群的火山岩產狀

大屯火山群的岩石可分為沉積岩與火山岩二大類：沉積岩為火山岩的基盤岩，並出露於部分地區，主要由新近紀的西部麓山帶岩石地層所構成；火山岩則不整合覆蓋於新近紀沉積岩之上，主要為第四紀火山活動產物。出露的火山岩產狀包括火山熔岩、火山碎屑岩、火山泥流以及熱水換質岩石。其中以火山熔岩出露最多，火山碎屑岩次之。

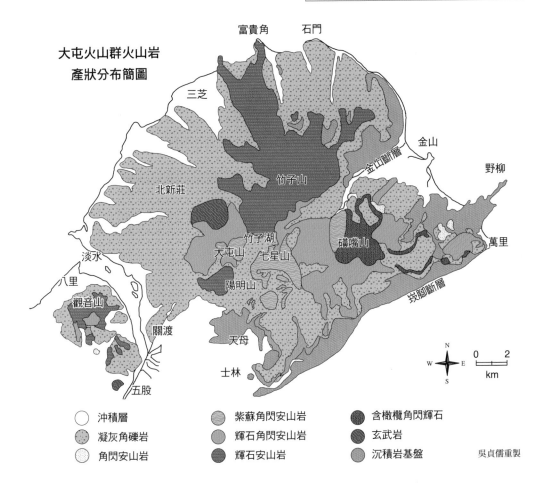

大屯火山群火山岩產狀分布簡圖

富貴角　石門

三芝

金山

野柳

金山斷層

竹子山

北新莊

竹子湖

磺嘴山

萬里

淡水

大屯山　七星山

八里

觀音山

陽明山

崁腳斷層

關渡

天母

士林

五股

◯ 沖積層	◌ 紫蘇角閃安山岩	⬤ 含橄欖角閃輝石
▨ 凝灰角礫岩	◌ 輝石角閃安山岩	▩ 玄武岩
◌ 角閃安山岩	⬤ 輝石安山岩	◌ 沉積岩基盤

吳貞儒重製

　　大屯火山群出露的火山岩產狀中以火山熔岩流為主，少部分是火山角礫岩，火山灰落堆積物則甚少。這顯示火山活動主要是以噴發能力較弱的熔岩流湧出；或是岩漿屬於高黏滯性，不易流出火山口往低處流動，因此形成火山穹窿的地形。

　　從大屯火山群的熔岩分布和熔岩流的流動方向來研判，形成原因可能有二，一是岩漿流出火山口後，沿著地形低處流動分布，因岩漿為安山岩質，黏滯性較高，且流出火山口後受冷卻效應影響，不易流動至遠處，常累積在火山口附近，形成較陡的地形特徵和熔岩臺地，大屯火山群內大部分的火山熔岩都是此種成因形成，如四磺坪、秀峰坪、焿子坪、芎蕉坪、大坪、二坪、鹿窟坪、富士坪、石梯嶺、冷水山、小坪頂、底堀和埔子頂等，皆為標高約300到650公尺的熔岩臺地。因其抗侵蝕風化的能力較火山碎屑岩高，故容易保存下來。

大屯火山群地形分布

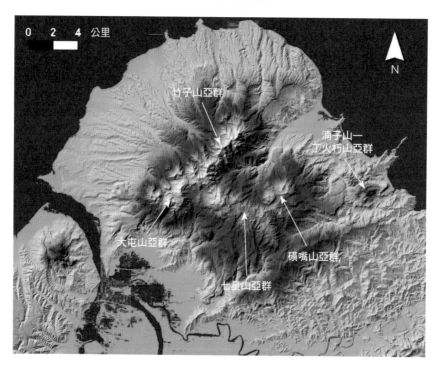

另一種是因岩漿的黏滯性過高，不易流出火山口往低處流動，所以形成火山穹窿的地形特徵，如七星山亞群中的紗帽山和七股山，磺嘴山亞群的大尖後山，大屯山亞群的面天山等，可能是此種成因所形成。竹子山亞群和滿子山－丁火朽山亞群則無火山穹窿的地形。

此區分布的火山碎屑岩主要是由密度高、角礫狀的安山岩質角礫岩所組成，屬於由岩漿穹窿崩塌作用所形成的產物。[19]

火山灰落堆積物是火山碎屑物被噴到空中，然後再掉落至地上堆積所形成，在小油坑和擎天崗附近可見小規模的火山灰落堆積物，由大大小小不等的火山碎屑顆粒堆積形成，顯示大屯火山群的爆發能力較弱。

火山泥流堆積物是火山噴發時或火山噴發後，疏鬆的火山物質與天水或地表水混合，往下流到低地所形成。此區火山泥流分布有限，主要在

火山噴發產物

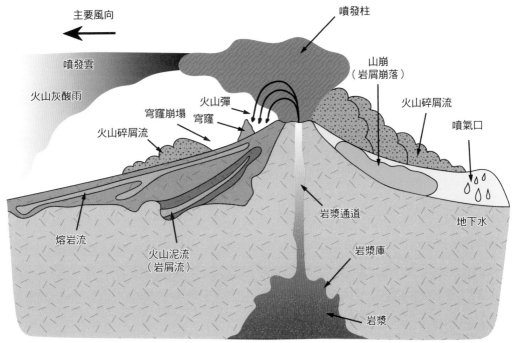

吳貞儒重製

七星山東南麓、磺嘴山北麓、大屯火西邊和西南邊以及竹子山西至北麓等地區。

此外，由於岩漿上升到距地表200到300公尺左右，易受氧化作用形成硫酸[20]，所以在噴氣孔附近的水液和氣體多呈強酸性，能夠腐蝕周圍安山岩，使之脫色或換質成「白土」。由於淋失作用在酸液湧出的中心較嚴重，故此換質帶成帶狀分布，主要於七星山東北麓、小油坑地區、馬槽、大油坑地區、磺嘴山北麓、磺山、硫磺谷和龍鳳谷等地區，即爲**熱水換質岩**。

• 蒸氣噴發的推理：古湖泊環境、神祕的石英晶體

在大屯火山群中，地表出露多個火山爆裂口，如硫磺谷、龍鳳谷、小油坑、大油坑、向天池和磺嘴池，以及穿過七星山體東西兩條張裂帶中的爆裂口等，這些爆裂口大都位於山頂且地形保持得相當完整，顯示可能屬於大屯火山群較年輕噴發所形成的。其中，硫磺谷爆裂口中的堆積物產狀可直接觀察，以判定其噴發機制和堆積過程。

硫磺谷內有個凸狀小山包，根據其堆積的火山爆發產物，推論出這些岩塊鮮少受到水力的搬運磨損作用影響，可能是直接由爆破作用所形成的碎屑顆粒，堆積在爆裂口內[21]；而其中沒有新鮮的火山玻璃、浮石和火山岩，表示與岩漿的噴發無關，可能不是岩漿直接噴發的產物。整合地形分析，以及穿越七星山東、西兩側的爆裂口年代和沉積物組成分析，顯示爆裂口可能是發生於七星山火山體的「蒸氣噴發」所形成。

如第1章所說，形成蒸氣型噴發作用的條件包括：熱源提供和上湧、不透氣層的黏土層和氣體累積達飽和等。野外調查和分析大屯火山群的地質特性和噴發產物，顯示大屯火山群具有以上條件：地下有岩漿侵入，釋放高溫的火山流體；進入火山體地下

---

19 從磺嘴山火山亞群鑽井資料得知，在500公尺的厚度裡最少有11層熔岩流和火山碎屑岩互層。

20 岩漿中之硫化氫（H_2S）與二氧化硫（SO_2）等氣體上升後受到氧化作用形成硫酸

21 堆積的產物角礫狀無層理，沒有任何沉積構造的特徵，包括角礫狀的灰黑色泥岩和頁岩塊、石英顆粒、受熱水換質的石英岩塊和矽化產物，以及由黏土礦物的顆粒組成、無新鮮或風化的安山岩塊。岩體呈塊狀無層理，表面受硫化氫或二氧化硫的氣體作用形成灰黑色的硫化物。

22 包括微震觀測和大地電磁調查

23 林毓潔，2013年。

淺處具有黏土蓋層的熱水儲集層系統，增加氣體的累積；當氣體達到飽和，就噴發形成了一系列的爆裂火山口和產物。大屯火山群地表有廣泛的熱水換質帶的分布，加上地熱鑽井探測結果和地球物理探勘等分析[22]，顯示地下應已形成儲集層，提供適當的環境累積來自地下上升的流體蒸氣。

巴洛烏索夫於2010年的研究，在紗帽山東南側附近的溪谷發現了兩處可能代表古湖泊環境的層狀沉積物，可能是火山噴發過程中所形成的堰塞湖。露頭剖面可辨識出至少四層火山灰和數層火山泥流和碎屑堆積物等。他認為大屯火山群數座火山在11,600年到19,500年前仍有火山噴發活動。而夾於湖泊沉積物中的火山灰層，主要組成為角礫狀的安山岩屑，並未發現新鮮的火山玻璃或浮石顆粒，故判定這些火山灰層可能是蒸氣噴發所形成，且推測最年輕的一次噴發是在七星山6,000年前左右的蒸氣噴發事件。

位於七星山東北麓的冷水坑，也可能是一火山爆裂口，後又為七星山熔岩流阻塞而成堰塞湖，因地形受到侵蝕破壞崩潰，湖水外流乾涸，湖底露出，而形成今日之景觀。冷水坑介於擎天崗與夢幻湖之間，為通往擎天崗草原必經之地，地形上位於七星山、七股山及竹嵩山所圍成的窪地。

分析大屯火山群山頂土壤樣本中，發現其組成礦物有大量的石英顆粒，約占30%以上；進一步觀察其表面特徵構造和分析其礦物相，瞭解石英顆粒來自於地下深處的沉積基盤岩。因大屯火山群的安山岩成分不含石英晶體，又發現石英礦物可能來自於地底下基盤的沉積岩，故推論石英

堆積於硫磺谷內的蒸氣噴發產物

七星火山亞群蒸氣噴發紀錄圖

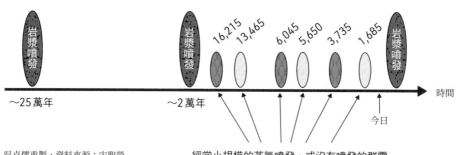

吳貞儒重製，資料來源：宋聖榮

經常小規模的蒸氣噴發，或沒有噴發的群震
（數十年或數百年或數千年）

是經由蒸氣爆發的機制從地底下帶至地表、堆積而後風化成土壤。[23]

大屯火山群最晚期的岩漿活動發生於紗帽山的熔岩穹窿，年代約距今1,370年；而發生於七星山兩側的爆裂口年代可能年輕於10,000年，和紗帽山的岩漿活動年代相近。另外，七星山東西兩側的爆裂口分布走向為北偏東約5度和北偏東約30度，兩者向南延伸交會於紗帽山熔岩穹窿，故有研究主張此處提供了熱源，引發蒸氣噴發，形成爆裂口。

根據日本學者鍵山與森田（Kagiyama & Morita）2008年的研究，活火山有兩種型態：岩漿噴發（magmatic explosion）和熱液噴發（hydrothermal explosion），前者以櫻島火山為代表，噴發週期短；後者以位於別府附近的火山為主，岩漿噴出的活動間距相當長，但中間夾雜多次的蒸氣噴發活動並伴隨活躍的熱水作用──溫泉。七星火山亞群的噴發特徵和噴發歷史，正是兩次岩漿大噴發的中間，夾有無數次的蒸氣噴發，屬於「熱液噴發」型態。七星火山亞群依據最近的定年資料顯示，其主要噴發可分為兩期，分別為20到30萬年前左右，以及2萬年前左右。2萬年後，可能最少還有6次的蒸氣噴發。

火山百科   蒸氣噴發的日本御嶽火山、
紐西蘭塔拉威拉火山

2014年日本御嶽火山（Ontake Volcano）在9月27日11時52分（日本時間）發生火山蒸氣型爆發事件，至10月8日為止已造成55人死亡，這是日本自雲仙火山（Unzen Volcano）1991年熔岩崩塌以來首起致命的火山噴發。

根據沙諾（Sano et al.）2015年提出的研究模式顯示，當岩漿侵入地下深處解壓，造成火山氣體上升，侵入地下熱水系統慢慢累積氣體壓力於火山管道，直到壓力超過上覆岩石所能承受的應力，就發生蒸氣爆發作用，並形成數個爆裂口。

紐西蘭塔拉威拉火山（Tarawera Rift）在1886年發生罕見的巨大玄武岩普林尼式火山噴發，短短6小時內形成了17公里長的裂隙，本次噴發以蒸氣噴發為主，噴發產物多是被炸裂出來的老火山岩，沿著多處裂隙在一段時間內同時發生蒸氣噴發；結束後卻再也沒有噴發，留下許多噴泉。

2014年日本御嶽火山蒸氣型爆發事件模式圖

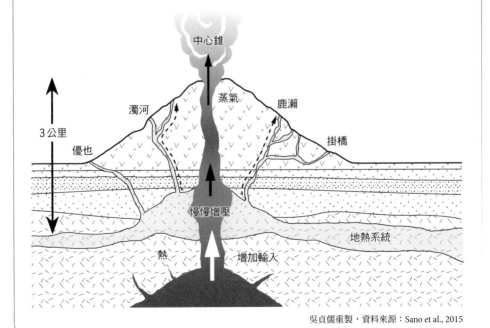

吳貞儒重製，資料來源：Sano et al., 2015

CHAPTER

13

海底的火山

從19世紀末到20世紀初，臺灣東部海域船來船往，
在熱鬧的商業貿易往來中，若干船長日誌記錄到最少四次的海底火山噴發。
沖繩海槽的張裂活動，引發了旺盛的海底火山，
這些海底火山普遍蘊藏著豐富的熱泉和噴氣，甚至形成所謂的「黑煙囪」，
顯示地殼底下還有活躍的岩漿活動。

　　龜山島為沖繩海槽中的一座火山，位於沖繩海槽和琉球火山島弧的交會點。沖繩海槽位於琉球島弧後方，是西太平洋地區唯一在大陸邊緣上正開始初期張裂之弧後盆地，鄰近區域的構造單元從南到北依序可分為琉球海溝、弧－溝系統、琉球火山脊、托卡拉（Tokara）海嶺脊、沖繩海槽及東海大陸棚；其中沿著托卡拉海嶺脊有許多的火山島和海底火山，可能代表今日的島弧火山前緣。

• 沖繩海槽的張裂活動
　　引發海底火山

　　沖繩海槽的張裂作用可分為兩階段，第一階段發生在距今約600萬至1,000萬年之間，主要在中、北段；第二次張裂發生在距今約200萬年前，一直持續至今，主要發生在南段，現今的宜蘭盆地就是在這時期形成。兩次的張裂活動之間，有400萬年的空檔，可能是因臺灣北部的造山活動消減了地殼張裂活動的動力，以至於張裂活動停止。而第二次張裂活動的開始，則可能是因為臺灣北部造山運動的衰退，使地殼再度呈現拉張狀態，促使沖繩海槽的再度張裂。

　　沖繩海槽的張裂活動，同時也引發了旺盛的海底火山。1996年，我國與法國共同合作進行「臺灣活動

黑煙囪
圖片來源：©USGS, Wikimedia Commons

碰撞」的研究，發現從龜山島東方約50到100公里的海域內，最少分布有六、七十座海底火山，坐落於1,300公尺至2,000公尺的深海海床上，而龜山島是唯一出露在海平面以上的一座火山。這些海底火山，大的底部寬約兩、三公里，高約三、四百公尺，火山頂上普遍蘊藏著豐富的熱泉和噴氣，有些噴泉可向上達三、四百公尺高，形成所謂的「黑煙囪」，和全世界深海中洋脊擴張中心附近的景象相似，顯示在此地區的地殼底下還有活躍的岩漿活動。

• 龜山島蘊藏活躍黑煙囪

漸層的乳白色景觀是來自海底熱液活動的現象。從火山氣體地球化學、微震活動和熱流等證據顯示，龜山島地底下還有岩漿庫的存在。因海床下存有裂隙，海水往下滲透碰到高溫的岩漿庫後被加熱，且與含硫化氫和二氧化硫的火山氣體相混合，形成攜帶白色及黃白色硫磺等物質的高溫海水，密度變小、體積變大後再噴出海床，成為黃泉和白泉，將海面渲染成牛奶海。

龜山島海底黃泉跟白泉的噴口為類似中洋脊「黑煙囪」和「白煙囪」的外貌，由硫磺結晶與重金屬泥沉澱堆積而成。此種現象據科學家推論，可能是地球生命起源之地。目前這些化學物質依舊提供豐富的食物和能量給龜山島周圍的海洋生物，在海底可以看到煙囪旁邊長滿小巧的海葵、背上有硫化物絲的烏龜怪方蟹和深海蛤等。其中，以烏龜怪方蟹最為奇特。

烏龜怪方蟹居住在龜山島東側龜首海域，海底下有十分活躍的海洋熱泉系統。深入海床調查發現此區域有超過30個煙囪狀噴口，不斷冒出含氣泡高溫的熱水。分析氣泡含有高濃度的二氧化碳，使海水又熱又酸，氣

火山百科 海底黑煙囪（Black Chimney）

沖繩海槽外形像一個楔形體，水深由東往西漸漸變淺，從約2,300公尺深至龜山島附近僅100公尺深。海槽的東邊發現有數十座海底火山，其中部分命名為一號火龍火山、二號火龍火山、第四與那國海丘和棉花火山等，由於伴隨高溫的流體和黑色的煙霧冒出，因此稱為「黑煙囪」。

海底黑煙囪是20世紀海洋科學重大的發現和成就之一。1979年，科學家們首次在東太平洋脊（the East Pacific Rise）發現黑煙囪。當時，科學家們藉著全球使用率最高的載人研究用潛水艇阿爾文號（Alvin），在加拉巴戈群島附近的深海，量測到熱液噴泉溫度高達350℃，並發現噴泉口周圍依附大量的特殊生物群。當時亦有科學家認為地球早期的生命可能就是生活在黑煙囪周邊的嗜熱生物，因而提出原始生命的起源來自於「海底黑煙囪」周圍的理論。

龜山島附近地震頻繁，旺盛的火山活動顯示沖繩海槽的張裂作用不僅正在進行，黑煙囪的作用也顯示有金屬硫化物的形成堆積，在未來可能形成金屬礦區。

經濟部中央地質調查所自2016年開始推動四年期的「臺灣東北海域礦產資源潛能調查」計畫，在龜山島東方海底發現部分區域有廣泛分布的礦物隆堆、煙囪石柱及活躍的熱液噴泉等，並加以命名，例如「女巫隆堆」、「石林隆堆」、「魔王煙囪」和「鬼馬煙囪」等。

2019年，利用線控無人載具（ROV）在棉花火山附近的女巫隆堆和魔王煙囪採取礦石並分析，結果發現除了具有經濟金屬礦物銅、鉛、鋅賦存潛能外，還有銀礦賦存潛能，含銀礦物之含銀量可高達10~30%，其中輝銻鉛銀礦、銻銀鉛礦及輝銻銀礦為臺灣海域首次發現的礦物。2020年，再度到棉花火山進行ROV探測，發現相當活躍的鬼馬煙囪，其高度約8~9公尺，布滿活躍的熱泉生態系生物（貽貝及潛鎧蝦等），當使用撈網進行礦石採集時，撈網瞬間被熔解。尼龍材質撈網可承受溫度約265℃，故估計熱液溫度可能高達300℃以上。

我當時亦與公共電視合作一同搭乘勵進研究船前往臺灣東北海域，尋找可能跟生命起源有關的海底黑煙囪。2019年7月24日，國家實驗研究院臺灣海洋科技研究中心（TORI）的水下機器人ROV下潛約1,375公尺，首度發現海底黑煙囪（魔王煙囪）與熱液礦物隆堆（女巫隆堆），該航次所取回的礦石樣本、黑煙囪樣貌與其特有的熱泉生物群落等珍貴影像，證實臺灣東北海域具有多金屬礦產賦存潛能。

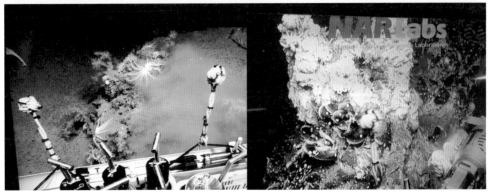

上：2019年7月勵進研究船在臺灣北部海域布放ROV水下研究載具　　　　　　　圖片來源：柯金源

下：勵進研究船ROV水下拍攝畫面

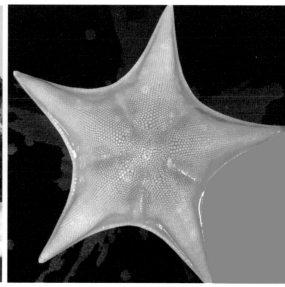

左：勵進研究船ROV水下採樣的礦石標本
右：勵進研究船ROV水下採集的生物標本
圖片來源：柯金源

泡中也含有硫化氫的氣體，使熱泉中央的酸鹼值低至1.52。生物學上硫化氫會阻礙生物細胞內粒線體的電子傳遞鏈，影響細胞的呼吸代謝，因此高濃度硫化氫有致命毒性，導致大部分生物無法在熱泉區域生存。烏龜怪方蟹是少數生活在龜山島熱泉核心區的動物，牠們群聚在深度5~30公尺的龜首海域。

　　耐酸的烏龜怪方蟹也耐熱，但牠的消化道酵素在60°C以上就會逐漸失去活性，意味著怪方蟹只能忍受較高的水溫，而無法在沸騰的滾水中生存。龜山島熱泉噴口的核心溫度可達116°C，遠超過烏龜怪方蟹的耐受溫度，雖牠稱號「煮不死的螃蟹」，不過是一種誤傳。在此艱困險惡的自然環境中，怪方蟹不會泰然自若地居住在噴泉口，而是躲藏在噴泉周邊的岩縫中，一方面避開高溫泉水，另一方面避免暴露在高酸環境。怪方蟹真是名副其實的「怪」，由於牠們許多特徵與其他方蟹科動物有極大的差異，故科學界在2007年將其從方蟹科（Grapsidae）中獨立，自成「怪方蟹科」，科內僅有怪方蟹一屬。

火山作用可能主要
是在陸地噴發的

　　龜山島的火山噴發產物，主要是火山碎屑物和熔岩流的互層，還有火山角礫岩、凝灰岩、再積性火山碎屑岩和鬆散的安山岩礫石。熔岩流是火山的噴溢作用，岩漿從火山口流出直接冷凝而成；火山角礫岩和凝灰岩是火山劇烈爆發後的產物；而再積性火山碎屑岩和安山岩礫石則是火山噴發過後，侵蝕安山岩再堆積形成的。從

烏龜怪方蟹
圖片來源：© SSR2000, Wikimedia Commons

野外露頭來研判，火山碎屑岩的比例相當高，遠多於熔岩流的組成，其火山噴發指數亦相當高，顯示龜山島的火山噴發是以爆發性的噴發為主，展現典型的安山岩岩漿活動的特性。

　　龜山島是一個海島，因此一般人會理所當然地認為，它是岩漿在海底噴發，然後再慢慢地堆積形成的，和現在位於其東方海域的海底火山一樣，其實不然。雖然龜山島火山噴發時，無人見證它是在海底或是陸地噴發，但從其噴發的產物可一窺究竟，探討其形成環境。

　　龜山島火山岩的產狀含有熔岩丘，熔岩流有**阿丫熔岩**、**塊狀熔岩和塊熔岩**，並無枕狀熔岩出露，且阿丫熔岩的表面為紅棕色，這些證據顯示龜山島的熔岩流可能是陸地噴發的產物。火山碎屑岩的特徵雖無直接證據指示其噴發環境，但碎屑岩塊並非以玻璃質岩性為主，也沒有玻璃凝灰岩的出露，顯示其是在海底噴發的。由上可知，龜山島的火山作用可能主要是在陸地噴發。

　　龜甲部分，可見到兩層熔岩流中夾著一層火山碎屑岩，顯示其為一典型的複式火山。龜首地區，主要是由火山碎屑物堆積，層理發達且岩層向西傾斜，和龜甲地區的火山碎屑岩層

的傾斜方向不同，這顯示龜首和龜甲地區的火山是不同的。

• 極北荒境彭佳嶼

彭佳嶼又名大嶼山嶼或草萊嶼，當地的漁民亦稱之為大嶼，位於基隆北方外海，為臺灣的極北點（北緯25°37'13"~25°37'53"、東經122°04'05"~121°04'51"），與臺灣本島最近距離約56.22公里，是北方四島中面積最大，地勢也較平坦的島嶼。[24]

地形大致呈方形，地勢東高西低，最高點標高142公尺，位於島的東北方。島中央有一凹地，曾被認為是火山口地形。

火山岩產狀主要出露的是熔岩流，覆蓋在島的最上層，其下為火山角礫岩和凝灰岩等，另亦有岩脈貫穿其中。火山岩一般呈緻密深灰色，富含氣孔且流紋構造明顯，岩性以含有兩輝石的安山岩、橄欖石－兩輝石的玄武質安山岩為主。鉀－氬定年顯示其年代為160萬到210萬年前。

如第1章所述，日本秋津洲號防護巡洋艦曾於1916年4月18日在彭佳嶼東北方海域見到從海底湧出水面的蒸氣噴發；其後1927年6月1日，美船歐羅拉號又於同一地點發現海水變

臺灣極北點彭佳嶼島上的火山口

色，且遇強烈巨浪，這些現象都顯示彭佳嶼周遭海域可能有海底活火山。

因孤懸於外海，無天然屏障，直接受到季風及颱風侵襲，島上無灌叢以上的植物。以前有漁民居住於此，現僅有燈塔及氣象站。據聞以前信天翁成群於本島繁殖，今已不復見，偶有海鳥藉海蝕洞棲息或繁殖。

● 潛藏噴發風險──
　外木山下的海底噴氣柱

介於野柳與基隆嶼之間的外木山海崖下，有基隆海底火山存在。中央大學許樹坤教授利用海底磁性資料發現，此處有高磁化強度岩層，為火成岩體呈現的性質；他並進一步利用單、多音束水深測繪系統和底質剖面儀，發現海底有完整的海底火山形貌和熱液噴氣構造，且在海床上可辨識出多達223處噴氣柱，愈近火山中心噴氣現象愈活躍且密集。

這些海底噴泉和噴氣所形成的噴氣柱，幾乎快接近海水面，相當強烈。在海底火山中心有密集的地震活動，顯示此火山可能相當活躍。過去

──────────

24北方四島包括彭佳嶼、棉花嶼、花瓶嶼和基隆嶼。

攝影：宋聖榮

右：彭佳嶼岩脈
下：彭佳嶼熔岩流

此處鮮為人知，但由於它非常靠近臺灣北部陸地，火山噴發風險及可能造成的傷害並不亞於大屯火山。

• 殘缺的火山噴發史與 火山海嘯紀事

臺灣位於太平洋火環帶上，但過去在臺灣的歷史教科書中，幾乎未有火山噴發的書寫。翻開世界火山分布史，從19世紀末到20世紀初，臺灣東部海域船來船往，在熱鬧的商業貿易往來中，若干船長日誌記錄到最少四次的海底火山噴發，在漫長的地質史上，相信臺灣未被記錄到的火山活動次數，應是不計其數。

根據《淡水廳志》[25] 記載，阿瓦力茲（Alvarez）所著的《福爾摩沙》（*Formosa*）一書中述及：

「1867年12月18日（清同治6年11月23日），北部地震更烈，災害亦更大，基隆城全被破壞，港水似已退落淨盡，船隻被擱於沙灘上。不久，水又復回，來勢猛烈，船被沖出，魚亦隨之而去，沙灘上一切被沖走。根據其他記載此一地震可能發生於基隆嶼附近，震央在東經121.7度左右、北緯25.3度附近，約在基隆嶼東方500公尺左右的海底，地震發生後隨即引發海嘯，磺港、水尾邊波浪高到二丈（6.06公尺），雞籠首當其衝，雞籠港港內

的海水急速往外海退去，甚至露出海床；接著巨大波浪瞬間反撲，以驚人的速度猛衝街上，房屋傾倒，影響瑞芳、萬里、金包里（今新北市金山區）一帶沿海，山崩地裂，海水暴漲，屋宇破壞，溺數百人。」

關於基隆海嘯原因，學者徐明同教授與蔡義本教授認為，海嘯主要由地震斷層所引起；吳祚任教授則認為是地震引發海底山崩造成。由於該次地震規模估計有7.0，馬國鳳教授推測可能是地震引發了海底山崩，而該次地震所造成海底破裂面走向與基隆海岸平行，加上海底斜率平滑使海浪易於上溯堆積，使海嘯波浪迎面撲向岸邊，才造成如此嚴重的災害。另外，《淡水廳志》又記載海嘯發生當時，基隆嶼海底附近發生火山爆發，進而引發海嘯衝上基隆陸地。故綜合上述紀錄，基隆海嘯的成因包括地震、山崩、火山爆發及海岸地形等因素。

若紀錄無誤，引發基隆海嘯的地震震央在基隆嶼東方500公尺左右的海底，此地水深約100公尺左右且坡度平緩，引發海底山崩的機率甚低。根據最近的研究顯示，基隆嶼附近海底可能存在一活火山且地震頻繁，故推測基隆海嘯不排除與海底火山噴發有關。

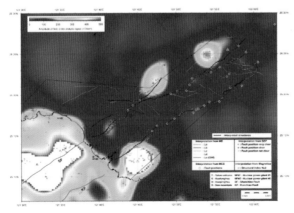

外木山海底火山　　　資料來源：黃建程碩士論文，2017

25 陳培桂，《淡水廳志》，（臺灣文獻叢刊第172種，臺銀本）。《淡水廳志》全部共16卷，由當時的淡水廳同知陳培桂所纂輯。該志書在1871年（同治10）刊行。闕誤不少。然內容堪稱相當豐富，收錄不少時人之著作，圖繪數量也有一定篇幅，是相當重要的參考史料。

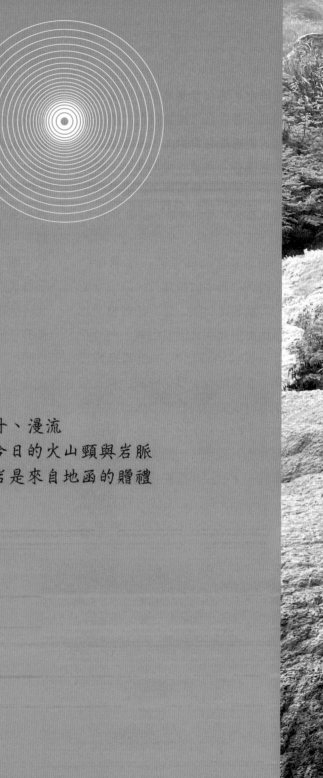

PART

IV

火山寶藏

日日夜夜、潮漲潮退
歲歲年年、滄海桑田
可曾想像
炙熱的岩漿由裂隙竄升、漫流
當年的通道與裂隙是今日的火山頸與岩脈
而晶綠的橄欖岩捕獲岩是來自地函的贈禮

金瓜石黃金瀑布一景
攝影：宋聖榮

14

採金歲月——金瓜石、九份、水湳洞

火山,除了是毀滅大地的劊子手,也是人類文明過程中金屬物質的供應者。

地球雖含有各種金屬和非金屬元素,但大多均勻散布在一般岩石中,

難有經濟開採價值。然而火山流體是最有效率的富集機器,

在其高溫流體經過的路徑中,把各種元素從岩石中溶出、集中;

然後在適當的溫壓環境下,沉澱、析出有用的金屬和非金屬礦物,為人類所用。

臺灣北部九份、金瓜石的金礦,大屯火山群的硫磺和北投石,

臺灣東海岸的各種玉石、藍寶和麥飯石等,以及澎湖的文石,都直接和間接與

火山活動有關。此外,火山的熱能更是現今地熱綠能重要的提供者。

• 繁華山城

九份、金瓜石位於臺灣東北部,是臺灣最重要的金礦產地,黃金產量曾高居遠東之冠,因此有「東亞第一金山」的稱號。此區地質上隸屬於基隆火山群,過去曾是很多人做發財夢的地方,也曾是夢想成真、銷金奢華生活所在之處。依據官方紀錄,60年代金瓜石地區的黃金產量約有200公噸;民間和臺灣大學林朝

金瓜石山景　　　　　　　　　　攝影:宋聖榮

棨與譚立平教授則估計,金瓜石的黃金產量應高達500到600公噸左右,

九份山景　　　　圖片來源：© by Gregg Tavares, Public domain, via Wikimedia Commons

若以現值每盎司 1,800 美元的價格計算，相當於新臺幣 8 兆 6,800 億元到 10 兆 4,160 億元，可供臺灣四到五年的中央政府使用。有此不同的估計，據說是因爲聘僱的採金工人在挖到金礦後，繳交給雇主的量可能只有三分之一，其餘則自己收入口袋，尤其是日本統治臺灣開發金礦的時期。

在黃金開採最盛時，各行各業都湧入了小小的繁華金都九份，人口相當密集。九份小鎮地狹人稠，房舍依山建造，形成特殊的山城聚落。採金工人動輒腰纏萬貫，一擲千金，據說當時許多美食佳餚都匯集送到此處，繁榮景象爲其贏得「小上海」和「小香港」的稱號。

早在清康熙年間，即有記載金瓜石和九份地區產金。1684 年，諸羅知縣李麒光在《臺灣雜記》中敍述：

「金山在雞籠三朝溪後山，主產金，有大如拳者，有長如尺者，番人拾金在手，則雷鳴於上，氣之即止。小者亦間有取出，山下水中沙金碎如屑。」

當年因清廷禁止採礦，二百多年來僅有原住民撿拾砂金，偶爾撿拾到金塊（Gold nugget）；直到 1890 年劉銘傳興築基隆——臺北鐵路，召募曾參與

金瓜石－九份採金簡史（1896～1987）

1896	日本人田中長兵衛取得二號金瓜石礦山的礦權，面積1,786,070坪。同年，日本人藤田傳三郎取得一號九份礦山（瑞芳礦山）礦權，面積1,903,723坪，開始引進現代化機器開採，礦區逐漸成形。
1900	設立第一製鍊廠，並陸續興建第二、三、四、五製鍊廠，以大型機器、專用搬運臺車道（tramway）、選礦場等進行規模性開採。
1904	在本山礦坑挖掘到硫砷銅礦。
1905	發現「長仁礦床」的含金硫砷銅礦，在水湳洞成立全臺唯一的乾式製鍊所。
1913	併購木村組的武丹坑礦區，除黃金產量連續五年將近3萬兩，銀的年平均產量維持在4萬兩左右，銅的產量更在1914年創下1875噸最高紀錄，金瓜石遂轉變爲金銀銅礦山。
1914	藤田組評估九份礦區的富礦已被開採殆盡，由顏雲年將藤田組所有的管理權承租下來。顏雲年未沿用藤田組的機械採礦，利用採礦承包制，將礦區出租，分區以狸掘式採掘旁支礦脈，其後40年帶出九份產金的鼎盛時期，同時也在附近開挖煤礦。
1925	田中將股份轉讓後宮信太郎，成立「金瓜石鑛山株式會社」。
1929	興建本山六坑的電車道，開啓燦光寮山新礦脈，開採含量豐富的硫砷銅礦脈。長仁礦床發現金礦富體礦，使金瓜石礦業再創高峰。
1933	日本礦業株式會社買下金瓜石鑛山，創立「臺灣礦業株式會社」，翻新設備、增加投資，並於水湳洞山坡上興建新式浮選礦場（即十三層遺址），在臺灣礦業株式會社的經營之下，金瓜石產量曾高達近7萬兩的高點，被譽爲「亞洲第一貴金屬山」。
1946	成立「臺灣金銅礦物局籌備處」與「臺陽公司」，由國民政府派員監理。
1949	金瓜石礦區重啓銅礦生產，並實施「以銅養金」的經營方式。
1955	臺灣金銅礦物局改組爲「臺灣金屬礦業公司」（簡稱臺金公司），引進國外技術及設備，銅礦生產逐年增加。
1957	九份金礦開採由盛而衰。
1971	金瓜石礦山改爲冶煉加工。同年九份金礦開採正式結束。
1973	金瓜石的金銅產量也逐漸枯竭。
1977	臺金公司營運重心轉以礦物冶煉加工爲主。
1981	水湳洞附近興建禮樂煉銅廠及貴金屬精煉廠，採直接氰化法處理礦石，提煉純金、純銀與銅金屬。
1985	臺金公司不斷虧損縮編，將金瓜石礦區的礦場、加工廠標售，由臺糖接管產業，禮樂煉銅廠併入臺電。
1987	臺金公司宣告歇業，金瓜石百年的產金歲月就此結束。

日治時期金瓜石礦山
圖片來源：◎每日新聞社〈一億人の昭和史 日本植民地史3〉，
Public domain, via Wikimedia Commons

美國西部開發建築鐵路的工人，由於他們之中有些人有淘金經驗，工人們中午吃完便當在瑞芳附近的河中洗滌餐盒時，無意間在河床砂礫中發現砂金，自此開始了淘金。之後，逐漸溯流而上至大粗坑，發現山金，隨即湧入大量淘金人潮。1892年，官方設立金砂局，開辦金砂事務。1893年，九份發現了金礦；1894年，金瓜石本山礦體發現金礦，湧入採金人潮，開啓了金瓜石－九份的黃金開探史。

日治初期，延續舊制，於瑞芳設置砂金署加以管理，設置之初高達2,000人領照淘取砂金。1896年1月官方以破壞河道山林爲由，停止民間採金，同年9月頒布《臺灣礦業規則》，10月8日核准藤田傳三郎取得基隆山西邊九份礦山（時名瑞芳礦山）礦權，東邊金瓜石礦山礦權則在10月26日核准發予田中長兵衛。1897年發現武丹坑（牡丹坑）金礦，1898年，連培雲及周步蟾等人採掘失敗後，1899年武丹坑（牡丹坑）礦區礦權輾轉讓與木村久太郎，至此九份（瑞芳）、金瓜石、武丹坑三礦鼎立，稱爲「臺灣三金山」。

九份和金瓜石都有金礦，但兩地的地質條件並不相同，金的成礦也略有不同。九份礦區的黃金大多存在於裂隙發達的砂岩，以葉狀或樹枝狀出

現於石英脈中；而金瓜石礦區的黃金則是生成於矽化堅硬的安山岩侵入體中，以較高純度之散點狀或海綿狀與重晶石及褐鐵礦等共生，因此衍生出兩地不同的管理和開採方式，也造就截然不同的礦區文化與生活型態。

• 從地質學家記憶中淘洗出的「黃金」歲月

清初中國人就知曉臺灣的北部有一座外型很像「雞籠」的山，所以叫做雞籠山；日治時期才更名成基隆山，但主要的金礦是產在基隆山南邊的金瓜石本山。本山海拔不高，但整座山都是礦，是出露很硬的一個山頭。金瓜石主要的礦脈即在本山裡。

所謂礦脈，實際上是長長的一片平板，在地圖上看起來是一條線，往下延伸就形成一片平板，稱為礦脈。礦脈分布為南北向，中間部分叫做本山。開採金礦一開始是從上面一段一段地挖，挖掉約一、兩百公尺，剩下的本山外貌高度約三百公尺左右。

日治時期的九份和金瓜石大量開採金礦與銅礦，尤其打仗需要銅，銅礦的開挖和冶煉如火如荼地展開。臺灣大學地質系名譽教授王源回憶道：「民國五十年代，配合國家工業發展，需要大量的硫磺，於是經濟部計畫開採金瓜石和九份兩個礦區的硫磺和黃鐵礦。因為金瓜石產銅在世界上很出名，產金也很多，本來只要找硫磺，結果決定重新調查，要我和黃教授（黃春江）做地質調查。……大部分人最有興趣的還是那裡的金子。」

究竟金瓜石地區的金礦是如何生成？又是怎樣的大地構造與地質作用造就了這個地區豐富的黃金蘊藏？經過地質學者多年的辛苦工作和研究，解開了這個奧祕。

本山礦脈呈南北向，後來日本人在本山的東邊又發現很多線狀排列的細礦脈，呈現一包一包的袋狀。本山東邊的礦區還有很多黃金蘊藏，臺灣光復後還陸續挖，每個袋狀包體最少挖出2、3公噸的黃金；有些包體甚至可開採10公噸以上。當時在金瓜石、九份的礦工，工作草鞋是不能拿回家的，因為上面可能都沾滿金子。

九份早期開採金子時，是用水洗選的方式處理，這個方法很粗糙，只能拿到部分黃金，在沙土中留存的黃金可能遠比洗選到的還要多。而金瓜石岩石中的金子更小，所以日本人利用氰化物酸溶的化學方法來提取金子；但氰化物的化學藥品非常毒，絕大部分煉金公司卻因為可以煉取黃金都不畏劇毒，仍利用此法提煉黃金。

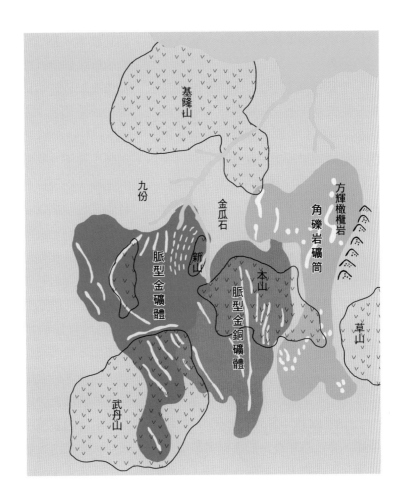

基隆山

九份

金瓜石

方輝橄欖岩
角礫岩礦筒

新山

脈型金礦體

本山

脈型金銅礦體

草山

武丹山

金瓜石、九份一帶
礦體分布圖
吳貞儒重製

日本人把當時礦區山坡上的廢土挖了再挖，以提煉黃金。事實上，全世界的金礦山都是一樣，堆積於礦山的砂土都是洗了又洗，才會丟棄。

金瓜石的黃金產量相當多，王源教授回憶：「……假如官方產金的統計數字為500公噸的話，另外約有500公噸是跑掉了，為什麼？黃金跟其他的礦不一樣，因其純度高毋須冶煉，採金工人很會偷，且拚命偷，就算雇主採用再嚴厲的辦法都還是有人偷。怎麼偷法呢？工人出來的時候都要檢查，並且還要叫他待在廁所裡，讓他吃藥瀉肚子，但工人還是會吞、會偷。女工身體上能藏的地方都會想辦法藏，所以女工也被嚴密檢查後才會放行，且出礦坑不是當天就放，須待幾天後再放，但還是有漏網之魚。

全世界的金礦區都是這樣子，金瓜石也不例外。」

至於金瓜石礦坑的隧道有多長呢？坊間估計超過400公里，可能達600公里長，也就是從臺灣島最北邊的三貂角到最南端的鵝鑾鼻的距離。當時金瓜石本山礦區（主要的坑道）是由地表（海拔高）開始開挖，中心就落在第五坑，上面還有第一坑、第二坑、第三坑；第四坑名稱不用，因為四跟死是諧音。海平面為第六坑，海面下還有第七坑、第八坑和第九坑。前面所描述的是水平坑道，上下連接的是垂直的豎坑。

• 金瓜石為何有那麼多黃金？

如第12章〈臺灣北部火山岩區〉所述，金瓜石和九份的金礦體是屬於臺灣北部基隆火山群的一部分。在距今約100萬到120萬年前，菲律賓海板塊向北隱沒入歐亞板塊，引發岩漿上湧、侵入和噴發活動，形成數個岩漿的侵入體及噴出體，包括基隆山、武丹山和本山等三個主要侵入岩體，以及草山和雞母嶺兩個噴出岩體；另外尚有規模較小的九份與武丹坑東南的潛伏火成岩體。而後，沖繩海槽的張裂活動誘發基隆火山群的正斷層截切冷卻的侵入岩體，並伴隨著熱液

礦化作用，把含金及其他元素且溫度約300°C到400°C的高溫熱水礦液，沿著多組南北方向延伸的正斷層和破碎帶向上流動，發生早期的「成礦作用」，沉澱、結晶，形成富含黃金的礦體。後來又生成一系列的東西方向的斷層，切過原先的南北向礦化帶，發生了另一期含金的熱液成礦作用。

金瓜石地區的金礦形成之後，由於地殼上升和侵蝕，使深藏地底的礦體連同周圍岩石逐漸隆升到現在的海拔高度。上覆礦體估計約為1,500到2,500公尺厚的沉積岩層，在這100萬年間，受到風化與侵蝕作用而被移除，甚至部分金礦體露出地表，金粒被水沖到溪流之中。因此，九份與金瓜石附近的溪流，甚至遠達八堵的基隆河，才都可以發現金塊和砂金。

金瓜石金礦主要產自石英安山岩，幾乎所有基隆火山群的火山岩都是屬於石英安山岩，目前出露最好的露頭在基隆山山路旁。世界上形成金礦的火山岩大都與石英安山岩有關；但新鮮的石英安山岩並未有黃金於岩石中，黃金是經過熱液礦化作用的石英安山岩和伴隨的周遭岩石當中才有。

• 陰陽海的成因

　　臺灣北部濱海公路旁水湳洞地區的海灣「濂洞灣」，在湛藍的海面上，經常呈現一大片的金黃色，陽光下黃藍分明、對比強烈，衝擊著視覺，非常具有獨特性。由於長年界線分明，因而被稱為「陰陽海」。

　　從金瓜石礦山匯流至濂洞溪的溪水含有**鐵離子**，原本鐵離子在淡水裡是透明無色的，從濂洞灣出海後，接觸海水產生氧化反應，形成偏黃褐色的細顆粒氫氧化鐵（$Fe(OH)_3$）膠體，漂浮於藍色海水上；由於密度小於海水，因此懸浮在海水表面，加上水湳洞附近海灣內海流擴散能力不足，在深度3公尺以上是黃褐色的，而3公尺以下仍是藍色的，漸層式的藍、黃相間，才造成如此突出的景色。此景象會隨海流漂移，令人看過後無法忘記。

　　由陰陽海海面上黃褐色懸浮物成分氫氧化鐵推斷，上游的岩層必有大量且充分的鐵離子，才可形成。相當

熱液礦化作用

　　火成作用本身會帶來一些由岩漿逸出、含豐富礦物質的熱液，而熾熱的火成岩體也會加熱地下水，熱液和高溫地下水便混合成「熱水礦液」。熱水礦液在地底深處高溫高壓的環境下，在其流動的路徑中會把周遭岩石中的金屬離子溶入熱液中，然後順著岩層內的斷裂和破碎帶上升。

　　當熱水礦液流經岩石裂隙上升到較淺處時，其溫度和壓力都會降低，金屬離子在熱液中的溶解度也跟著降低，於是**過飽和**的金屬離子便會沉澱在裂縫或周遭的岩石孔隙內，產生所謂的「熱液礦化作用」。如果帶**金屬離子**之礦物沉澱累積量夠多而具開採價值，便成為「礦床」。

　　熱水礦液在上湧的過程中，除了會產生礦化作用之外，高溫強酸的熱水礦液也常和岩石發生物理或化學反應，使岩石的質地產生改變，在地質學上稱之為「換質作用」。金瓜石地區岩石所受的熱水換質作用常見的有三種：矽化作用、黏土化作用和綠泥石化作用（或稱青盤岩化作用）。

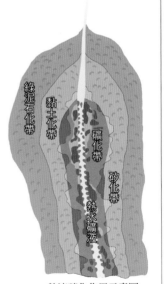

熱液礦化作用示意圖

上：陰陽海
右：金瓜石一帶的石英安山岩
攝影：宋聖榮

特別的是，濂洞溪上游岩層爲富含大量黃鐵礦（二硫化亞鐵、FeS_2）的礦體，加上位處東北角多雨地區，當大量的雨水滲入礦體後，會形成酸性的溶液；水體往下游移動，隨著河水慢慢被稀釋，會逐漸變爲中性；而後碰到海水，又變爲鹼性，形成氫氧化鐵沉澱。

一般人認爲陰陽海是因爲日本人開礦造成的汙染，但當地者老回憶，金瓜石未開礦前就已存在了，是一種自然現象。之後人爲開礦使岩體表面積增多，暴露出更多的黃鐵礦，水解後供應更多鐵離子，因而擴大陰陽海的現象。

金瓜石黃金瀑布一景　　　　　　　　　　　　　　　　　　　　　　　　　　　攝影：宋聖榮

⌐ 陰陽海有趣的化學變化 ⌐

　　要瞭解陰陽海現象形成的原因，首先必須要確認黃褐色懸浮物的成分。打撈懸浮顆粒，鑑定其顆粒大小、結晶狀態和化學組成，結果顯示這些物質為小於 5 微米（μm）的非晶質膠體，化學成分為氫氧化鐵（$Fe(OH)_3$）。此一結果推斷上游的岩層有大量且充分的鐵離子。鐵有二價和三價的離子型態，二價鐵可溶於水中，而三價鐵則不溶於水；海中並無大量鐵離子的成分，必須由濂洞溪上游的岩層中溶解供應，也就是說，溶解出來的鐵離子先是二價的，溶於水中被帶至海水中轉變為三價離子，然後與水中之氫氧離子結合成氫氧化鐵，而形成黃褐色的膠體沉澱。

　　濂洞溪上游的黃鐵礦（二硫化亞鐵、FeS_2）在大量的雨水滲入礦體後，黃鐵礦水解為二價鐵離子和硫酸根離子，形成**酸性**的溶液；這使二價鐵能穩定的存在於水中往下游移動，隨著河水被稀釋，逐漸變為**中性**，而後碰到海水變為**鹼性**，水體中的二價鐵遂氧化成三價鐵，形成氫氧化鐵而沉澱。

• 閱讀黃金歲月的歷史遺痕

從陰陽海往上溯，水湳洞地區目前有一選煉廠遺址，俗稱十三層遺址（實際上為十八層）。水湳洞選煉場落成於1933年，考量採礦場所與礦脈分布，於是依山而建，到1987年結束營業；2007年為新北市政府登錄為歷史建築，為金瓜石的採銅工業帶來最佳的歷史見證。

17世紀時，荷蘭人曾為了金礦攻打基隆，但空手而返。明末鄭成功與清朝統治臺灣二百餘年間，禁止民間開採金礦。直到19世紀末，有淘金者在基隆河發現金沙，然後沿河而上，至小金瓜露頭處發現金脈和挖井得金，開始進行大規模開採。基隆火山群的礦山，以其獨特的地質條件蘊藏了珍貴的天然金資源，百年來為不同時代的統治者提供傲視世界的黃金生產量，也為地區民眾創造財富與生機。

時至今日，雖然礦山榮景不再，卻為此區留下各種歷史遺跡。沿著起伏彎折的步道緩緩而行，後人從殘存的採礦遺址與地景中，仍可體驗追尋其中的文化底蘊與歷史意義。

十三層遺址位於水湳洞，見證了金瓜石黃金歲月的採銅工業。　　　　　　　攝影：宋聖榮

郁永河的買硫之旅

臺灣北部的大屯火山群中，最具特色的礦產就是硫磺礦。
從考古及歷史文獻資料顯示，大屯火山區的採硫產業由來已久，
十三行文化晚期舊社巴賽人（Basay）居地的金包里社範圍，就包含今天的
磺嘴山硫磺區，當時巴賽人的主要生活產業之一就是採集硫磺與各族群貿易。

• 丹山草欲燃——
　山林探險找硫磺

　　大屯火山群最著名的歷史是清朝郁永河的採硫、買硫之旅。康熙36年（1697年）5月初，郁永河以及隨行人員等由淡水港沿著淡水河進入臺北盆地，首先看見前方兩山夾峙著淡水河，地名叫做「甘答門」（關渡），水道非常狹窄。進入之後，水域突然變爲廣闊，散開像是一座大湖，水面遼闊，完全看不到邊際。前行10里後，看到岸邊有二十幾間茅屋，依山傍水，就是當時的通事張大爲郁永河蓋的房子。這些茅屋後來成爲郁永河採硫、辦公、冶煉硫磺和居住的地方。

　　據《裨海紀遊》記載，臺北盆地

　郁永河與《裨海紀遊》

　　郁永河，清朝浙江仁和縣人。康熙35年（1696年）冬，福州「榕城」火藥庫失火，五十餘萬斤硫磺、硝石全遭焚毀，於是郁永河自動請命前來臺灣北投採硫，隔年（1697年）春天由福建出發，經金門坐船前往臺灣，2月到達臺南安平。2月25日至府城購齊採硫工具，再乘牛車由陸路抵達淡水，經由通事張大幫忙，郁永河等人在硫磺產地附近駐紮，聘用原住民幫忙採硫。康熙36年完成鍊硫工作，於同年11月離臺。中途遇颱風，先以「划水仙」方式（一種祈福方式）安然抵澎湖，託言幸賴水仙尊王保佑，謁拜澎湖水仙宮，並將其9個月在臺紀事於1698年寫成《裨海紀遊》，為首部詳細記載臺灣北部人文地理的專書。

四周高山環繞，寬約百餘里，中間是平原，只有一條河流穿越其間，有三個原住民社住在岸邊。而郁永河所看到的廣闊湖水，可能就是史書所稱的「康熙臺北湖」。

康熙33年（1694年），臺北盆地發生規模7.0左右的大地震，部分地區有5公尺的陷落，海水由關渡進入，淹沒盆地的西北部，形成所謂「康熙臺北湖」。康熙臺北湖的存在時

什麼是硫？

「硫」是一種化學元素（化學符號S，原子序數16），是非常常見的無味無臭的非金屬。「自然硫」是純的硫，黃色晶體（斜方晶系的α硫，分子式為S_8）又稱硫黃、硫磺，一般為針狀和板狀晶體，常呈不規則塊體產出。晶形很少見，通常呈緻密塊狀、粉末狀、粒狀、條帶狀和被膜狀等。

《山川總圖》的臺灣北部。《山川總圖》為清康熙56年（1717）《諸羅縣誌》的附圖，《諸羅縣誌》為臺灣第一本「縣志」，主要描繪臺灣西半部的山川地理形勢。本圖顯示出當時臺北部分有寬闊的水域，故被認為是「康熙臺北湖」可能的證據。
圖片來源：© Public domain, via Wikimedia Commons

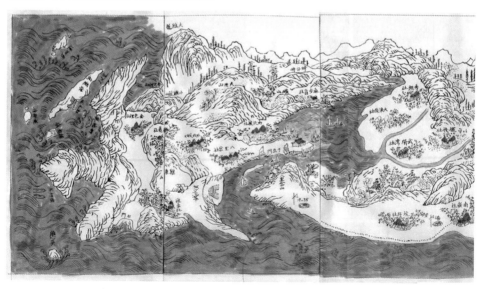

上：新北投硫磺谷的硫磺礦穴
下：龍鳳谷遊客服務站附近的郁永河採硫處紀念碑
攝影：宋聖榮

間並不長，隨著泥沙堆積，湖水逐漸排出盆地，終於又回復了盆地平原的面貌。

當時冶煉硫磺的過程，是靠原住民先用獨木舟將硫磺土載至冶煉地點；開始進行冶煉時，將礦土搗成粉狀，晒乾後再放入大鍋中煮。大鍋會先注入十幾斤的油，邊煮邊攪拌，使礦土中的硫磺分解出來。整個過程須不斷注入礦土和油，直到鍋滿為止；油加太多或太少，都會造成硫磺的損失。每一鍋約可容納八、九百斤的礦土，品質好的礦土如果冶煉得當，

一鍋可煉出多達四、五百斤的純淨硫磺；否則可能只有一兩百斤，甚至幾十斤而已。

郁永河詢問原住民硫磺的產地，想親自去探訪，原住民告訴他，礦穴就在茅屋後方的山區，於是第二天他便和隨扈一起前往探查。郁永河乘上獨木舟，由兩位原住民划槳，順著溪流（礦港溪）往上游而去。溪的盡頭為內北社（新北投），社裡的人擔任嚮導帶路，往東行半里，進入芒草叢中，草高一丈，得一邊撥草，一邊側身前行。大約走了兩、三里路，度過兩條小溪，進入茂密的森林，林內有各種不知名的樹木，有的老藤纏繞，有的巨大粗實，嚮導說這些是楠木。樹林內也聽見各種鳥鳴，但卻不見鳥影。林蔭間涼風徐徐，使人暫忘酷熱。

又爬過五、六個陡坡，碰到一條大溪（礦溪），溪寬約四、五丈，溪水潺潺，溪谷的岩石和流水都呈藍靛色。嚮導說，這水是從硫磺穴冒出來的，是溫泉。郁永河伸手試了一下，果然非常燙。過了這條大溪再往前走兩、三里路，出了森林，看見前面的山。又翻越一座小山頭，鞋底漸熱，附近的草木都變得枯黃，可看見前方的半山麓有白氣縷縷上升，好像山頭吐著白氣，白煙彌漫山間。嚮導說：

大屯火山群的三種硫礦

大屯火山群的硫磺礦依其產狀，可分為昇華型、礦染型和沉澱型等三種。昇華型硫磺礦最為普遍，大部分火山爆裂口都有這種礦床，是由於硫氣孔噴出的含硫氣體，附著在硫氣孔或附近岩石、土壤表面而生成的，其中以大油坑規模最大。礦染型硫磺礦是由地下深處噴出的硫磺氣或硫質溫泉，浸滲在岩石中，將岩石分解和交代換質，而形成硫磺礦，以四磺子坪、大磺嘴兩區規模最大。沉澱型硫磺礦是在火口湖中噴出硫磺氣體，而在水中形成硫磺粒或硫磺粉末沉澱，堆積於低窪沼澤區，形成礦層，冷水坑有名的白色牛奶湖即是此種成因。

「這裡就是硫磺礦穴了」。（此處就是現今的新北投龍鳳谷，風吹過來時硫氣相當刺鼻。）

往前走了半里路，附近已是寸草不生的景象，地面發燙。左右兩側巨大的裸岩，被硫氣侵蝕，岩塊都被酸氣腐蝕，剝落成為粉狀。五十幾道白氣從地穴冒出來，沸騰的水珠噴濺，高出地面一尺。郁永河接近硫磺穴觀看，感覺地底似有怒雷吼響，地面震動，令人害怕。整個硫磺礦穴周圍百畝，就像一具沸騰的大鍋子，而人就走在鍋蓋上面，靠著鍋內衝上來的熱氣支持著，這蓋子才沒掉下去。右

冷水坑礦泉見證早期生命演替—— 細菌硫磺芝以及火山葉蘚

冷水坑坑內有源源不絕的低溫溫泉，由七星山東麓的岩石裂隙中自然汩出，pH值約6.5，溫度約40°C，是低溫中性碳酸鹽的鐵礦泉。因溫度遠低於大屯火山群其他高溫的地熱谷、大油坑、煉子坪等地的溫泉，相對而言是冷水，故名冷水坑。冷水坑低地積水，且有沉澱硫磺礦泉成乳白色，故另有「牛奶湖」之稱。牛奶湖是臺灣唯一的沉澱硫磺礦床，水中白色漂浮物為小於5微米（10^{-6}）的硫磺膠體，來自於地下溫泉溶解物上到地表後析出的細小顆粒。

冬季和春季冷水坑區常起霧，整個地區白霧濛濛，讓人好像置身於更大的牛奶湖當中。此外，冷水坑湖泊內有硫磺芝，利用硫磺為生，是一種能忍受高溫的細菌；周圍並生長有火山葉蘚及初期演替的各種苔蘚植物，是觀賞火山早期生命演替的重要場所。

邊的大石頭有一大礦穴，郁永河趨近一瞧，穴氣迎面撲來，薰得眼睛張不開，急忙退到百步之外；左邊則有一條溪，水勢頗大，就是溫泉水源的源頭（龍鳳谷媽祖窟溫泉）。郁永河一行人退回到森林休息，然後循原路折返。衣服沾染的硫磺味，幾天之內都散不去。郁永河這時才明白，之前聽到山區傳來轟隆的瀑布聲，並不是瀑布，而是硫磺礦穴的硫氣沸騰聲。於是郁永河做了兩首律詩來抒發這次探訪硫磺礦穴的經歷，其中最有名的一句是：「碧瀾松長槁，丹山草欲燃。」現在新北投「龍鳳谷遊客服務站」附近，臺北文獻委員會豎立了一塊「清郁永河採硫處」紀念碑，以見證三百年前郁永河曾到此一遊的事蹟。

CHAPTER 16

大地中的光亮與暗滅——臺灣玉石

漫遊臺灣東部海岸，最為人們熟知的礦產就是玉石了。
玉石原礦可分為山礦、溪礦及海礦，各採自岩層礦脈、溪流鵝卵石和海濱滾石。
山礦需要具備許多地質專業知識及開挖經費，故不是一般人所能負擔
或輕易尋獲；溪礦較適合有經驗者來撿拾，因為河水常挾帶大量的泥沙，
玉石表面也較易長青苔，不是老手的話，很難辨識出寶石與一般石頭的差別性。
若要開始你的尋寶夢，建議可由海礦入門，因為海礦較容易辨視出原石。
所謂的海礦，亦是經由河水沖刷山區的礦脈、慢慢帶至出海口，
經海水潮汐不斷淘洗後所呈現，這個過程使得原石較易被辨識出來。

• 海灘上的發財夢——
東海岸：玉的故鄉

何謂「玉」？《說文解字》：「石之美者為之玉。」廣義來說，凡是漂亮的石頭都可稱之為玉。臺灣花東海岸素以玉石豐富著稱，但一般人所描述的臺灣東部玉石多指各種玉髓，或是矽化的岩石，例如碧玉；其中尤以海岸山脈所含細小銅礦物的臺灣藍寶（藍玉髓）最為出名，價格也最高。礦物學或岩石學所稱的玉，定義嚴謹，分為輝玉和閃玉，是由多晶體所構成，礦物晶體顆粒愈細、愈均一、透明度愈佳，則其品質愈好。

臺灣玉，此處指輝玉和閃玉，但臺灣沒有輝玉，因此特指閃玉。由地體構造上來看，閃玉產於蛇紋岩和石墨質絹雲母石英片岩的接觸帶，由蛇紋岩經由熱液交換作用而成。出產的地方，主要集中於花蓮縣豐田和萬榮地區，據云，蘇澳之粉鳥林、花蓮之木瓜山東側、玉里清水溪等地也都有臺灣玉的報導。

豐田地區出露的地層為玉里片岩帶，由略帶黑色的絹雲母石英片岩

臺灣玉，產自臺灣花蓮縣荖腦山地區
圖片來源：©Public domain, via Wikimedia Commons

和石墨片岩所構成，黑色礦物為石墨與黑雲母。至於與臺灣玉共生之蛇紋岩，呈岩床狀，在荖腦山附近的礦區，至少有七層岩床，每層厚度自30至50公尺。

• 礦物學定義的兩種玉—— 輝玉和閃玉

　　如前所述，礦物學上對於玉的定義，可分為輝玉和閃玉（角閃玉）兩大類。輝玉俗稱「硬玉」，又稱「翡翠」，屬於輝石類礦物，摩氏硬度[1]為6.5～7，具有玻璃光澤、蠟狀光澤至油脂光澤。閃玉俗稱「軟玉」，屬於一種「透閃石－陽起石」[2]的系列礦物，摩氏硬度為6～6.5，由極小的纖維狀角閃石組成，通常呈半透明到不透明。

　　一般人稱為翡翠的是輝玉，最早的使用紀錄可追溯到2,600年前，當時是日本皇朝階級的象徵，其中以3到6世紀出產的輝玉玉珠較為出名。目前全世界輝玉最大的產量國在緬甸，13世紀在烏尤河谷發現。中國並未出產輝玉，13世紀時僅有少部

臺灣玉脈

　　臺灣玉脈一般呈不規則細脈，或扁豆狀體，賦存於蛇紋岩體內，或蛇紋岩與片岩接觸帶附近，與石棉、滑石礦物共生產出，厚度以0.1至0.5公尺為主，局部可達1.5公尺至2.0公尺，延長20至30公尺。臺灣玉礦床的品質變化極大，在同一地區與同一礦層，相隔10公尺之礦體，玉之色澤、透明度、厚度及大小，與片理之多少，便可完全不同，所售之價值相差可達百倍以上。

1　地球上的礦物種類高達上千種，摩氏硬度標準將十種常見礦物的硬度按照小到大分為十級，其中例如石膏2、鋁2.5、鐵4、玻璃6，軟玉介於6～6.5，硬玉介於6.5～7，鑽石最高10。

2　透閃石為角閃石族的一類，來自花崗岩岩漿侵入白雲石化的石灰岩或大理岩所形成的變質岩。其中的鎂離子可被二價鐵離子部分置換，形成陽起石（actinolite）。

分傳入，直到18世紀後才大量商業化，目前故宮博物館所收藏的輝玉飾品都是18世紀以後所製作的。

閃玉在礦物學上是屬於角閃石類的礦物，分布較輝玉廣泛，使用時間也較輝玉來得早。公元前5,400年到6,200年間，中國東北的「興隆洼文化」已有閃玉使用紀錄，周朝以後的各個王朝，閃玉也都被廣泛使用，是社會階級、權力、道德、財富和不朽的象徵。閃玉在全世界分布廣泛，較有名和重要的產地包括加拿大卑斯

全球主要閃玉和輝玉分布圖

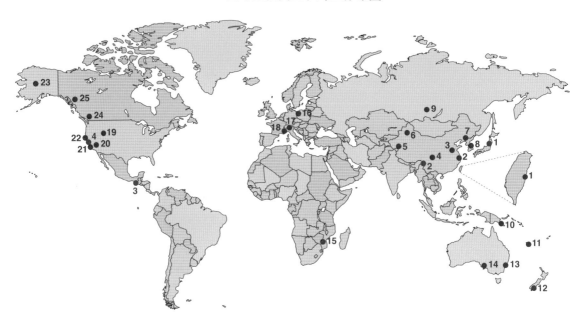

輝玉 Jadeite

1. 日本新潟縣
2. 緬甸克欽邦
3. 瓜地馬拉蒙太洛河
4. 美國加州聖彼納多郡

閃玉 Nephrite

1. 臺灣花蓮
2. 江蘇溧陽
3. 河南淅川
4. 四川汶川
5. 新疆崑崙山
6. 新疆天山馬納斯
7. 遼寧寬甸
8. 韓國江原道春川市
9. 俄羅斯薩彥嶺區
10. 巴布亞紐幾內亞東南部
11. 新喀里多尼亞洛易提群島
12. 紐西蘭南島
13. 澳洲新南威爾斯坦沃斯
14. 澳洲科威爾
15. 辛巴威西呂科威東南區
16. 波蘭奧德河
17. 瑞士格勞賓頓
18. 義大利里維耶拉
19. 美國懷俄明州蘭德
20. 美國加州馬瑞波薩郡
21. 美國加州蒙特郡
22. 美國加州門德奇諾郡
23. 美國阿拉斯加州庫布克河
24. 加拿大英屬哥倫比亞夫拉則河
25. 加拿大英屬哥倫比亞托拿根河

吳貞儒重製，參考來源：國立自然科學博物館

省的極地區、庫特丘和奧格登山脈，中國新疆發源於崑崙山脈的玉龍喀什和喀拉喀什河，俄國西伯利亞貝加爾湖西南的薩彥嶺和貝加爾湖東方的中央維京高地，澳大利亞南部的柯威地區，紐西蘭南島的利文斯通、尼爾森和奧塔戈等地，臺灣東部的豐田，波蘭西南的希隆斯克地區，以及美國懷俄明州的花崗岩山脈、阿拉斯加州的諾塔克河和庫布克河等地。加拿大卑斯省的產量爲全世界之最。

閃玉主要分布於板塊碰撞帶，由此臺灣的豐田、加拿大的卑斯省、美國的懷俄明州和阿拉斯加州、澳洲南部的坦沃斯和紐西蘭的南島等，皆可得證。

• 解開臺灣藍寶的顏色之謎

臺東海岸山脈的玉石，其範圍以成功鎮爲中心點，南起東河鄉的都巒山，經過成廣澳山，北至長濱八仙洞。海岸山脈火山岩中出產一種藍色的寶石，稱爲「臺灣藍寶」，在第10章〈臺灣東部火山岩區〉已略有說明。

臺灣藍寶爲一種熱水作用所沉澱的藍色玉髓。玉髓是由非常細小的隱晶質石英顆粒所組成，原本爲無色半透明，因含有**矽孔雀石**（英文 Chrysocolla，化學式 $[CuSiO_3 \cdot nH_2O]$）而呈現亮麗的藍色。

矽孔雀石含有水合銅離子（$[Cu(H_2O)_4]^{2+}$），色調呈藍至藍綠色，但由於它的化學性質不耐酸鹼，熱穩定性亦不佳，如果受到脫水、置換等作用影響，色彩飽和度會下降或發生色調的改變，且可能會失去透明度。

臺灣藍寶的開採史

寶豐祥礦場爲臺灣僅存、歷史最悠久的臺灣藍寶礦區，從1963年發現礦脈起，至今已有50年以上的開採歷史。其所處的即哈那拉山，是業界赫赫有名的「都蘭老礦」所在地，曾經是臺灣，也是東亞地區開發藍玉髓礦藏最早且最重要的產地之一。除此之外，臺灣藍寶的開採，數十年來在海岸山脈各地陸續皆有零散紀錄，其中較著名者有八里灣山地區。前行政院退輔會的榮民礦業開發處（榮礦處）亦曾設有礦場開採臺灣藍寶的紀錄。另外，林慈德[3]指出，在成廣澳山地區，自1966年起有多處開採，唯現今多數礦區已採盡，因此廢除了礦業設權。本土礦源產量銳減，價格高昂，市面上絕礦之說甚囂塵上，因此，現今多改以進口石材同名販售，以滿足市場需求。

---

3 林慈德，《臺灣寶玉探尋與賞析》（臺北：柏福出版社，1997）

另外，在潮溼環境中，矽孔雀石與碳酸氫根離子發生反應，寶石的色澤會由藍漸轉為綠色調；與氧氣接觸則因氧化反應影響，形成黑銅礦（tenorite，CuO），使得表面發黑；在酸性溶液中，會慢慢分解並失去顏色，色澤由藍轉白。因此，矽孔雀石的含量過高，顯然會影響寶石的質地及穩定性；加上含有其他含銅礦物，亦可能造成色彩上的變化，如：孔雀石（綠色）、氯銅礦（青綠色）等，這些都造就了臺灣藍寶色調的豐富變化。

實際上，臺灣藍寶並非如真正的藍寶石（sapphire）有著特定的元素組成與結構；而是由幾種特定礦物以不定的比例伴生而成，因此將它認定為「一種寶石」，主要是根據其組成礦物及物理性質仍有同質性而定，簡單來說，它的產狀近似於「一群以隱晶至

全球閃玉與蛇綠岩帶圖

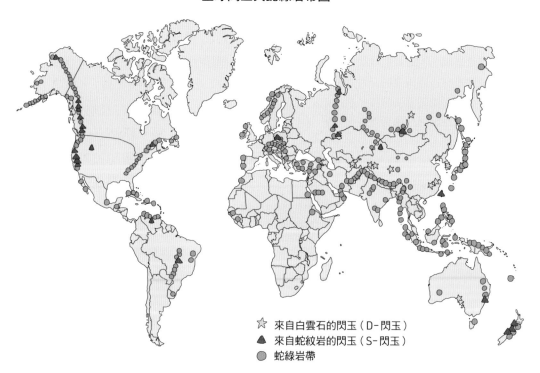

☆　來自白雲石的閃玉（D-閃玉）
▲　來自蛇紋岩的閃玉（S-閃玉）
●　蛇綠岩帶

吳貞儒重製，參考來源：https://www.gia.edu/gia-news-research/nephrite-jade-road-evolution-green-nephrite-market

閃玉的成因和地質意義

閃玉依其成因分為兩種，一是 S- 閃玉，一是 D- 閃玉。S- 閃玉與蛇紋岩共生，以含陽起石或鐵陽起石為主，呈現淡綠色或綠色，主要分布於板塊碰撞帶，如臺灣的豐田、加拿大的卑詩省、美國的懷俄明州和阿拉斯加州、澳洲南部的坦沃斯和紐西蘭的南島等。

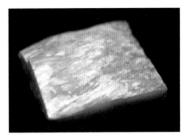

閃玉
圖片來源：臺灣大學地質科學數位典藏博物館

蛇紋岩為海洋地殼蛇綠岩套的下部組成，主要是由橄欖岩變質而成，含橄欖石和輝石，屬超基性岩。當板塊隱沒，在海溝處俯衝入另一板塊下方、發生變質作用，形成蛇紋岩時，若再與含鈣和矽離子成分的熱液流體發生交代變質作用，就會形成含閃玉的岩體（S- 閃玉）。而後再經由板塊碰撞，如大陸與島弧、大陸與大陸或島弧與島弧碰撞，就會使得含閃玉的隱沒岩體之海洋板塊物質被抬升至地表；或藉由板塊仰衝作用把含閃玉的蛇綠岩套移置至陸地。

至於 D- 閃玉是花崗岩岩漿或中、酸性岩漿侵入白雲岩或白雲石化大理岩或白雲石化石灰岩所形成。如中國新疆的崑崙山脈、江蘇省的溧陽地區、遼寧省的西原和寬甸滿地區、四川省汶川地區和山東省萊陽地區等、澳洲南部的高威、蘇俄的東薩彥嶺地區和烏茲別克斯坦的庫拉明斯基山脈等。

微晶態結合的礦物混合體」。

臺灣藍寶的顏色時常不均勻，有時會呈帶狀分布，這可能是因為玉髓沉澱時含不同成分所致。藍玉髓也會受熱或光照影響產生褪色或變色，可能是因為含有微量的**含水礦物**，在加溫過程中脫水或變質，因此改變了藍玉髓的顏色。

過往的研究，並未明確指出臺灣藍寶中矽孔雀石內含物的含量多寡，但矽孔雀石為「內含物」，含量百分比應不超過 50%。愈透明的藍玉髓（二氧化矽成分愈純，矽、矽孔雀石含量愈低）褪色或變色的機率愈低。其質地的好壞，會因玉髓晶粒粗細、排列緻密度與內含物含量的變化，而有所差異。

東部海岸山脈早自 1940 年代發現藍玉髓礦藏後，即成為東亞的重要產區。根據經濟部礦務局在 1984 年的產地調查，主要分布於八里灣山地區、成廣澳山地區、都巒山地區、七里溪上游等地。時至今日，由於礦源枯竭、環保意識抬頭等，開採成本

漸增，依礦務局2019年公開資訊所示，海岸山脈區域僅存臺東縣東河鄉的**寶豐祥寶石採礦場**（以下稱寶豐祥礦場）以及延平鄉的藍天礦場仍設權開採；其他極少數的礦源來自撿拾山脈兩翼溪流與海岸邊的轉石或是私採石。

玉髓因含有矽孔雀石而呈現亮藍或藍綠色，常發現於斑岩銅礦的氧化帶。臺灣海岸山脈出產的藍玉髓顏色最美，品質最好，行情最高，其中尤以七里溪地區最佳，可惜目前礦源已逐漸枯竭。

世界上與臺灣藍寶相似的「藍色玉髓」產地，以美國亞歷桑那州銅礦產區最為著名，美國珠寶界以「矽寶」（gem silica）稱之。目前全世界產量最大的商業開採地，是來自印尼北摩鹿加省（North Maluku Province）的巴占群島（Bacan Group Islands），其中又以西魯塔島（Kasiruta Island）為主；另外，祕魯的皮斯科省（Pisco prov., Peru）知名度僅次於印尼，在珠寶業界亦享盛名。

• **板塊交界的珍寶──臺灣墨玉**

唐代王翰的〈涼州詞〉：「葡萄美酒夜光杯，欲飲琵琶馬上催。醉臥沙場君莫笑，古來征戰幾人回。」據詞中描述，夜光杯如果在夜晚斟滿酒時，在月光下會顯出杯子是透明的，這可能是其得名的原因。夜光杯來自一種品質高、薄層會透光的蛇紋石，特產於中國甘肅省酒泉。蛇紋石當作玉石由來已久，中國歷史上知名的「岫岩玉」、「岫玉」、「祁連玉」、「崑

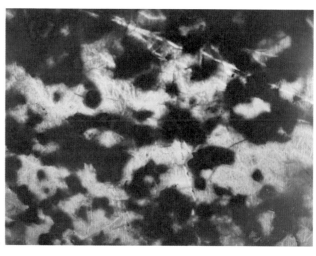

臺灣墨玉

岩石圖鑑

寶石級的蛇紋石玉 ▶ 達到寶石級的蛇紋石玉，主要是由微細纖維狀蛇紋石類礦物結晶組成的集合體，形態多呈緻密塊狀，少數為纖維狀，質地均勻細膩，用手觸摸有滑感。大多半透明，少數為完全透明與不透明；呈玻璃光澤，少量為蠟狀光澤，纖維狀塊則為絲絹光澤。平坦貝殼狀或片狀參差狀斷口。比重2.44～2.80，硬度4.5～5.5。蛇紋石玉常見有白、黃、綠、黃綠、藍綠、褐、褐紅、暗綠和暗黑等顏色。世界上蛇紋石玉的著名產地包括美國（北加利福尼亞州、羅德島、康乃狄克州、馬塞諸塞州、馬里蘭州和賓夕法尼亞州）、加拿大（魁北克）、法國、挪威、義大利、奧地利（施蒂里亞和卡林西亞）、英國（康沃爾郡和愛爾蘭）、希臘（色薩利）、阿富汗、中國、烏拉爾山脈（俄羅斯）、韓國、印度（阿薩姆邦）、緬甸、紐西蘭、新喀里多尼亞等。

上：圖片來源：法國阿爾卑斯山蛇紋岩©Gabriel HM via Wikimedia Commons
下：圖片來源：奧地利蛇紋岩© James St. John via Wikimedia Commons
右：圖片來源：奧地利蛇紋岩© Hermann Hammer via Wikimedia Commons

崙玉」、「雲南玉」和「鮑文玉」等，皆是蛇紋石材質的寶石。臺灣也有出產此種可當寶石的蛇紋石，稱為**臺灣墨玉**。

蛇紋石生成於高溫高壓的環境，是一群由橄欖石變質而成的礦物統稱，與板塊碰撞形成的蛇綠岩套有關。花東縱谷位於歐亞板塊與菲律賓海板塊交接處，臺東利吉層中之蛇綠岩套卽是海洋板塊的物質，後因弧陸碰撞被移置入以泥岩為主的海溝堆積物的混同層中。臺灣蛇綠岩套是由橄欖岩、輝長岩及玄武岩所組成之雜岩碎塊地層；橄欖岩或輝石岩經過熱液蝕變作用，形成蛇紋石類相關礦物，卽所謂「蛇紋岩化作用」，此一階段所形成的礦物是「纖蛇紋石」。其後纖蛇紋石隨隱沒作用進入地殼深處，再受到高壓變質作用，形成「葉蛇紋石」或「蜥蛇紋石」。根據研究，這些蛇紋石可以深入到70到80公里深，其後再被抬升至地表。臺灣的蛇紋岩產在脊梁山脈東側及海岸山脈西側，由南至北分布於南澳、豐田、萬榮、瑞穗、玉里、關山及臺東等地。

臺灣的**蛇紋岩礦**是僅次於石灰岩（與大理岩）、砂石，名列臺灣第三位的工業礦物產品。在全世界，蛇紋岩礦僅在少數國家賦存，而臺灣的蛇紋

岩礦品質優良，除了做為建築用石材與工藝品外，也可用作工業原料，例如煉鋼時的助熔劑。部分蛇紋岩體經過熱液蝕變作用後，會產出含有石棉、閃玉，以及滑石等的經濟礦物。

臺灣墨玉、臺灣玉與蛇紋岩關係密切。臺灣墨玉通常與臺灣玉共生，產在蛇紋岩和黑色片岩岩層的接觸帶中，呈凸鏡體狀或薄層狀出現。臺灣墨玉由多礦物組成，主要包括半透明葉片狀葉蛇紋石與纖維狀的纖蛇紋石，不透明者為具強磁性的磁鐵礦。臺灣墨玉因含有磁鐵礦，呈現強烈的磁性，磁性隨磁鐵礦含量的增加而增加，可以被磁鐵吸住，因此常被利用做為分辨蛇紋石和臺灣玉的簡便方法。

花東地區的墨玉與閃玉亦皆產在蛇紋岩和黑色片岩、綠色片岩的接觸帶中，常呈凸鏡體狀或薄層狀出現。

• 多采多姿的玄武岩之眼——文石

文石，如第12章所述，泛指充填於玄武岩孔洞和隙縫中，具有紋理的礦物岩石，成分為各種次生礦物，包括霰石、方解石等。

臺灣文石為坊間俗名與商業名稱，並非嚴格定義的礦物學和寶石學

名詞，且多被歸類於霰石（Aragonite），但因霰石爲有機寶石組成，臺灣所產的文石卻是多種礦物的集合體，難以與霰石劃上等號；學術研究上也大都把文石認爲是霰石礦物的晶體。

　　文石中若純粹由霰石或方解石等碳酸鹽類礦物所組成，其外形以菱形、六角柱狀、細針狀、圓球狀最爲常見；顏色以白、乳白、淡黃居多，俗稱「白石膏」。因易碎，無花紋，通常價位較爲低廉。如果文石內含有鐵氧化物、玉髓或瑪瑙之類的礦物，其外形多呈杏仁狀、圓球狀、葡萄狀或不規則狀，不但質地較爲緻密，紋彩也更豐富而有變化，此類文石多屬良質文石，價位自然較高。尤其是有同心圓構造者，經琢磨打光後，常呈現出美麗的同心圓紋理，「文石眼」耀眼奪目，鮮豔美麗。

文石

　　臺灣文石的主要產地有澎湖和三峽，其中尤以澎湖產量最豐。不過坊間所稱的「澎湖文石」是商業上的名詞，有時甚至泛指產自澎湖地區的美石，連打磨拋光的玄武岩也稱爲文石。較嚴格的說法應該是專指玄武岩孔隙中具有紋理的部分。

　　澎湖群島除了望安鄉的花嶼，全境幾乎都由玄武岩地質組成，其文石形成年代約在850萬年至1,700萬年前，開採使用紀錄則可追溯至明代，當時多使用於朝珠、扇器飾品、念珠及案頭玩具。文石在澎湖的盛名，也反映在生活中，澎湖最早較具規模的學府「文石書院」（創立於清乾隆31年，1766年），便是以文石爲名。

　　20世紀初日本統治時代，文石較有大量開採，用途漸廣，被磨製爲髮釵、戒子、佛珠、袖釦、風鎮、硯台、煙嘴或印章等。光復後，式樣更多變化，各型項鍊墜子、耳環、手鐲、別針等，紛紛出籠。

　　1950至1960年前後，是文石全盛時期，廣受全臺歡迎，吸引大量業者來到澎湖各地尋找新的礦場。歷史上澎湖文石較重要的產地，計有：風櫃、蒔裡、後寮、通梁、合界、小門嶼、池西（小池角曾有一座「文石窟」）、龜山、外垵、望安、將軍澳嶼、

東吉嶼、鐵砧嶼、吉貝嶼、四平嶼以及七美島等，優質文石多由風櫃、通梁、後寮、合界、池西、外垵、望安島及將軍澳嶼等地產出。如今文石已挖取殆盡，僅餘零星的石英結晶，加上近年來環境保護聲浪高漲，澎湖文石現已明令禁止大規模開採。

臺灣本島文石主要產於新北市三峽區、桃園縣三民鄉及復興鄉、新竹竹東等地區，形成年代約在910萬至1,030萬年前沈積岩內夾層的火成岩中。雖名爲三峽文石，其實三峽區的文石產量不豐，大部分產地多分布於桃園市大溪區、復興區，以及新竹縣竹東鎮附近；但因文石的加工廠和交易場所都集中在三峽，故稱三峽文石。

● 唯一以臺灣地名命名的礦物 ——北投石

北投石是唯一以臺灣地名命名的礦物，這是一種具有放射性的含鉛**重晶石**。重晶石的英文 Barite，源自希臘文 Baryte，代表沉重，乃因礦物的比重很大，故有重晶石之名（比重 4.69～4.86，硬度 3～3.5，化學式爲 $(Ba, Pb)SO_4$）。此礦物屬斜方晶系，晶體多半呈現菱形板狀六面體，乳白或黃褐色，具有油脂或玻璃光澤。

重晶石中，若鉛含量較高時，即稱爲北投石，可說是「鉛質重晶石」（PbO 含量達 17%～22%）；另因其含放射性鐳元素，故爲放射性礦物。此

北投石發現簡史

1905	臺灣總督府礦物課技師岡本要八郎發現北投溪所產的礦石具有放射性。
1909	東京帝大教授神保小虎博士訪臺時，確定北投溪所產的礦石爲「硫酸鉛鋇放射性礦石」。
1911	神保小虎教授至北投視察北投石，回到東京後發現日本秋田縣田澤村的澀黑溫泉（Shibukuro, Akita, Japan）所產的石頭，其結晶類似臺灣的北投石。
1912	神保小虎教授出席國際礦物會議（於俄國首府聖彼得堡召開）展示北投溪所產之礦石，並提出審查申請。11月12日，由神保小虎博士和俄國的鐳礦調查委員長維爾納茨基教授（Prof. Vladimir Ivanovich Vernadsky, 1863～1945）一起爲這個新礦取名爲「北投石」（Hokutolite），並且向全世界發布此一消息。
1915	臺灣總督府殖產局出版岡本要八郎之〈北投石調查報文〉。同年臺灣總督府殖產局出版早川政太郎、佐伯正之〈北投石調查報告〉。
1923	日本皇太子裕仁親臨北投，渡涉北投溪勘查北投石。

外，北投石存在於北投溪河床上安山岩的表層，通常由菱形細小的晶體聚集而成，晶體的顆粒為數毫米。

1905年，日本岡本要八郎（Okamoto Yōhachirō, 1876～1960）於地獄谷（現今重新命名為地熱谷）溫泉下首次發現北投石，這種特殊礦物主要成分為硫酸鋇（$BaSO_4$）與硫酸鉛（$PbSO_4$）間固融體的鉛質重晶石，且含高放射劑量的鐳（Ra），十分罕見。因係世界首次發現，依照礦物的命名法則，便以產地將此新礦物命名為北投石（Hokutolite）。

北投石主要產於新北投的北投溪，其源自新北投東北端地熱谷（地獄谷）溫泉的出口，地形上為一盆狀窪地，可能是蒸氣噴發所形成的一個爆裂口。爆裂口東南側崖下，溫泉水從五指山層砂岩的裂縫湧出，與周圍小澗的溪水混合，匯集成一小池塘，池塘裡熱騰騰、氣濛濛的水從其西南邊的缺口（當地稱為落口）往西南方排出，成一溫泉小溪，即為北投溪。河床寬者十餘公尺，窄者不過四、五公尺，河床上滿布砂岩和少數安山岩大小礫石，水深者可沒膝，淺者僅至足踝。河床自出口以下到約600公尺處，有五道小瀑布（瀧）落差從數十公分至一、二公尺。約在出口以下150公尺處，北投石開始出現了，

北投石　　　　　　　　　　　　　　　　　攝影：宋聖榮

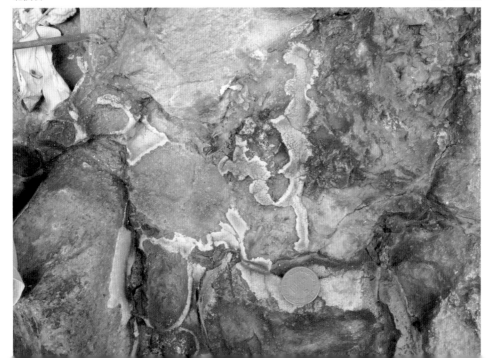

愈往下游增加愈多，至第一瀧附近爲止，分布長度約近400公尺，其中以第三瀧附近產出最豐。由第一瀧再往下至新北投之七星橋，多泥沙質溪底，礫石塊甚少，便無北投石出現。

地熱谷不僅是北投溫泉的源頭之一，更是大屯山群區域內水溫最高的溫泉之一。清澈見底，藍綠色的溫泉水溫度約在90℃～98℃，強酸性（pH1.6），有強硫化氫氣味，屬於酸性氯化物硫酸鹽泉（水綠礬），流量大並含放射性，又稱青磺泉，以與來自於硫磺谷人工溫泉的白磺泉有所區別。當北投溪水往下游流動，至溫泉出口以下150公尺處以礫石爲主的河段時，溪水溫度漸漸降至45℃～60℃，於是水中的硫酸鋇和硫酸鉛達到飽和而沉澱，卽形成所謂的北投石。

北投石內部有環帶構造，似乎不是生成後因爲交代作用而產生，可能是由於水質或其他離子隨季節不同所產生的週期性變化。另外，放射性的鐳元素會取代鋇和鉛離子，存在於北投石的結晶構造中，而具放射性。臺灣唯一的諾貝爾化學獎得主李遠哲院士之碩士論文，卽是研究北投石的放射性。

控制北投石形成的因子，包括泉源的水質、溫度的變化、流量的速

麥飯石

率、溪水酸鹼度（pH）、河底岩石形狀，以至環境因素以及河床性質等。從野外觀察得知，北投石常和黃鉀鐵礬共生，沉澱在砂岩和安山岩礫石表面，但很少直接附著在已受風化的岩礫表面。絕大多數的北投石基部都有一層厚薄不一的土黃至褐黃色的黃鉀鐵礬，介於礫石或固結的泥沙與北投石晶簇間，顯示黃鉀鐵礬可能是引發北投石沉澱的催化劑。

早年地熱谷可讓遊客將食物放入谷內煮食，後因地險意外多，所建之護欄亦常崩坍，遂將谷內危險步道撤除，僅建外圍觀賞用園道。地熱谷終年冒著白色煙霧，爲硫磺氣體，對人體有害，因此又被周圍的居民稱爲「鬼湖」。硫磺煙霧爲地熱谷抹上了一層濃濃的神祕氣息與夢幻色彩，這一景象遂有「礦泉玉霧」之稱。

• 神奇的麥飯石

麥飯石並非真正的岩石名稱。李時珍《本草綱目》石部第十卷，對麥飯石的名稱有如下幾種描述：1、麥飯石以象形而命名，「如握了一團米飯，有顆粒如豆如米，其色黃白。」2、「麥飯石處處山溪中有之，其石大小不等，或如拳，或如鵝卵，或如蠱，或如餅。」3、「溪間麻石中尋有此狀者，即是。」中國學者依據這些描述，考據其可能是等粒組織的中、酸性火成侵入岩，如花崗岩、花崗閃長岩、石英二長岩等，於河谷中受輕度風化作用後，形成黃白色礫石，即為麥飯石。

1950年代末，日本發現麥飯石，據說是岐阜縣有位患心瓣膜症的病人，因為聽聞村裡的傳說，得知山上有功效異常的石頭，尋獲石頭後，他將一切生活用水都用該石頭處理，後來，病徵不知不覺消失了，心臟竟然恢復正常，於是他將石頭拿到研究所裡，從而引發了科學界廣泛的研究。

岩石圖鑑

沸石類礦物──擁有神奇的分子篩 ▶ 沸石（zeolite）是希臘文沸騰的石頭之意，最早發現於1756年。當時瑞典礦物學家克朗斯提（Cronstedt）發現有一類天然矽酸鹽礦石在灼燒時會產生沸騰現象，因此命名為沸石（瑞典文：zeolit）。

沸石類礦物具有吸附性、離子交換性、催化和耐酸耐熱等性能，因此被廣泛用作吸附劑、離子交換劑和催化劑，也可用於氣體的乾燥、淨化和汙水處理等。沸石還具有營養價值，在飼料中添加5％的沸石粉，能使禽畜生長加快，體壯肉鮮，產蛋率高。

沸石有上述特性，是因為它的結晶具有多孔的性質，如一片篩網狀過濾網，孔洞如分子大小，可過濾小分子的化合物和化學離子，大顆粒的分子如有機質或蛋白質的結晶顆粒，則不能通過，故稱為分子篩。會發臭的物質大都是大分子的有機蛋白質顆粒，會被沸石所過濾，所以沸石有過濾除臭的功能。多孔的結晶構造表面積很大，能增加化學反應作用而具有催化劑的功能。在沸石的結晶構造中，陽離子鈣、鈉、鉀的鍵結相當弱，易於移動，讓其具有離子交換的功能。

圖片來源：©Public domain, via Wikimedia Commons

根據日本人對於麥飯石的研究顯示，麥飯石爲斑狀安山岩，是一種火山噴出岩，主要含有似米粒狀大顆粒的斜長石斑晶，坐落在細小顆粒和非晶質的基質上，因此稱爲麥飯石。

70年代，臺灣商人從日本引進麥飯石，一時蔚爲風潮，且價格甚高。眼尖的商人在臺灣東部海岸邊、尤其三仙台海邊發現大量類似麥飯石的石頭，於是循溪谷在海岸山脈南段都鑾山層發現礦體，著手開採販售。

海岸山脈散布著斑狀安山岩，石基中有白色的斜長石礦物與其他灰黑的角閃石礦物，使得岩石表面具有看似麥狀的顆粒。依據學者研究，臺灣麥飯石經過X光繞射鑑定，組成礦物主要爲長石，含有少量的角閃石和石英，爲一種斑狀安山岩。部分樣本經熱水換質或地表蝕變而成「蒙脫石」，並不具有沸石類的礦物。雖然蒙脫石也稍具交換能力，但與沸石類礦物相距甚遠，也無過濾和除臭的功能。所以說，海岸山脈所謂的麥飯石，並不是相似於日本的麥飯石。

在日本，麥飯石被廣泛應用於飲水淨化與汙水處理，製成人工礦泉水，用於食品飲料或沐浴強身。日本人認爲飲用麥飯石水，可調節人體新陳代謝，增加食欲，促進循環，有助於排除因環境汙染而蓄積於人體內的有害物質，使細胞淨化，長期飲用可收到延年益壽之效。因此，日本人把麥飯石譽爲「細胞洗滌劑」。日本在蔬菜水果保鮮、動物養殖、植物栽培、冰箱除臭等方面，也應用麥飯石。

麥飯石中含鈉、鉀、鈣和鋁矽酸鹽類（沸石類礦物），對色素和細菌有吸附能力，如果將麥飯石研成粉末，可以增強離子溶出和吸附作用。用麥飯石處理水，會使水變成帶電分子的水，吸附水中游離子，溶出對人體和生物體有用的主要元素鈉（Na）、鉀（K）、鈣（Ca）、矽（Si）以及微量元鐵（Fe）、鋅（Zn）、銅（Cu）、鉬（Mo）、硒（Se）、錳（Mn）、鍶（Sr）、鎳（Ni）、釩（V）、鋰（Li）、鈷（Co）、鉻（Cr）、碘（I）、鍺（Ge）、鈦（Ti）等，麥飯石在水溶液中還能吸附和溶出人體所必需的氨基酸。

CHAPTER

17

可當基載的綠能：地熱

地球是一個巨大的散熱體，時時刻刻湧出豐富的地熱，
類似來自太陽的太陽能，源源不斷。
近年來，全球能源議題備受關注，國際能源總署提出警告，
「全世界正首次面對眞正全球能源危機」。[4]
地熱能源具有廣泛分布、對環境友善、不受氣候和其他能源影響，
以及具有永續發展等特性，不僅有多方面的應用效能，
且符合現今再生能源的發展趨勢，是一種極具開發潛力的能源。

　　地球表面每年散失的熱量大約相當於燃燒 2,210 億桶石油的熱當量（高達 3.16×10^{18} 千卡），而其中釋放出的潛在可供使用的熱量，約相當於全世界一年所消耗能源的 43%[5]。地熱的應用可分爲發電和直接利用，目前世界上在地熱資源的利用中，有 32%（約 65 EJth）的地熱溫度高於 130°C，可直接用於發電（目前技術已降至約 80°C）；另外 68%（約 140 EJth）的地熱溫度低於 130°C，部分可考慮用於低溫發電，大部分則可直接利用，包括地熱唧筒、空間加熱、溫室加熱、水產養殖、農產品乾燥加工、泡湯、家用冷卻和加溫等。目前世界上地熱發電的裝置容量已達

---

4 國際能源總署（IEA）執行董事比羅爾（Fatih Birol）在新加坡國際能源週（Singapore International Energy Week）的活動中表示。檢自〈中央社〉新聞，2022 年 10 月 26 日。https://money.udn.com/money/story/5599/6714340

5 2005 年全世界消耗的能源約爲 479 EJth（IEA, 2007），相當於一天 24 小時都在使用、全年所耗費的電力能源。而地球表面每年釋出可供使用的熱量約爲 205 EJth/y。

15.5GW（1GW=10億瓦），且持續在快速開發增建中，預計2050年可達200GW。

• 清水地熱與朝日溫泉

溫泉是地球內部熱流湧上地表的徵兆，也是地球仍是活躍行星的最佳證明。一般而言，地表高溫的泉水多發生於火山地區，如前章所述的大屯火山群地熱谷溫泉即位於北部火山岩區。綠島屬臺灣東部火山岩區，最著名的朝日溫泉坐落於東南方帆船鼻一帶，面向太平洋，因朝向東邊日出方向，故名之，中油公司曾在綠島的朝日溫泉進行地熱探勘。

朝日溫泉原稱作滾水坪，日治時期名為旭溫泉，是臺灣四處海底溫泉（宜蘭龜山島、臺東蘭嶼、臺東綠

朝日溫泉的圓形露天浴池　　　　　　　圖片來源：©賴亮名, via Wikimedia Commons

島、新北市萬里）之一。泉水湧出處在潮間帶的珊瑚礁旁，熱水的源頭，是附近海域的海水或地下水滲入地底後，經由火山冷卻後的殘餘岩漿加熱後所形成。因溫泉出露點位在潮間帶珊瑚礁旁，漲潮時海水淹沒溫泉露頭，退潮時則湧出，水量豐富。泉溫約53℃，湧出口可高達93℃高溫，屬於硫酸鹽氯化物泉。

綠島長期以來一直依賴島上唯一的發電廠進行供電，發電廠所裝設之發電機組皆須以柴油做為燃料，因此發電成本始終居高不下，每度電成本高達新臺幣13.5元。朝日溫泉顯示綠島地下應蘊藏豐沛的地熱資源。地熱是一種乾淨的綠能，若能開發供電，將可使綠島變成一個低碳、甚至無碳島。因此，臺灣電力公司於2015年開始推動「綠島地熱發電機組試驗性計畫」。臺電評估，朝日溫泉一帶的地熱發電潛能約有2,200KW（千瓦），如果地熱潛能全數開發，預計將可供應綠島地區尖峰用電高達50％，因此極具開發效益。[6]

但截至2022年為止，鑽了兩口深井（分別為800公尺和1,600公尺深），獲得溫度低於90℃，比起綠島鄉公所在朝日溫泉海邊所鑽150公尺深、溫度95℃以上達沸騰的溫泉井還低，甚不理想。此一結果並不意謂綠島無地熱資源，而是地熱本身的特性不似太陽光電和風電易於估計、裝設風險不高；地熱蘊藏於地下難以估

6 第一期預計裝置容量目標為200kW，每年發電量約可達到1,050萬度，可供應綠島約300戶的全年家庭用電，並可減少560公噸的二氧化碳排放量。

清水地熱發電廠
圖片來源：©Public domain, via Wikimedia Commons

攝影：宋聖榮

價，且風險極高，若探勘解析度不足，會誤以為此地地熱資源並不值得開發。

　　1980年，宜蘭清水地熱區建造了一座3 MW（百萬瓦）先驅試驗發電廠，當時是全球第14個嘗試利用地熱發電的國家，可惜成效不彰。由於清水地熱區熱水多、蒸汽少，設立的單閃發蒸汽發電機組僅利用地熱流體中10%～20%之蒸汽，大量的高溫熱水則直接排放而未做為尾水回注之用；加上輸入電廠渦輪機之蒸汽壓力與流量等條件均未能滿足發電機組規格，故自始發電效率偏低。隨後，因地熱井產量逐年衰減，以致發電效率更低，1993年11月停止發電試驗。

臺灣四種地熱型態與分布

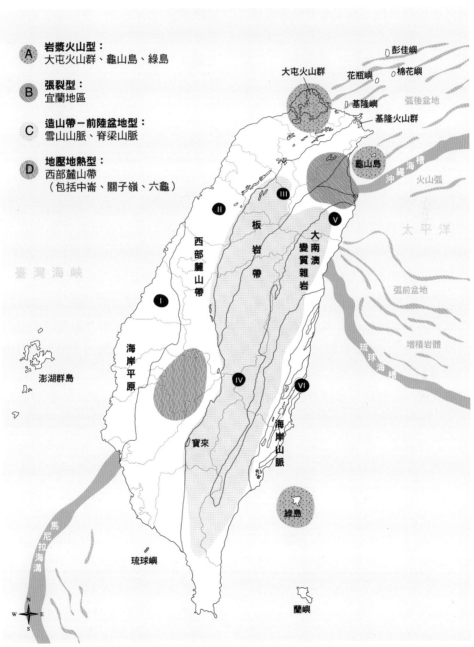

吳貞儒重製

自此，國內地熱能源調查開發利用的研究即停滯不前，相關產業也未能建立。

• 臺灣地熱的潛能與未來性

臺灣位處環太平洋構造帶，火山活動與板塊擠壓造就國內豐富的地熱蘊藏，全島地熱溫泉徵兆多，可號稱「地熱寶島」。1960年代，臺灣在聯合國的資助下，進行廣泛的地熱地質調查和全島淺層地熱評估，估計地熱發電潛能約有989 MW。另外，蘊藏於更深部地層（3,000～6,000公尺）之熱能更是龐大。考量火力發電廠嚴重的空氣汙染與二氧化碳排放等問題，加上近30年來鑽井技術、水破技術（在地底下創造人工儲集層）、發電設備以及材料科技皆有長足的進步，如能善加利用地熱發電，不僅可減少對傳統化石能源的依賴，更有益於能源之多元化與自主性。

臺灣的地熱分布依據地體構造、成因和國際對於地熱的分類，可分為四大類型，分別為岩漿火山型（Magmatic-volcanic field type）、張裂型（Extensional domain type）、造山帶－前陸盆地型（Orogenic belt/foreland basin type）和地壓地熱型（Geopressured geothermal system）等。岩漿火山型是因有岩漿侵入地下淺處（如義大利的拉德雷洛〔Larderello〕地熱區）或是地下有岩漿庫的火山區（如環太平洋的火環區），熱源來自於高溫的岩漿（可能超過1,000°C），經由熱液對流或熱傳導上升至地殼淺處，形成地熱儲集層。此型在臺灣的分布包括大屯火山群、龜山島和綠島等地，其中大屯火山群的地熱蘊藏量為臺灣地區之冠，超過500MW；而龜山島因探勘資料不足，僅知其海底噴氣孔溫度高於130°C以上，但無蘊藏量的評估資料。

張裂型是因大陸地殼快速張裂，深部高溫的物質上湧至淺部，形成高地溫梯度；地下水沿著斷層帶或破裂帶滲入深層，被加熱再上湧至淺處所形成，典型的例子是美國西部的盆嶺地區（Basin and Range）。此型的地熱區在臺灣主要分布於宜蘭，包括清水、土場和礁溪等地。菲律賓海板塊隱沒入歐亞板塊，形成沖繩海槽張裂，延伸至臺灣東北部生成了張裂構造地區，其上湧的熱物質可能是岩漿侵入所提供的熱源。此張裂型在臺灣的地熱潛能約為95MW，其中清水地熱區最多（約60MW），這裡曾經是臺灣第一座地熱試驗電廠的所在地，也是目前第一座商業運轉的地熱電廠（2019年開始運轉、300KW），

2021 年已擴增至 4.5MW，穩定的運轉中。

造山帶－前陸盆地型的熱源是來自造山運動地殼快速抬升，因為岩石是不良的熱導體，當深部高溫的岩體被抬升至淺處、且岩石的冷卻速率低於抬升速率，大量的熱被累積於地底下增高地溫梯度，而後地下水沿著斷層破裂帶或裂隙下滲被加熱、再上湧至地下淺處的儲集層所形成。此型的地熱區主要分布在臺灣脊梁山脈和雪山山脈，幾乎涵蓋臺灣大部分的地熱區，地熱蘊藏量可達 329MW。臺東市以南的知本和金崙等兩地的蘊藏量較高，目前也有較多地熱業者投入開發。

最後一型是位於臺灣西南部的地壓地熱系統，包括中崙和關子嶺等地。此型的熱源可能來自於地層的熱、機械能或溶解於孔隙鹵水的甲烷等。因其形成於快速侵蝕和沉積地區，大量的沉積物在短時間堆積於沉積盆地中，砂質的孔隙儲集層上覆不透水的泥層，使得飽含地層鹵水和甲烷的熱水儲集層之壓力高於周遭的靜水壓力很多，形成所謂地壓地熱系統的類型，地熱溫度一般介於 90°C～200°C。此型最具代表性的地區是美國南部德州和路易斯安那州的墨西哥灣區。臺灣西南部因造山運動，脊梁山脈被快速抬升和侵蝕，大量的沉積物堆積在西南部的盆地中，其地熱儲集層的溫度約為 150°C。

放眼全球，加強型地熱系統（Enhanced Geothermal Systems〔EGS〕，又稱為 Engineered Geothermal Systems）是目前世界上發展大規模地熱發電的希望所在。過去傳統的地熱發電深度大多不超過 3 公里，且只能透過儲集層內的熱水將熱上帶至地表；倘若地底雖熱、但儲集層內無水（稱乾熱岩）或其內孔隙不連通，則束手無策。此種傳統取熱型態只能獲得淺層岩石中 10% 不到的熱能，且必須局限在熱水充沛的地熱田；囿於先天條件限制，加上後續常有酸蝕或結垢問題，經營下來往往所費不貲，造成地熱發展緩慢。

而加強型地熱系統（EGS）主要是針對有高熱流卻沒有足夠的蒸氣或熱水，以及孔隙率低或孔隙不連通的區域，用人工的方法製造裂隙，或是使原本已經存在的裂隙張開，使其得以推動發電的系統。在乾熱岩中，EGS 可以創造大規模的熱交換區（儲集層），再將載體（通常是水、未來也可能是超臨界二氧化碳）由注入井灌入地底熱交換區，再由生產井將熱

水抽取到地熱發電廠中，將熱能轉爲動能，以推動發電機發電。目前仍有瓶頸，即在於誘發地震和注水回收率低等問題。美國與瑞士等國持續努力在技術上不斷突破。

一般預測在 2050 年時，再生能源比例會達到全世界總發電量的 75％，並且預測地熱能的年發電量會達到 1,400 TWh（T：10^{12}；Wh：度），占總發電量的 3.5％以上（OECD／IEA，2011）。之所以能如此樂觀，即是有鑒於加強型地熱系統（EGS）和發電技術（Binary system）最新的突破。

地熱發電由於不受天候影響，運轉率高（通常高於90％以上），又可做爲基載電力，世界各國不論是位於板塊邊界地熱富集區之國家，如美國、紐西蘭、日本、冰島、菲律賓和印尼等；或是地熱資源較不豐富的國家，如法國、德國、澳洲和韓國等，都積極投入地熱能源之探勘與開發。目前大部分的地熱開發都集中在高溫的火山地區；另一方面，低溫發電技術正大幅進步，因此非火山區的開發也如火如荼地進展中。爲達成全球能源轉型與再生能源極大化之目標，我

國經濟部也積極加速推動地熱發電。[7]

臺灣雖有豐富的地熱資源，早在十多年前就有地熱發展的聲音，且曾列爲全世界第14個設立地熱發電廠的國家，但因種種因素，以至於目前爲止商業地熱電廠的建造與運轉不如風力和太陽能發展得快。風力跟太陽光電在地面上看得到，容易估計發電量多寡；而地熱藏在地底下，要透過儀器探勘鑽井，前期就有90％的風險，不確定性高，等到鑽井、驗證過後，風險才會降到20％。但地熱的優勢在於沒有匱乏的問題，會持續供給熱度。以全球首座地熱電廠義大利拉德雷洛爲例，一開始僅供電5KW，如今供電達到550MW，增加10萬倍，且仍持續擴大中。

地熱開發主要的困境在於政策與法令問題。要有所突破，必須由政府帶頭整合，才能創造有利的地熱開發環境，吸引業者一起投入；此外，地熱資源大都分布在較偏遠的山區，一方面缺乏完善的電網供併聯輸出，另一方面涉及原住民部落保留區或是森林保育區問題，因此亦會遭遇困難。

---

7 經濟部於 2022 年 6 月 21 日預告《再生能源發展條例》部分條文修正草案，新增地熱專章明定地熱探勘、開發、營運等階段之相關規範等，由中央主導，建立地熱加速開發之友善法制環境。

另外躉購費率誘因不足，也使得地熱發展遲滯。

　　小規模地熱電廠對環境的衝擊相當小，且是屬於乾淨無汙染的再生能源，可考慮類似電業法中對於水力發電在 20 MW 內的做法，建議地熱電廠為 20 MW 也能參照。

冰島奈斯亞威里爾地熱發電站
圖片來源：©Gretar Ívarsson, NesjavellirPowerPlant, via Wikimedia Commons

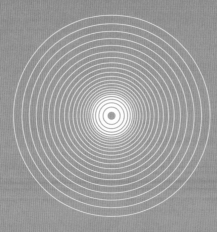

PART

V

灰燼中的生命奇蹟

熔岩下
硫磺、粉砂層、煤炭……
火口湖詳實記著過往的點滴情懷
曾猖狂而毒氣瀰漫
曾容著一彎碧潭
曾滋長蒼蒼鬱鬱的芳草

有那麼一段時間
大地溽熱如蒸籠
伴隨不時的暴雨
風吹日曬　點滴淋溶
將堅毅的玄武岩柱
鈍角削稜
再層層剝蝕
帶走了鈉鉀鈣　留下了鐵
才知黝黑的玄武岩成土後
竟有赭紅色的初心

大石鼻熔岩池
攝影：許震唐

CHAPTER

18

山之顛──大屯火山群的生態遺產

看似沈睡的大屯火山，會在某一日醒來嗎？

研究指出，大屯火山群最晚近的活動時間，約在 11,600 年到 19,500 年前，

甚至在大約 5,000 至 6,000 年前，火山群仍有零星噴發的紀錄。

儘管以人類歷史的尺度而言，這些都仍是相當古老的事件，

但在臺北盆地周遭不時發生的地震，以及陽明山國家公園中獨特的地熱景觀，

這些所謂的「後火山作用」，不斷提醒著我們，

緊鄰著大城市的地底深處，仍有一團岩漿，正緩慢但穩定地脈動著。

無論我們是否能見證岩漿的甦醒，火山群的存在，對於周邊生態系，

仍存在著廣泛的影響。關於這一點，我們可用不同層面來思考。

首先，在仍持續發生的火山作用下，例如大屯火山群多處冒出

蒸氣與硫氣的高溫環境，保存了一些極為特殊，專屬於火山周邊的微生物群落。

這可說是與火山有最直接關係的生態系統。此外，在較長的時間尺度中，

包括整體火山地貌的形塑，火山灰燼物質帶賦予土壤的物理與化學性質，

都會決定動植物的分布位置、生長模式，甚至互動關係。

而與我們的生活最直接相關的，也就是人類在火山周邊孕育的特殊經濟活動，

如農業、礦業、觀光或近年的保育，也間接影響了聚落周邊的生物組成，

這些「人文的生態」也可說是緣於火山，並對於現今生態產生相當顯著的影響。

以下就讓我們來一一爬梳，在大屯火山的遺產中，

各種生命在不同層面所展現的繽紛生態樣貌。

一、火山作用中的生命

　　若我們想感受一下，如今仍持續作用的火山現象，或許溫泉與地熱景觀是最直接的選擇。在那些難以久待的環境中，不可思議的是，生態上嚴格定義的「火山生物」，就悠然存活在其間。這些與火山共存的生命型式，究竟如何運作，就連科學家也正在尋找答案。

1.火山微生物的特異功能──極端嗜熱與化學自營

　　由於地底岩漿的活動，加熱了地下水，當低於沸點的泉水從地表湧出，即成爲我們俗稱的「溫泉」。高於沸點者，則以蒸氣的形式噴出，成爲「噴氣孔」（fumarole），或者富含硫化物的「硫氣孔」（salfatara）。在氣孔周邊，除了高熱的水蒸氣，也含有酸性的硫化物和含氮物質，這些地方的安山岩，往往在強酸氣體或溫泉的長期侵蝕下，深色的鐵與鎂逐漸被矽所置換，形成質地脆弱的白色礦物，稱爲熱液換質作用。這些白色的背景上，我們常能發現一些乳黃與藍綠色的斑塊與紋路。想像一下，幾十億年前的遠古地球，曾經到處都是這樣顏色，那是極爲獨特，又十分微小的

「嗜熱生物（thermophilic organisms）」們的群落，如今大多都相當專一性地存留在火山活動頻繁的區域，可說是與火山活動關係最密切的生態系。

　　大屯火山群近年陸續發現的幾個新物種，命名時都帶著在地地名，例如陽明硫葉古菌（*Sulfolobus yangmingensis*）和北投硫葉古菌（*Sulfolobus beitou*）。生活在極端環境中，這些微生物與我們熟悉的細胞截然不同，具有對超高溫度的適應。尋常生物耐熱的極限，大約是50°C，超過這個臨界值，許多常見的蛋白質都會失去作用。然而有些生物不但可以忍受高溫，甚至偏愛高溫，在溫泉或噴氣孔附近才會形成優勢的族群。偏好溫度超過60°C的生物，稱爲極端嗜熱生物（extreme thermophilic organisms），通常都是出現歷史非常古老的細菌、藍綠菌與古菌。要找到這些微生物，研究人員往往必須在溫泉或硫氣孔附近採樣，並以特定配方培養，或者大量的DNA定序，才能偵測得到。

　　這些生物能適應高溫，靠的就是獨特的「耐熱蛋白」──這類蛋白質結構穩定，在高溫中也能作用。對於人類而言，這是生物科技發展的福音，例如幾乎所有分子實驗都仰賴的聚合酶連鎖反應（Polymerase chain reaction，簡稱PCR）技術，就是利用了嗜熱古菌的特殊蛋白，在人工的溫度控制中，將實驗所需的DNA大量複製。

另外，還有一種名叫「陽明山溫泉紅藻（*Cyanidiococcus yangminshanensis*）」的特殊藻類，也是極端嗜熱生物，但它們是藻類，比較近緣於「真核生物」。雖然名為「紅藻」，但溫泉紅藻外觀呈現綠色——在溫泉中，乳白石塊的縫隙裡，那些藍綠色區域，就是它們的細胞群落。這個物種代表著一個「特有屬」，意味著全球只有大屯山區才存在這個類別的紅藻。溫泉紅藻之所以能適應硫氣孔的高溫，也是因為細胞內具有嗜熱蛋白。學者認為，這些紅藻是意外從古菌的遺傳物質中，奪取了耐熱蛋白的基因，從此這些紅藻便能躋身於那些極酸與高溫的溫泉石縫中。

這些火山微生物產生能量的方式，也相當獨特。地球上大部分能量都來自「自營生物」，它們可自行製造所需養分，如植物與藻類，利用光合作用合成糖類，供應著絕大多數的食物鏈。但在某些極端的「特定環境」，例如課本慣常舉例的海底熱泉，生活著「化學自營性」的生命形式——某些細菌與古菌，利用硫化氫

或者氧化鐵，就能產生能量。其實在土壤深處，或者火山的硫氣孔周邊，也屬於這類「特定環境」。上述提到的古菌與紅藻，利用火山提供的硫化氫，加以氧化成硫酸，就能以「化學自營」合成生存所需的糖類，可說是受到了火山的滋養。

不妨想像，在幾十億年前，整個地球曾經都是充滿硫氣與高溫，如同惡夢般的世界。此刻充滿氧氣，適宜人類的世界，對躲藏在溫泉石縫中的古菌或紅藻而言，何嘗又不是一場巨大的夢魘呢？火山提供了這些奇異微生物安居的微小棲地，它們則彷彿用耐熱蛋白質，在懷念著那個缺乏氧氣，高溫而極端的遠古地球。

2. 灰燼土上特殊植群的生存祕密——真菌與硫磺區植群

依據陽明山國家公園的土壤調查，海拔較高，如大屯主峰附近的土樣，均歸為灰燼土（Andisols）類，是火山岩屑風化而成，富含氣孔，質地輕軟疏鬆，整體顏色呈現深褐色。在數十萬年的土壤化育後，火山灰燼仍然影響著土質。民間稱這種土為「陽明山土」。

陽明山土雖然通氣性佳，但因為火山母質含大量的硫化物，使得土壤

陽明山老茶樹適應火山含鋁的酸性土壤
圖片來源：陽明山國家公園管理處

呈酸性，酸會促進地表原就豐富的鐵與鋁溶解，鋁離子不但對部分植物有毒性，其他礦物質也會因與鋁化合，消耗掉植物所需的特定營養，例如鎂或磷。有些植物天生就能適應含鋁土壤，最有名的植物就是茶樹，包含火山群在內，島嶼北部酸性的紅土丘陵地，都成為適合種茶的地區。

對一般植物而言，適合生長的土壤酸鹼值，約為pH5.5到7之間，接近中性。大屯火山群的土壤，普遍低於這個標準，在硫氣孔附近，pH值甚至可接近2。

生長在硫氣孔附近的植物，稱為「硫磺區植群」，主要類群包含芒萁、

栗蕨、白背芒、山菅蘭、野牡丹、燈秤花、灰木科植物與茶科植物等。這些植物到底怎麼生長在極酸的土中呢？

根據歷年的研究調查發現，在火山噴氣孔附近，植物的根系普遍地感染大量的叢枝菌根菌。雖然說是感染，但植物根系入住了這些特殊真菌，其實大有益處，研究人員以陽明山國家公園常見的白背芒做接種實驗後發現，只要感染叢枝菌根的芒草，在極酸的土中，也能獲得所需的營養鹽。可以說，硫磺區植物很可能因為真菌的加入，而獲得了特殊的適應能力。這解釋了為何硫氣孔附近往往被

龍鳳谷火山葉蘚是少數能在溫泉附近存活的植物

圖片來源：陽明山國家公園管理處

大片芒草所覆蓋，而如大頭茶等火山丘陵的森林樹種，也藉著與眞菌共生，得以進一步使得極酸的土壤成爲森林，甚至逐漸累積有機質，調和土壤的酸性，創造更多植物生長的機會。對於眞菌而言，植物的根系是居住的棲地，鹽類的儲藏室，以及糖分的供應站——這個共生關係的後續效應，逐漸改變了整個環境。所謂硫磺區植被，很難說是植物本身具備耐酸性，而是眞菌與植物的相遇與合作，造就了火山土壤上的綠意，讓生物多樣性得以發生。

除了菌根，眞菌與藻類的共生體稱爲地衣，有些地衣對於酸性土壤也有強大的耐受力，例如石蕊屬（Cladonia）地衣，可以適應噴氣孔周邊的高溫環境，讓不毛之地鋪上一層白綠色的生機。另外，也有一種火山葉蘚（Jungermannia vulcanicola），是少數能在溫泉附近存活的植物。這種苔蘚出現在龍鳳谷周邊，可說是眞正意義上的火山植物，雖然具有類似莖葉的構造，但仍然低矮的鋪蓋在地上，將極酸的噴氣孔周邊鋪上茸茸綠意。

火山作用營造出的特殊環境，在微生物、眞菌、藻類與各種植物共同交織的演化適應下，呈現出具有獨特意義的色彩與質地。

二、火山地形中的生物

大屯火山群的存在，標誌著臺灣島生成之初的造山運動與巨大地體的配置，在這驚天動地的地質史中造就的地形，成爲盆地周邊生態的基調，影響了水文與土壤，以及生物的分布。當然，也進一步影響了產業地景，與人類的生活。

1.火山與水系——崎嶇地形中獨特的陽明山吻鰕虎

約100萬年以前，臺灣北部的造山運動停止，進入了板塊的張裂時期，張裂所形成的正斷層與大屯火山群同源而生，而在臺北盆地西側，自林口綿延到金山的山腳斷層，就是盆地陷落的主要原因。一次次火山噴發，在臺北周邊留下許多遺跡，例如約18萬年前，一道火山泥流，在現今復興崗一帶，堰塞了古新店溪口，造成了古臺北的湖沼生態。直到約16萬年前，關渡隘口才終於被侵蝕切穿，湖水外溢，現今我們熟悉的淡水河水文系統，才終於生成。長達2萬年的湖泊環境，在臺北盆地到處都留下了痕跡，例如在臺北捷運動工期間，就挖出不少碳化的巨木化石，那曾是古臺北湖邊的森林。

在大屯火山群噴發最旺盛的時

陽明山吻鰕虎
圖片來源：國立海洋科技博物館

期，熔岩流裙擺般擴散，在島嶼北端留下了圓弧狀的海岸線，岩漿的流路，造就了以火山錐爲中心，放射狀的水系，是東北海岸許多獨立溪流的源頭。而現今北海岸所有的公路與聚落輪廓，都以此爲基礎。

熔岩凝固後，形成堅硬的安山岩，也成爲不少老聚落的建材。相較於一般的沈積岩，安山岩在溪流中因較難被侵蝕，保留了高低錯落的地形，因而形成瀑布。自海邊上溯的洄游魚類，經跋山涉水，得以避過天敵，在此安居；部分種類甚至因爲地形的阻隔，演化出具有獨特基因型的族群，例如全臺各地河川上游可見的短吻紅斑吻鰕虎，是一種不會河海洄游的陸封型鰕虎，在東北角到大屯火山群的溪流上游，研究人員就發現，一些具有獨特基因型的族群，外

上：紅星杜鵑｜下：大屯杜鵑
圖片來源：陽明山國家公園管理處

觀也有所不同，於是將其命名爲「陽明山吻鰕虎」。

2. 迎接東北季風── 高海拔植物出現

大屯火山群誕生於海陸板塊的交界，在島嶼北端緊臨著海，成爲迎向東北季風的第一線，此外，由於位於島嶼邊陲，不像臺灣主要山脈的巨大山體，在太陽照射下，比邊緣的小山更容易吸收並儲存輻射熱，這稱爲「大山塊加熱效應」，也就是山愈巨大，環境愈溫暖。大屯火山群在臺灣北端遺世獨立，缺少這些吸熱的量體，因此本來就容易散失熱能，再加上東北季風的吹拂，使得大屯山區的冬季溫度普遍較低，植物的分布海拔因而下降──例如在中部山區生長於海拔 2,000 公尺的植物相，在大屯山區幾百公尺的丘陵

大屯尖葉楓　　　　圖片來源：陽明山國家公園管理處

上就可發現；而火山群的最高峰七星山，高度僅約 1,120 公尺，但已有許多屬於中部 3,000 公尺以上高山的生物類群在此立足。這種彷彿壓縮了低到高海拔的森林植群，共同陳列在此

的奇特現象，生態學上稱為「北降作用」，在大屯火山群尤其明顯。

在東北季風的吹拂下，陽明山區接近涼溫帶的氣候，森林植物的組成較類似中部 2,000 公尺左右的霧林帶。代表性的類群如杜鵑花屬、楓樹屬與昆欄樹屬等類群。由於海拔分布太過不同，許多大屯山區的高山植物，都曾被植物學家認為是火山群上的獨特分類群，例如，普遍生長全島高山的玉山杜鵑（*Rhododendron pseudochrysanthum*），在大屯山區的族群，就曾被命名為「紅星杜鵑」（*R. rubropunctatum*）。遍布全臺灣中高海拔岩石環境的唐杜鵑（*R. simsii*），在大屯山區則曾被分出一種大屯杜鵑（*R. longiperulatum*）。楓樹也有一個例子：普遍分布於臺灣 2,000 公尺左右高山上的尖葉楓（*Acer kawakamii*），其在大

左上：昆欄樹 | 左：包籜矢竹 | 右：白背芒
圖片來源：陽明山國家公園管理處

大屯姬深山鍬形蟲
圖片來源：陽明山國家公園管理處

屯山區的族群，也曾被分出一個特有變種大屯尖葉楓（*A. kawakamii* var. *taitonmontanum*）。雖然這些族群目前已被認爲與臺灣中部高山的族群是同樣的物種，但這幾個曾經出現的名字，仍足以顯示大屯火山群植物族群分布的獨特性。

在大屯山區，海拔 1,000 公尺以下就觀察到森林界線的產生，森林之外就是綿延的草原。陽明山的草原有分兩種，一種是包籜矢竹，陽明山是其分布的最主要區域；另一種是白背芒，在各處山頭都可以觀察到兩者交錯的大面積開闊地。這樣的景觀類似於臺灣高山的草原地景。

草原的 6 月，會出現一種善於飛行的鍬形蟲，稱爲大屯姬深山鍬形蟲，這種鍬形蟲只分布在大屯山一帶的芒草原，是臺灣唯二的草原性鍬形蟲──原先被認爲與其近緣的是黃腳

深山鍬形蟲，分子證據卻顯示，其實與中國的種類較接近。而目前與本種最近緣的，卻是森林性的種類。目前學界認爲，大屯姬深山鍬形蟲的幼蟲，經過獨特的演化，以芒草原下的腐植土爲食。

許多芒草原景觀，是由於火焚與森林破壞產生的，這麼多草原，大屯姬深山鍬形蟲爲何只分布在大屯山一帶？或許應該反過來說，這種靠著草原腐植質維生的鍬形蟲，理當需要發育夠久、腐植質足夠的草原才能存活。可能牠們曾廣泛分布於北部的草原帶，但因爲大多數芒草原都面臨嚴重的干擾，在草原長久存在且相對穩定的大屯山區，才成爲這種昆蟲最後的庇護所。

3. 火山上的溼地──孕育 鵠沼枝額蟲、蚌蟲與水韭

大屯火山群多樣的地形間，存在著各種山間窪地，蓄積雨水後，維持著不同形式的溼地型態。由於各自成因不同，這些火山上的溼地，往往有各自獨特的性格。

火山噴發後，因山頂陷落後蓄水而成的水體，稱爲「火口湖」，例如有名的向天池與磺嘴池，在季節性的豪雨過後，會短暫蓄水，但因底部岩

上：向天池生態環境
下：鵠沼枝額蟲俗稱向天蝦
圖片來源：陽明山國家公園管理處

層的裂隙，水通常很快就會入滲到土中，故僅能維持暫時性的水體，但這樣的季節性溼地因為減少了天敵與競爭者，反而讓某些獨特的生命長期與之共存。

以向天池為例，這是大屯山區相當晚期的火山口，直徑約150公尺，平時的外觀是森林圍繞的草原，但在颱風季節的連日豪雨後，就會形成深達5公尺的火口湖，大約兩週內，水又會全數滲入土中。就在這短短十幾天，火口湖會魔法般湧現數十萬隻生物。最有名的一種，是俗稱「向天蝦」的鵠沼枝額蟲（*Branchinella kugenumaensis*），牠們是相當古老的鰓足類動物，這樣的生物形制，3億多

臺灣水韭　　　　　圖片來源：陽明山國家公園管理處

年前就已經存在。或許是候鳥偶然帶來混於土中休眠的卵，臺灣僅有向天池、金門與小蘭嶼可見枝額蟲。

　　鵠沼枝額蟲身體綠色，尾端呈橘色，像喜氣的小魚，原本蟄伏在乾燥土中的卵，大約在滿水第三天，就會大量孵化，把池底都染成綠色。同屬鰓足類的，還有貓眼蚌蟲（*Lynceus biformis*），以及一種尚未命名的眞湖蚌蟲屬（*Eulimnadia*）的種類，緊接著向天蝦孵化，像土中湧升的小泡沫。在滿水時，池邊還會有許多種蛙類與水生昆蟲趕來繁殖，然而百花齊放般的生命，在池水乾涸後，就會立刻消散，留下土中休眠的卵，在土中靜靜等待下一次的雨季來臨。火口湖獨有的臨時性生態，只在豪雨後出現，卻這樣運轉了千萬年。

　　火山群中更有名的另一個溼地，就是夢幻湖。依目前的資料顯示，夢幻湖的低谷地形雖然是由火山作用造成，但會成爲溼地，是由於南側邊坡的土石崩塌而得以蓄水。這樣的崩塌常見於臺灣年輕的地質之上，與火山似乎沒有直接的相關。

　　然而夢幻湖的內涵，實際上仍受到了火山的影響。在鄰近的硫氣孔影響下，湖水呈酸性，而湖邊繁盛的泥炭蘚，更使湖水進一步酸化，其pH值僅約4左右，就全臺湖泊或水庫而言，都是相當低的數值。這樣的酸度，使許多營養鹽無法被植物吸收，但若有生物適應了這樣的水質，就會成爲此地獨特的存在。依據陽明山國家公園的研究，夢幻湖中的臺灣水韭，在生理上就特別偏好這種低營養鹽的貧瘠溼地。

　　夢幻湖舊名「鴨池」，可見冬季水鳥會固定來此棲息，而或許正是自西伯里亞遷徙而來的雁鴨，偶然以蹼間的泥土攜來水韭的孢子，使此地成爲臺灣本島唯一一種水韭科植物的棲地。

　　臺灣水韭目前被認爲是臺灣特有種，可見其在夢幻湖已有久遠的生存適應，目前針對水韭生態進行的研究顯示，此物種的存續，仰賴的正是環境變動性。臺灣水韭生活在某種乾溼交替的規律中──如果夢幻湖長期滿

水，水韭就無法與其他繁盛的水草，例如針藺或七星山穀精草競爭；但即便水韭能在缺水狀態休眠一整年，若經歷太久的乾旱，又會因芒草或旱地的雜草入侵而失去生存空間。

近年的研究顯示，臺灣水韭在乾燥的季節，可在夜晚以類似沙漠植物「景天酸循環」（編注：是部分植物一種精巧的碳固定方法）方式，在較不易散失水分的夜晚打開氣孔，收集周邊植物呼吸後溶於水中的二氧化碳，藉此減少白天喪失水分的風險，也避免與其他水生植物競爭。

在營養鹽與溼度的微妙平衡與變動下，臺灣水韭遺世獨立，夢幻湖彷彿變成了一個專屬於水韭的特殊空間。

除了火口湖與山間的堰塞湖，還有一種溼地，是熔岩流造成的堰塞湖，例如現今的竹子湖與太陽谷，都是早年的熔岩流阻塞了溪流出水口後蓄積而成，它們曾經都是溼地，但在漫長時間中逐漸陸化，最後成為山丘間的凹谷。儘管如此，這樣的凹谷提供了特殊的產業條件，進而在人類聚落的文化中被改造，搖身一變，成為了一種新的生態系統，那就是現在竹子湖的農業地景。

三、火山旁的人們

數百年來，有許多人群在火山周邊活動，從採硫的礦業，到山間的農業與觀光產業，火山形塑出獨特的文化，文化也形塑出新的地景。火山的遺產，除了自然生態系的基礎，也和某些社區的人文活動交織在一起，這也都是大屯火山群繽紛的生態面貌。走進陽明山國家公園或周邊的老社區，其實我們都在無形中，感受著火山的文化。

1.大屯山造林運動

現今的陽明山地區，早年名為草山，因私採硫礦與反叛勢力藏匿的問題，清國政府下令封礦，並每年定期燒山。火焚之後，植被相就迅速成為白背芒與包籜矢竹的草原。

日治時，當時仍是太子的裕仁天皇巡視北投溫泉區，休憩於草山賓館。為了迎接太子，並發展北投的觀光事業，整個大屯山區開始了大規模的景觀營造，在1920年代開始了「大屯山造林運動」及「裏大屯山造林運動」，以每年兩百甲的規模，將自清朝以來燒山與墾殖造成的芒草與箭竹地景，改造成以琉球松、黑松、馬尾松與相思樹為主的人工林，間雜有竹

柏、扁柏、柳杉、樟樹與山櫻花。

這波造林運動，實際上經過林業單位縝密的規劃，營造出多孔隙的森林結構，可在人工造林後，使野生樹種填充期間，例如優勢的紅楠與大葉楠，形成彷彿沒有人為痕跡的「天然」景觀。經過這波造林與景觀營造運動，原本的草山，才成為後來蔥鬱的「国立大屯自然公園」，以及今日的「陽明山國家公園」。

2.草山柑與森林

當聚落產業與森林交織在一起，有可能形成一種人文與自然相互依存的關係，而消費者也參與在這樣的系統中，透過感官的體驗，消費的支持，增進了環境的永續性。

火山的遺產，除了呈現於景觀，有時也深入了味覺，例如火山腳下的名產「草山柑」。目前市面上俗稱的「桶柑」，早年最知名的產地就在北投，大屯火山腳下，先民以清代燒山留下的草山印象，特別將這一區的桶柑稱為「草山柑」。草山柑的歷史超過兩百年。文獻上，最早自福建引進柑苗，在北投一代栽培的紀錄是1789年，乾隆54年。早年這種橘皮較厚的品種，利於層疊裝在木桶中販售，故名「桶柑」，大約在年節前後收成，故又稱「年柑」。

火山的灰燼土，混合過往森林遺留的腐植質，賦予了草山柑獨特風味。這風味很難描述，水果攤都這麼說：比較甜，「橘子味」比較濃。

日治之後，南國物產以米糖為首，再來就是青果，香蕉鳳梨與柑橘，都曾是臺灣名產。因為日本內地的市場需求，北投的柑園面積擴張了幾乎10倍，正式進入全球貿易的體系。

戰後，糧食需求大增，平原地帶大多被開發為稻田，於是柑橘產業逐漸聚攏到了山坡地，成為記憶中大屯山麓的柑橘園地景。

在北投十八份一帶，居民早年多以柑橘維生，在大盤商一次收購滿園柑橘的年代，靠草山柑的收入都能在關渡平原買好幾甲地了。如今臺灣的柑橘產銷，以臺東、臺南與新竹的其他品種為大宗，北投的柑橘產業與果農們雙雙老去。然而少數仍持續運轉的果園，開始轉型為有機栽培，或以環境友善的方式經營，山間茶園混種高低分層的作物，並年年輪作不同蔬果，減少害蟲大規模的發生。無法顧及的陡坡橘樹或竹林，就任其自然發展，進而被森林收回。

老農守著祖產，逐漸縮小規模，

竹子湖蓬萊米原種田復耕田　　　　　圖片來源：陽明山國家公園管理處

但把技術與理念精緻化，並與周圍環境進一步嵌合。農園也開始與理念相符的社區大學合作，每月的蔬果都會在社區大學的小農市集販售，而自然農法的技術，也在社區大學的課堂中傳承著。

　　深具歷史底蘊的草山柑，如今走上產學合作與環境永續的新格局，呈現出新的火山風味。

3.蓬萊米與竹子湖

　　火山溼地，在聚落的改造之下，有時也以水田與灌溉設施的形式存在，產業的運作，促進了溼地生態的永續性。竹子湖的水田，就是一個代表性的例子。

　　現今我們所稱的竹子湖，由三個封閉盆地構成，原是周邊大屯山、小

觀音山與七星山噴發時的熔岩流堰塞形成的湖沼，30萬年的侵蝕與淤積後，僅餘下幾條溪流，與大面積的包籜矢竹林，「竹子湖」因而得名。在1920年代，打造「農業臺灣」的殖民政策逐步落實，傳統的秈稻並不符合日本內地的市場需求，總督府積極尋找「日本型稻」在臺灣的栽種可能。

　　在多方考察之後，竹子湖一帶成為了試驗稻田的首選，理由包括：1、地形封閉，可阻擋其他品系水稻的花粉汙染以及病害的侵擾；2、安山岩體所滲出豐沛泉水，具有良好水質，適合發展穩定的水圳系統；3、火山灰燼土與有機物質混合沉積，成為肥沃度適中的良好土壤，適合育苗；4、附近的硫磺溫泉，適合施行種子的消毒與催芽；5、草山冷涼的氣候近似九州，利於稻米的飽滿，日本稻一年一穫的耕作技術也得以操作。

　　1923年，竹子湖設立了「蓬萊米原種田」。十幾年間，竹子湖一帶的農民幾乎都參與了蓬萊米的種植工作。他們種出的種苗，分發全臺，成為各地的蓬萊米田。這些殖民地的米

赤腹游蛇　　　　　　　　　　　　圖片來源：陽明山國家公園管理處

糧，主要銷往日本內地，有效降低了日本幾乎引發革命的高糧價，卻也成為日本帝國主義擴張的推力之一。目前蓬萊米仍是臺灣最主流的米種，我們對米與戰爭的記憶，其實也都有著火山的印記。

二戰後，功成身退的原種田，一度成為高冷蔬菜試驗場，1970年之後，逐漸成為以海芋為大宗的花卉產區，而在面臨桃園彩色海芋的競爭後，又逐漸演替為繡球花田。繡球花若種植在鹼性土壤中，會呈現粉紅色，若在 pH 值接近7的中性土壤，會呈現乳白色，而若看到竹子湖天藍色的繡球花海──那正是火山上的酸性土壤，透過繡球花，顯現出的夢幻色彩。

目前陽明山國家公園管理處，正與在地的湖田社區合作，積極復耕最早的蓬萊米品種。有趣的是，自湖沼時期就存活於竹子湖，以魚類為主食的水生蛇類，後來亦移居到農業時代的水圳中──竹子湖的水圳主要引自鄰近的公司田溪，至今是赤腹游蛇最重要的分布地點。社區團隊目前正討論讓稀有的赤腹游蛇，為社區主打的「火山牌稻米」代言，擔任生態友善農法的旗艦物種，可以說，赤腹游蛇也正成為了當代社區產業的一環，而湖田社區發展協會也組成了溪流的巡守隊，與環境形成一個共同體。

從環境史，到產業基礎建設，再到跨物種組成的社區保育與產銷團隊，也都是火山群贈與的生態遺產。

4. 休閒觀光與火山生態

隨著深度旅遊與社區保育的概念逐漸貼近，大屯火山群周邊的生態地景，逐漸整合出新的營造形式，直接影響了我們對於國家公園角色的概念。

陽明山國家公園 1985 年成立，

其經營管理的方針,初期著重在研究調查,後來開始分區探討棲地群落的組成,慢慢摸索出火山群生態系統的輪廓。2005年以後,國家公園的經營,開始強調社區的夥伴關係,逐漸回流的青農二代,也成為新型態產業的發展契機。在國家公園與周邊社區合作之下,好幾個聚落都陸續投入友善環境的休閒農業。這個都會型國家公園,開始扮演著城市與火山,保育與產業之間的橋梁。

　　目前國家公園強調永續發展與智慧型管理,推廣保育行銷與環境教育:不同於解說教育的單向溝通,環境教育透過遊程體驗,促進民眾主動參與,將環境理念在遊憩中內化,引導民眾深入這場對火山群永無止境的探索。

　　或許,當我們自己在火山周邊,浸泡著那些含有火山物質的溫泉,感受火山對身體產生療癒的同時,也可以試著想像,十幾萬年來的環境史,以及所有與之共存的生命,那些火山群的生態遺產,其實仍環繞在身邊。而我們自己也都正參與其中。

　　　　　　　　　　（本章作者:黃瀚嶢）

草山風情　　　　　　　　　　　　　　　圖片來源:陽明山國家公園管理處

CHAPTER 19

海之角——溫柔的黑石頭

筆者出生於澎湖白沙鄉的小漁村赤崁村，國中之前未曾離開澎湖，
甚至到較繁華的馬公鎮（現已升格為市）的次數都屈指可數。
小時候在家鄉生活和遊戲，看到的石頭不是白色、就是黑色。
對於那些出露在海崖邊一根根壯觀的黑色岩柱，我毫無所知，
更遑論對於玄武岩這個名詞有多麼陌生了。
進入臺大地質系就讀後，才知曉白色的石頭為石灰岩
（珊瑚礁，澎湖當地稱咾咕石），黑色的則為玄武岩，
是一種來自地殼深處、岩漿上升噴發至地表的火山岩。其後在地質的
教學研究生涯中，不斷累積國內外各種火山的實地野外調查與研究，
我對於家鄉的玄武岩愈來愈瞭解了，包括它是如何形成、演變，
以及所代表的地質意義。此外，澎湖的老祖先可說是把玄武岩運用得淋漓盡致，
不論是生活的食、住、行或是信仰各方面，都離不開這種黑石頭。

一、海底黑色長龍——虎井沉城

每當天氣晴朗退潮時，站在虎井東山山頭上，可見到一條長長的、黑色似箭樓的建築，往東綿延沒入深深的海水中，這就是所謂的「虎井澄淵」，後稱「虎井沉城」。清道光年間的《澎湖續編》已有記載，並將虎井澄淵列入澎湖八景之中。明治38年（1905）9月5日《臺灣日日新報》亦曾報導「虎井沉城」位於澎湖島虎井嶼山東首，近海約一里餘，海底有沈城一座，屹立聳拔。活靈活現地描述

了此一沉城：

> 「其雉堞灰磚，宛然不稍移動。
> 近有桶盤鄉漁人十餘人搖一網船，
> 在此沈城內布網圍烏尾冬魚，計得
> 七八百斤之數。有善泅水能禁氣
> 者，在城內周行一遭，云此沈城比
> 媽宮城略小。東西南各造一門，惟
> 北門無有，城樓亦不甚軒宏。風日
> 晴霽之時，水清見底游魚可數，往
> 來雉堞間悠然自得，見人不甚畏
> 懼。」

　　1982年和1996年，臺灣潛水界名人謝新曦與蘇淵率領兩組潛水隊入海探險，發現海底有南北向石牆，坐落於海床上高度約3公尺；其後又發現有東西向石牆，與南北向的石牆成直角，形成十字型城郭狀構造物。這些潛水探查結果，有的人認為是澎湖玄武岩地質所形成的岩脈群構造；但多數人認為是人為的建築，遂認為「虎井沉城」的存在，可能是隋代建築，也可能是荷蘭人所築的紅毛城。

　　英國記者兼考古歷史暢銷書作家葛瑞姆‧漢卡克（Graham Hancock）[1]先生曾到過虎井潛水調查此座沉城，並在他撰寫的書《上帝的魔島》中提及，虎井沉城應建造於10,000年前的上古時期，理由是10,000年後虎井周遭已被海水所覆蓋，人類無法在海水下生活。

　　澎湖玄武岩火山結束噴發的時間約為850萬年前，其後地殼穩定，並無垂直升降的變動。城牆會沒入海水中唯一可能的解釋為海水面上升，淹沒整個地區所造成。地球歷史上最後一次的冰期約從18,000年前到80,000年前左右，冰期海水被吸到兩極，轉變成厚厚的冰層，造成海平面下降。據地質學家的研究，地球上最後一次的冰盛期（海水面最低的時候）約發生於距今18,000年到20,000年間，海水面與現今相比大約下降了120公尺。此一時期若站在虎井東山頭往四周眺望，所見之處應不是汪洋大海，而是綠油油的大地，或可縱馬穿越其間，直奔臺灣島。18,000年前之後，

---

1 葛瑞姆‧漢卡克曾任《經濟學人》東非地區記者，後周遊世界，從事調查旅行與寫作，是全球暢銷作家暨古文明遺址探險家。其作品包括《諸神的魔法師》（Magicians of the Gods）、《上帝的指紋》（Fingerprints of the Gods）、《天之鏡》（Heaven's Mirror）、《失落的約櫃》（The Sign and the Seal）、《上帝的魔島》（Underworld）等，並在探索頻道製作主持《尋找失落文明》經典系列，掀起探索未知文明的熱潮。

隨地球氣候變暖，兩極冰層融化，海水面上升。但在大約12,000年前，因一顆隕石在北美上空爆炸，讓回暖的地球氣候反轉變冷，持續約1,000年左右；之後又再回暖，海水面再次快速上升。距今8,000年前左右時，海水面和現今已經差不多了。虎井沉城在海水面下30到50公尺，依此推算，

若沉城為人造物，建造的年代應在距今10,000年前。

我在家鄉的研究發現，七美島和東嶼坪嶼都有很多寬約1公尺、長約數十至數百公尺的筆直岩脈出露在地表，遠望也類似一座城牆。由於幾道垂直岩脈形成了一個封閉的四方形密封空間，有如一座城，所以我認為，

虎井嶼壯闊的玄武岩柱　攝影:許震唐

所謂的虎井沉城應該是岩脈，而非真正的一座古城的遺跡。在葛瑞姆・漢卡克出版《上帝的魔島》後，翻譯此書的出版商邀請作者來臺推廣，當時我也受邀與他對談。我把在七美島所拍攝的筆直岩脈照片拿給漢卡克先生看，並表達我的觀點；但他未曾針對我的看法做任何回覆。我想，不如

就把這謎團擱置下來吧，毋須急切驗證找尋真相；讓傳說留存在人們的想像中，或可平添幾許對虎井的神祕嚮往，成為茶餘飯後有趣的談資。

此外，不獨虎井有沉城的傳說，望安鄉東吉嶼西方海底也有發現疑似人工堆砌的石牆。中東有一種建築稱為「沙漠風箏」，由巨石構成，這些巨石已逾5,000年之久。一直以來，人們都不明白這些石牆究竟做為何用？直到最近經由科學家考古得知，石牆大多出現在動物的遷徙路線上。簡言之，沙漠風箏可能就是一個巨大的牲口柵欄，其功能是捕捉動物，如同石滬捕抓魚一般。讓我們想像一下，海底城就是另一種型態的沙漠風箏，用以捕捉冰河時期遷徙於大陸棚上的動物，而非國家、聚落之類的政治或軍事思考。破除「城」的概念，或許可以引領我們進行不同的想像和研究。

七美遺址   攝影：許震唐

二、史前流布全世界的石材製品——七美南港遺址

　　4,000年前的新石器時代，在澎湖七美島上發現有人類活動的蹤跡，並已開採玄武岩來打磨石器，製造工具。中央研究院歷史語言研究所臧振華教授於1992年推測發表在七美南港遺址可能有石器製造場遺址；並於2000年確認且陸續於東湖和西北灣發現石器製造場遺址；其後又在東南方內陸發現有南港人類遺址。

　　根據臧振華的研究指出，聚落遺址附近潮間帶愈寬廣，遺址的密度和面積會愈大。南港聚落遺址的密度和面積廣大，理由應是該地附近有廣闊的潮間帶及生物資源，供史前人類採集魚貝類；另外，此地亦適合做為船隻停靠或是出海航行的中間站，這些都是史前人類遺跡豐沛的原因。

　　七美島上的南港遺址分布範圍相當廣，達22,500平方公尺，遺址附近滿布打造失敗的石器廢片及半成品。磨製成形的石器，據推測是經由海上運輸交通，離開七美島。另外，遺址中也伴隨大量出土的陶器，器形上的

紋飾，是由粗繩紋轉變爲細繩紋，再轉變爲素面，這顯示古人類居住於此已有相當長的時間。

史前人類在此居住長久，且又位於有豐沛海洋資源的潮間帶旁，南港遺址遂有海島貝塚遺址出露。貝塚中的貝類採集後送至美國碳14定年試驗室進行定年，獲得年代距今約4,000年前左右，與4,200年前的素面紅灰陶文化時期相當。但到了素面紅灰陶文化晚期時，南港聚落卽遭到史前人類廢棄，形成遺址。

爲什麼古人類會離開南港遺址？目前學界尚無定論，大致可歸納兩種說法：一爲遷移說，另一爲石器石材使用改變說。前者認爲因當時七美島上的史前人類對臺灣地區稻米需求日漸依賴，因此改變了依賴海洋資源的生活形態，大舉移居臺灣西南地區，因而形成遺跡。後者認爲史前人類經

七美島上的史前人類如何製作工具？

依據考古學家的研究，七美島史前人類所採用的石器製造法爲**直接石錘打剝法**，用以打造長條形或圓形的玄武岩卵石。南港遺址出土的石器，依功能區分爲磨製工具的石英砂岩砥石、做爲敲擊工具的斧鋤型石器、做爲石片器工具的玄武岩打剝石片器，以及掛置在漁網上的玄武岩石網墜。另外還有非實用性、刻意打造的工藝品——玄武岩圓盤形石片。石器製造是要不斷加工才能成形的產物，因此史前人類不斷從**石核**剝取**石片**，然後加工製造出所需的工具。但石核和石片是一相對用詞，因爲前一階段打擊下來的石片，甚有可能會成爲下一階段的石核。

我從石器成品的特徵觀察，絕大部分的石器形狀爲扁平石片，片狀原石可能採自板狀節理發達的玄武岩或是經由物理風化的熱脹冷縮所形成的片狀構造。石片比較省力和容易打造成石刀或石斧。塊狀的玄武岩要被打造成片狀的石器，難度甚高；即便現今有良好的工具——鐵鎚和鑿子，要把塊狀玄武岩加工成片狀的石刀或石斧，仍相當困難，何況是4,000年前缺乏工具的年代。

製造石器除了需要有石料來源以及人類已具備製造的能力與方法之外，還有一必要條件，就是捶擊、打製的工具。七美島史前人類所使用的敲擊工具是「石錘」，可能採自七美島南側、東側及北側海崖下，或是海灘上的玄武岩礫石。玄武岩塊被風化侵蝕堆積於海灘上，經年累月受到海水的衝擊，或是大小岩塊在海流的帶動下互相撞擊後，岩石本身較弱的部分就會被去除，留下圓形或橢圓形較堅硬的岩礫，這些可當作製造石器的敲擊工具。

過長時間的石器打造經驗，對石器石材使用逐漸產生更新的認知，遂放棄過去打造玄武岩石的作法。目前對於後者說法在證據上稍嫌薄弱，因玄武岩礦源在七美島上並未因過度開發而有耗竭的現象。

三、依石而居的家鄉風景

1.石滬

澎湖先民有一種與大海相互依存、永續經營的捕魚方式，那就是**石滬**（stone weir）。石滬原理為利用潮汐起落，在潮間帶堆砌兩道長圓弧形堤岸，從淺水處一路延長至深水處，在深水處盡頭向內做成彎鉤狀。漲潮時，魚群順著海水進入石滬中覓食海藻；退潮後，石堤已高於海面，魚迴游至捲曲處被阻，困於滬內，漁民則藉此捕捉漁獲。一座完整的石滬包括有滬房（若雙房石滬可再區分高、低兩滬房）、滬門（門檻）、魚井、兩條不同方向的伸腳（南、北伸腳）、滬牙、腳路和滬灣等。

全世界石滬大約不到600口，在澳洲、夏威夷、密克羅尼西亞、芬蘭等都有文獻記載。亞洲的日本、臺灣、泰國等太平洋諸島，皆有石滬的分布。澎湖縣現有574口以上的石滬，白沙鄉吉貝村占了102座，為世界密度最高、座數最多之地。臺灣本島以桃園市新屋區沿海擁有最多的石滬群。七美雙心石滬位於澎湖七美鄉東湖村頂隙北面海崖下，因此又稱「頂隙滬」，已有三百多年的悠久歷史，是澎湖目前保存最完整、最具代表性和最美麗的石滬，更是澎湖的地標。

石滬大體分為簡單型（俗稱龍仔圈）及有滬房型，材料以就地取材為主，在澎湖以玄武岩為首選，其次為灘岩，第三是珊瑚礁石灰岩（俗稱為咾咕石），但不能是易脆的砂砕（珊瑚碎屑）。選擇建造石滬的場址條件，以潮間帶寬廣、傾斜度小、遼廣的珊瑚淺坪最為適合造滬。用於堆石造滬的方法以「亂石砌」為主。為了保持堤內外海水的自然交流，堆疊時不能使用石灰等凝固劑，但又要牢靠，只能依靠施作者的經驗來完成。建造石滬須配合當地海域的地形、底質、海水的流向、風浪的大小等，依據這些來調整石滬的位置、構造、開口的方向、滬堤的寬窄、高低等。滬堤的坡度，可以減低海浪的衝擊；左右兩側的伸腳弧度，則降低魚群入滬後轉向游出滬堤外的機率，這些都要靠建滬人的觀察與經驗。

根據清康熙50年（1711）《臺灣

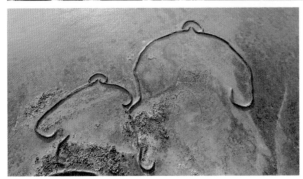

上：白沙鄉吉貝村的石滬爲世界密度最高之地，修滬師傅日漸凋零，吉貝保滬隊的師傅2010年被指定爲文化資產保存技術及其保存者。

下：美麗完整的石滬群已經成爲澎湖的地標

攝影：許震唐

縣志》記載，石滬在澎湖已有300年左右的歷史了，一直到20世紀中期，石滬漁業都還是澎湖最重要的一項潮間帶捕魚方式，相傳一座石滬可養活十戶人家。

澎湖秋冬時的東北季風強盛，激起的海浪愈猛烈、魚群愈容易被驅入滬內，故石滬漁獲量在秋冬優於夏季。捕魚時機以每月潮汐週期中的農曆28日至隔月4日、12日至18日這段期間的大潮爲佳。

石滬的捕魚權爲滬主所有，滬主還沒到場時，其他人會給予尊重不進入石滬裡。若滬主在海水卽將漲潮時

還沒出現，其他人才可以進到石滬抓魚。不同的石滬類型、漁獲量分配與捕魚權都有不同的規範。我的祖先曾參與兩座石滬的建造，蒙先人庇佑，目前我們家仍擁有參與石滬捕魚的權利。國中時期，每當輪到石滬捕魚時，我就會與哥哥們一起到海邊，享受石滬漁獲豐收的喜悅。

2.石墩

除了石滬，澎湖還有一種獨特的、全臺獨一無二的，你可能從未聽過的捕魚法──抱墩。這是在潮間帶堆石墩、設陷阱的捕魚方式，亦可永續經營。澎湖人靠海吃飯，因此發展出在潮間帶利用石滬和抱墩等傳統的捕魚法。

所謂的「石墩」，就是以石塊在潮間帶築成開口的石堆（也叫石屋），專供底棲性魚類棲息。所用的石材以玄武岩塊和咾咕石塊為主，依各地取材方便而定。簡單地說，石墩就是一種利用潮汐捕魚的陷阱，漲潮時底棲魚類游進石墩內棲息；等到退潮時，漁民前往潮間帶將石墩一塊塊拆掉，以魚網捕魚，這就是所謂的「抱墩」。石墩利用魚兒的習性做陷阱捕捉，就地取材且不會破壞生態環境和資源，是一種相當「環保」、永續經營的捕

魚方式。

澎湖傳統的抱墩漁場主要分布在白沙鄉北側的潮間帶，從中屯、講美一直到岐頭、赤崁一帶，其中，以岐頭和赤崁的墩群規模最大。我家鄉赤崁北邊的潮間帶，有多達400多座墩，小時候常隨父母在退潮時，前往潮間帶抱墩捉魚，至今回想，那真是一段無憂無慮的年少時光。

抱墩除了配合潮汐，季節時令的不同也會影響漁獲。每年春季馬尾藻生長時節，會吸引小石斑聚集在離岸較近的石墩覓食；6月過後，石斑慢慢長大，開始會往較為外海的海域遷徙，這時候石墩已經無用武之地，漁民就會把石墩拆解，以待明年，這個過程在澎湖叫做「散墩」。隔年春季馬尾藻初生時，漁民會再度把石墩架起，就是所謂的「撿墩」。主要漁獲為玳瑁石斑、鸚哥魚、笛鯛、馬拉巴石斑，以及少數老鼠斑。三十幾年前，漁業資源豐富的年代，抱墩一天的漁獲往往可達數十斤；但現在一天漁獲則不到一斤，不少石墩漸漸頹圮廢棄了。

3.菜宅：東北季風下的保護傘

澎湖秋冬東北季風盛行，加上全島沒有高山屏蔽，平均風速每秒約5

東西寬、南北窄的菜宅
是保護田地農作的建築
攝影：許震唐

至6公尺，最大陣風可達每秒13至14公尺。強勁的東北季風夾帶著鹹雨（當地人稱鹹水煙），使得農作物生長不易。

爲了抵禦秋冬強風，澎湖居民就地取玄武岩和咾咕石，建築遮擋狂風的石牆，以保護田地內的農作物，稱爲「菜宅」。菜宅通常東西寬、南北窄，呈現長條形狀。北邊的高度最高，約1.6公尺至2.5公尺，東西牆遞減，南邊的牆最矮，不超過1公尺。

菜宅內的作物最常出現的是一年四季皆可以生長的番薯，其他還有春、夏兩季種植的南瓜、澎湖菜瓜、澎湖菜豆，以及秋、冬兩季多見的甘藍、芥藍、高麗菜、番茄、大頭菜、茼蒿等。目前澎湖菜宅以小門嶼最多，西嶼、望安、中屯、吉貝和南方四島等地也都可看到菜宅。

走近看看，會發現菜宅這些石牆是用珊瑚礁岩（白石，咾咕石）和玄武岩（黑石）交互堆砌而成。玄武岩質量重而穩固，常置於下部；珊瑚礁岩質量輕、易搬動，容易敲碎，因此會塞在玄武岩間的縫隙或上部，使整體結構更穩定。我家菜宅所在地變成地下水庫後，就已不復存在了。

4.聚落建築的主石

一般而言，澎湖居民的主要建材爲玄武岩、咾咕石、磚瓦、蠣殼灰與木材。玄武岩爲澎湖當地所產；磚瓦早期來自福建或臺灣，後期在當地建廠生產；木材來自閩粵或南洋。其中，玄武岩常用作房屋牆壁的底部，上方則以咾咕石爲主，屋中的梁柱爲木頭，磚瓦是建造屋頂的材料。

澎湖居民的外牆，不但材料與其他地區不同，在砌法上也別具技巧。爲了節省開銷，最常見的砌築風格是「見光半截」，就是一面牆分爲上下兩段，下半段用玄武岩砌成較堅固的檻牆，腰緣以上改用比較便宜的咾咕石的砌法。檻牆有的把玄武岩鑿成方塊來做丁砌，有的則不加削鑿就堆砌，空隙塡上灰泥，露出一點一點的橢圓形來。咾咕石的部分多用灰泥抹平粉光，構成下黑上白的強烈對比。我的老家基本上也是此種建造格局。

澎湖當地稱咾咕石的白色石頭，是珊瑚礁石灰岩，提供生活十分重要的建材。 攝影：許震唐

5.石敢當：精神寄託之所

澎湖位於臺灣海峽中間，東北季風吹起後，其惡劣環境非一般人所能體會理解。先民為了安頓身心，不屈服於艱難環境，發展出一種獨特的精神防衛系統──石敢當。

先民認為在住宅、通衢要道、山頂、海邊等地豎立起石敢當，可以鎮妖、避邪、拘邪、拍穢、止風、止煞等，所以紛紛於自家壁上、屋角及村落四周、路衝地帶、荒郊野外，甚至海邊港口，安放石敢當，以求平安。與其說澎湖石敢當的信仰是一種迷

┌─ 澎湖的水庫與困境 ─

「水庫」是指在地面上或地面下建造高度或深度超過3公尺以上的堰壩，以阻擋水的自由流動，蓄水量需超出20,000立方公尺。依蓄水方式不同，水庫又可分為地面水庫（如：天然湖泊、池、潭、人工湖、蓄水庫等）及地下水庫。一般而言，地面阻擋河流形成水庫，都是在河流窄處建造壩體堵河而成。

澎湖地區降雨稀少，年平均雨量只有974毫米左右，蒸發量卻有1,330毫米，遠大於降雨量；加以地形平坦，不適合建造一般的地面水庫。澎湖地質多為玄武岩或珊瑚礁，不像臺灣的沖積扇，蘊藏大量地下水；且澎湖島群離海甚近，不管是地面水或是地下水，都容易流入海中而不易保留，因此建造地下水庫非常不容易。

我家鄉赤崁村的西北面有一凹地，形成類似盆地的地形，稱為「赤崁盆地」，四周高地是由玄武熔岩流所構成，阻水性甚佳；中間平坦地則由珊瑚碎屑所構成，也是我家菜宅所在，我從小和同學朋友都愛在此嬉戲遊玩。之後，這裡蓋起了水庫，和小時的樣貌完全不同了。

首先，在盆地與海之間，建造了一道深入地下的「截水牆」，連接兩邊玄武岩高地，阻擋地下水流入海中，如此形成了「赤崁地下水庫」，就能用抽水機抽取地下水加以利用，也變成水源保護地。

赤崁地下水庫集水面積2.14平方公里，截水牆長840公尺、深25公尺、厚0.55公尺，1985年7月開工，1986年8月完成，完工初期，水庫能達到年供水70萬立方公尺的目標。但1991年後發現水庫有鹽化現象，13口抽水井每日抽水量，若包括灌溉，最大僅約1,360立方公尺；2014年水庫供水量只剩下20萬立方公尺。赤崁地下水庫靠近海邊，壩軸離海只有40公尺，淡水地下水面一旦下降，因淡水較海水輕，淡水下降1公尺，海水、淡水二者的接觸面就會提高約40公尺，海水很容易入侵而造成鹽化現象，這是赤崁地下水庫鹽化的原因。

澎湖石敢當的形式

澎湖的石敢當依造型不同,大約可分三種:

1. 石碑式:居民自選石材,上刻「石敢當」三字或是「泰山石敢當」等文字及八卦圖象。另有功能類似石敢當之石符,上書符咒以驅邪。

2. 器物式:以吉貝島上海口為例,造型十分特殊的有「木魚」、「石磬」二大石敢當。

3. 石塔式:以石頭疊造而成的形式,為澎湖獨有。其中以馬公地區鎖港里的石塔最高;而七美島上以葫蘆寶塔、鳳凰寶塔及青龍寶塔最多。

鎖港石塔是馬公地區最高的石塔式石敢當,原建於清道光年間,2000年指定為澎湖縣縣定古蹟。1962年時加高為九層,是取九為吉祥數字之意。

攝影:許震唐

信,不如說是澎湖民間信仰的精神標誌。

石敢當廣泛地分布在澎湖各村落當中,且遍及全島,由此可知,其在當地信仰的地位與重要性。根據田野調查,澎湖石敢當的數量之多,形式、材質與碑文的變化、繁雜度,皆冠於全國。其中,以玄武岩製作的石敢當居冠。先民生活形式多有差異、環境條件亦不同,加上對鬼神觀念的導引等因素影響,造成澎湖石敢當信仰多元而獨特的風格與鄉土特色。雖然各地豎立之石敢當形式不一,但它們的精神都是一樣的。

記得幼時每年逢年過節或祖先忌日時,父母就要我帶著幾樣飯菜,前往住家旁牆壁上的石敢當祭拜。那時心裡難免嘀咕,為何要祭拜寫著石敢當的石頭。長大後,對祭拜它的意義有所瞭解,才深深體會到先人的篳路藍縷,以及生活在這座島嶼上之艱辛。

澎湖人各樣的生活型態與民居樣貌,可說是依著石頭所形塑,並經過長時期與大自然的抗爭,妥協與順應調適,才逐漸形成的。

你若來到澎湖,別忘了到石滬

或是石墩體驗抓魚的樂趣，或走進西嶼鄉二崁村的「陳家大厝」，可以在這座2001年國內第一個傳統聚落保存區中，細細欣賞、撫觸以玄武岩和咾咕石爲主建材的土石牆，在古色古香民宅中，走累了還可以品嘗金瓜粿──黃色的是金瓜、粉色的則是澎湖著名的仙人掌，再喝杯濃濃的杏仁茶。體驗這些地方文化瑰寶之餘，我不免想起這一切莫不是先民們運用智慧與自然環境爭生存的成果，更能品出祖輩們那一分順應天命的韌性與開拓斯土的艱辛。

陳家大厝是百年以上的古宅，保存完整，已成爲澎湖縣縣定古蹟。

參考資料
1 文化部國家文化記憶庫網站 https://memory.culture.tw/Home/Detail?Id=312674&IndexCode=Culture_Object
2 文化部文化資產局網站 https://nchdb.boch.gov.tw/assets/overview/archaeologicalSite/20210303000001

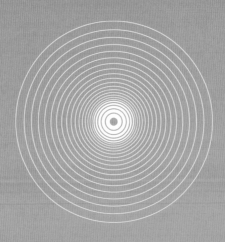

PART

VI

上山下海追火山！
全球田野紀實

千米高的熔岩平臺上
鐵質石英砂映射火辣的豔陽
熠熠金光閃耀
是海潮漫流後的遺珠

熔岩流、火山角礫、火山灰……
在光陰似酒的催化下　風化　褪色
難分彼此　笑忘當年恩仇
共同啜飲旭日夕照

夏威夷大島熾熱岩漿流溢
攝影：宋聖榮

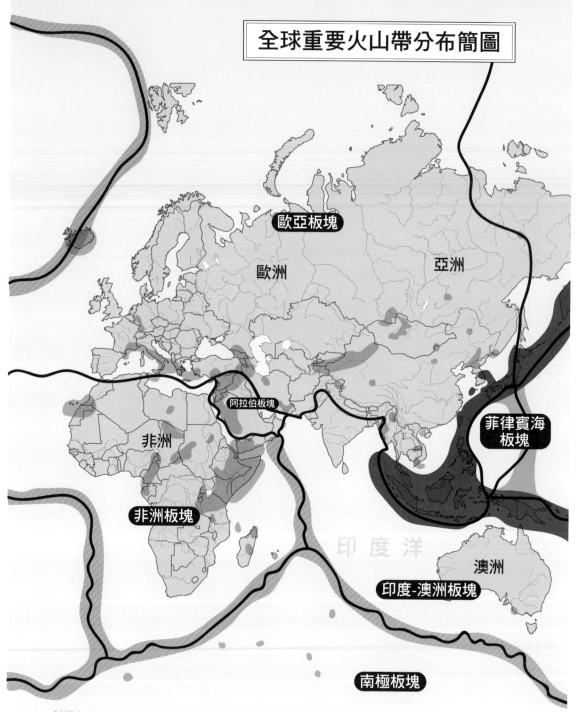

全球重要火山帶分布簡圖

歐亞板塊

歐洲

亞洲

阿拉伯板塊

菲律賓海
板塊

非洲

非洲板塊

印度洋

澳洲

印度-澳洲板塊

南極板塊

資料整合

1. World map with locations of volcanoes, USGS. https://www.usgs.gov/media/images/world-map-locations-vol-
canoes-red-triangles-which

2. https://www.usgs.gov/media/images/tectonic-plates-earth

3. https://education.nationalgeographic.org/resource/plate-boundaries/

4. Volcanoes world map, Geography and Geology. https://worldinmaps.com/geography-and-geology/volcanoes/

5. IAVCEI, https://www.iavceivolcano.org

6. 王執明等，1985

7. 世界火山的分布，國立自然科學博物館http://digimuse.nmns.edu.tw/da/collections/gg/ri/ex/0b00000181da4a77/

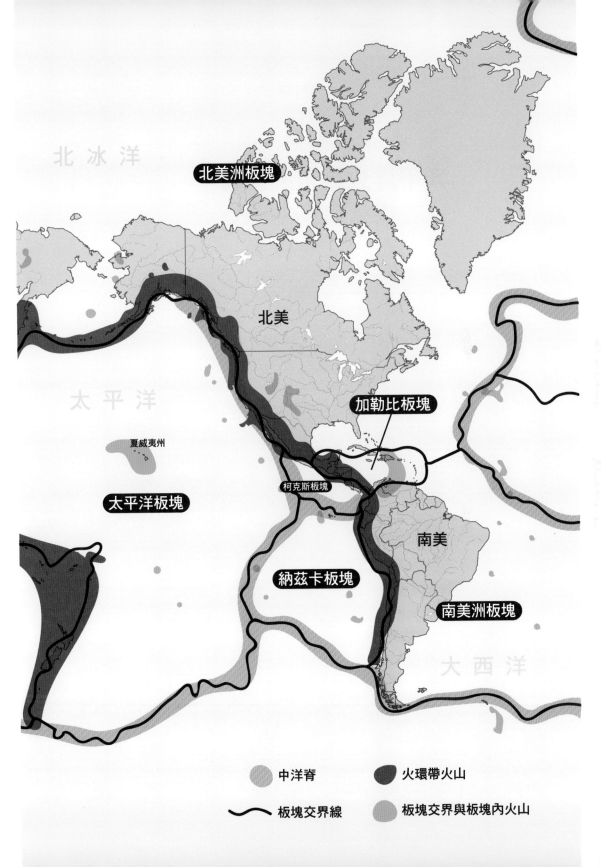

北冰洋

北美洲板塊

北美

太平洋

夏威夷州

加勒比板塊

太平洋板塊

柯克斯板塊

南美

納茲卡板塊

南美洲板塊

大西洋

中洋脊　　　　火環帶火山

板塊交界線　　　板塊交界與板塊內火山

太平洋火環帶的探尋——
從臺灣向北繞行

在火山地質研究生涯中，常有機會前往各種火山參訪，
尤其是活火山，或是參加國際會議後，
主辦單位會安排野外勘查，討論當地最具特色的地質景觀。
30年來在我的火山研究期間，拜訪考察超過幾十座火山。
第一次在夏威夷基拉韋亞火山看到高溫熾熱的熔岩流在眼前流出、
冷卻形成繩狀構造，猶如在夢中。
看到美國黃石火山的壯闊陷落火山口和定時的老忠實噴泉，
不禁讚歎不可思議的自然力量。我把過去曾拜訪過的火山，
依據現今地質學最具特色的板塊地體構造來劃分和介紹，
希望讀者也能如臨親訪的瞭解火山的奧秘，往後有機會，
期盼您能自己踏上這些火山。

一、日本

1. 夜宿火山口——在阿蘇火山被颱風掃過的夜晚

　　阿蘇火山（Aso Caldera）是位於日本九州中央的一群活火山，周邊地區被稱為「阿蘇地區」，從空中或Google地圖上可清晰見到外形完整的陷落火山口，此一火山口為阿蘇火山從9萬年前至30萬年前歷經了四次大噴發（Aso1-4）所形成；其中尤以大約9萬年前那次Aso-4噴發最劇烈，大量的火山碎屑流堆積物布滿火山口外圍高地平臺上，整個火山陷落口寬約18公里，長約25公里。如今有將近5萬人居住於此火山口地形中，阿蘇市為此區最大城[1]。熊本縣別稱「火之國」，即是源自阿蘇火

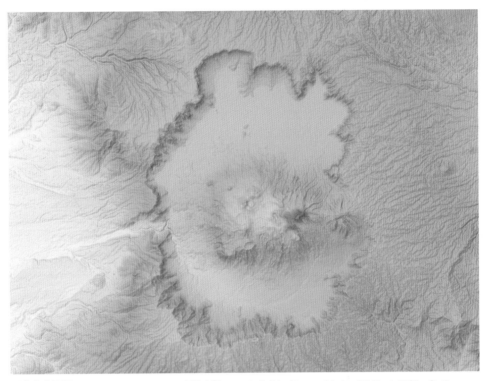

阿蘇火山景觀　　　　　　　　圖片來源：© By Batholith - Topographic data: NASA, via Wikimedia Commons

山，現在整個火山區域已被列入阿蘇九重國立公園的範圍。

「阿蘇山」是一火山群的總稱，其中五座最高的山嶽被稱爲「阿蘇五嶽」，包括：高岳（1,592m）、中岳（1,506m）、根子岳（1,408m）、烏帽子岳（1,337m）和杵島岳（1,270m）等，中岳至今仍有頻繁的火山活動，

是一座活火山。

由於阿蘇火山緊鄰城市，交通便利，被規劃爲讓一般民衆可以觀察火山的旅遊景點，在烏帽子岳與杵島岳之間的平臺上，設有阿蘇火山博物館，這是日本最具規模的火山博物館，除了介紹火山相關知識，並提供動態的阿蘇火山模型供遊客觀賞，同

1 阿蘇市位於日本熊本縣東北部、阿蘇地區中央，市區位處阿蘇火山陷落口內的北部。2005 年 2 月 11 日由阿蘇郡的阿蘇町、一之宮町、波野村合併而成。附近有豐富的溫泉分布，包括垂玉溫泉、地獄溫泉、白水溫泉、湯之谷溫泉、阿蘇赤水溫泉等，整個地區被統稱爲阿蘇溫泉鄉，其中阿蘇內牧溫泉有 80 個以上泉眼，是阿蘇地區最大的溫泉區。

時也介紹阿蘇當地的歷史文物與自然風光，相當值得參觀。阿蘇火山陷落口內過去曾設纜車可直接抵達中岳火山口旁，但在2016年熊本地震後損壞，2018年拆除，目前要參觀阿蘇火山只能開車直接抵達火山口旁；但在火山活動較為劇烈時，會因有火山氣體而暫停開放。為了預防緊急狀況，火山口周邊設有「退避壕」，讓遊客可以緊急避難。

我於2015年應京都大學地熱科學研究所的邀請，到該所擔任訪問教授，京都大學阿蘇火山觀測站主任鍵山恒臣（Tsuneomi Kagiyama）教授於此期間邀請本人和內人前往該觀測站訪問，並考察阿蘇火山噴發產物和成因。在預定前往訪問當天，有颱風來襲的警報，我打了電話詢問鍵山教授是否要延期，他告訴我如期前往即可。抵達當日，天氣晴朗，我們考察完阿蘇火山

後，傍晚住進溫泉旅館；這時颱風來報到了，開始颱風下雨，整夜風雨加交。隔天早上早餐時分，風雨竟然全停了，鍵山教授老神在在，與我們繼續原本預定的行程，進行野外火山地質考察。

看了當天的報紙後，知道颱風以時速高達50公里的速度橫掃了日本九州和本州，往北海道去。在阿蘇市溫泉區住宿的那三個晚上，我們歷經了以往在臺灣未曾有的、與颱風擦身而過的奇妙經驗。

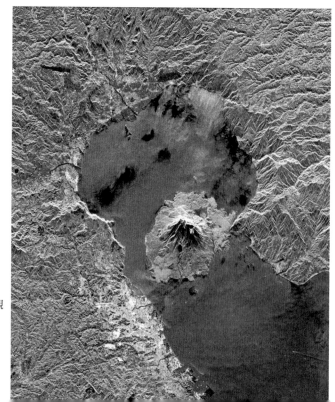

始良火山陷落口－櫻島火山景觀
圖片來源：©By NASA/JPL-Caltech, via Wikimedia Commons

2.地球上超級活火山與
十年火山——始良火山
陷落口－櫻島火山

　　始良火山陷落口（Arai caldera）位於日本九州南端、櫻島火山附近的海域，是世界上最活躍和最危險的火山陷落口之一。陷落口發生於距今30,000年前左右的一次大噴發，陷落區域長約24公里，寬約20公里，面積約為480平方公里。噴出的火山碎屑流堆積物和融結凝灰岩的量體高達1,100平方公里，是目前地球上六座超級活火山之一。另外，始良火山陷落口發生後，此一火山口內和周遭地區持續有火山噴發，較著名的是霧島火山群和櫻島火山。

　　霧島火山群是日本九州南部鹿兒島縣和宮崎縣交界處一系列火山的統稱，最高峰韓國岳海拔1,700公尺，第二高峰高千穗峰海拔1,574公尺，傳說是日本天照大神的孫子邇邇藝命降臨的地方。霧島山是日本旅遊勝地，百大名山之一，火山最近一次噴發於2018年4月5日。

　　櫻島火山（Sakrajima Volcano）位

┌ 櫻島火山 ┐

　　櫻島火山是由三個山峰所構成：北岳、中岳和南岳。**北岳**海拔1,117公尺，為櫻島最高峰，山頂有個直徑約500公尺的火山口，歷史文獻上無此火山口的噴發紀錄，但是在山體東北側有安永大爆發的火山口。**中岳**海拔1,060公尺，位於北岳南方約900公尺處，歷史上也無中岳的爆發紀錄，根據地質調查推測是在約1,200年前所形成，也有認為是南岳的寄生火山之一。**南岳**海拔1,040公尺，位於中岳南方約500公尺處，山頂有直徑約700公尺的火山口，火山口內又有兩個小火山口，火山口內有被稱為「白水」的水池，自1955年以來，一直持續有火山爆發活動，山頂火山口半徑2公里內被劃為警戒區域，禁止進入。山體南側山腰有安永大爆發的火山口，東側山腰有昭和爆發的火山口。

櫻島火山古文獻中的景觀
大隅國即是櫻島（大隅、櫻島）
出自《六十餘國名勝》系列，1856年3月
圖片來源：© Public domain,
via Wikimedia Commons

於日本九州鹿兒島灣，是始良火山陷落口內活躍的火山島，連同霧島火山群，被劃入了霧島錦江灣國立公園的範圍。由於其火山口距離有60萬人居住的鹿兒島市市區僅8公里，被國際火山學會（IAVCEI）列為十年火山（decade volcanoes）[2] 之一。

火山歷史文獻中，櫻島火山爆發次數已超過30次，最早出現在西元8世紀的《薩藩地理拾遺集》（708年），以及《薩藩名勝考》（716年）、《神代皇帝記》（717年）、《麑藩名勝考》、《三國名勝圖會》（718年）等，這些文獻皆記錄了大量關於櫻島的火山活動；此後至15世紀期間，歷史上雖無櫻島相關的火山活動紀錄，但根據地質調查，櫻島火山仍持續活動。其中，15世紀、18世紀安永年間和20世紀大正年間，共記錄了三次大規模的噴發活動。最近一次較大噴發發生於2013年8月18日，火山口冒出高達5,000公尺的噴發物，並出現1公里長的火山碎屑流。此後數年，櫻島仍發生多次噴煙高度超過1,000公尺的爆發。

若前往始良火山陷落口和櫻島火山旅遊，可住在鹿兒島市，享受住在火山口內的感覺；隔天搭乘從鹿兒島港前往櫻島港的渡輪登上櫻島，乘坐島上旅遊巴士，更可就近觀察櫻島火山的雄姿。[3]

3. 九州別府地獄遊── 嘆為觀止的溫泉異景

九州別府溫泉地熱區雲煙裊裊，高溫湧泉源源不斷的噴出霧氣，有如火山爆發。蒸氣和熱泥漿讓民眾無法靠近，加上每座溫泉的溫度都高達100°C左右，不適合人居住，因此九州別府居民便將它取名為地獄，即「地獄溫泉」。

別府溫泉的泉源數數量，居日本之冠[4]，每天有超過13萬噸的泉水從地底湧出，湧出量在全世界僅次於

---

2 十年火山是由國際火山學會（IAVCEI）選出，這些火山曾有破壞性的大規模爆發歷史、近期有地質活動、接近人口稠密地區，和存在多於一種火山風險。目前全球共16座十年火山。

3 從鹿兒島港前往櫻島港搭船約15分鐘，船班24小時無休。推薦遊客可多加利用優惠乘車票，在指定期間內無限次數搭乘九州大部分巴士的「西鐵SUNQ PASS」，也包含搭乘前往鹿兒島的渡輪。登上櫻島後，可利用島上旅遊巴士，從渡輪碼頭出發，經過的景點有月讀神社、熔岩海濱散步小徑、烏島展望所、赤水展望廣場、湯之平瞭望台、黑神展望所、黑神埋沒鳥居、有村熔岩展望所、古里溫泉鄉、櫻島休息站（火之島物產館）、國民旅舍彩虹櫻島岩漿溫泉等，就近觀察櫻島火山。

4 共有2,909個源頭，占了全日本27,644個源頭的10%以上。

別府溫泉八景

別府市內處處蒸氣裊裊騰騰，是日本最具代表性的溫泉勝地，其中最古老的溫泉可追溯到8世紀初。

別府溫泉有八個知名的地獄溫泉，分別為：血之池地獄、白池地獄、海地獄、鬼石坊主地獄、龍卷地獄、灶地獄、鬼山地獄、山地獄，號稱「別府八景」。其中以海地獄、血之池地獄、龍卷地獄和白池地獄這四個地獄被指定為「別府地獄」國家級風景名勝區。這些令人讚嘆的自然界奇特溫泉，因為溫泉溫度過高，只能用於觀賞。

白池地獄，含硼酸的溫泉水噴出時為透明無色，落入池塘因為溫度和氣壓改變而變為青白色。園區內利用溫泉開設熱帶魚館，飼養各種熱帶魚，在2009年被指定為國定名勝。**血之池地獄**的特色是來自地下深部含二價鐵離子（Fe^{2+}）的溫泉、在湧上地表時被氧化成三價鐵氧化物（$Fe(OH)_3$），紅色熱泥沉澱於池底，使得溫泉池呈現天然深紅色。寬廣的一片紅池像極了血流成池的景象，有如中國民間傳說中十八層地獄的第十三層，其溫度高達78℃，且隨時都有紅色霧氣噴出，極其恐怖。**海地獄**，因為泉水含有大量硫酸鐵而呈現亮眼的藍色，所以稱為海地獄，但溫度高達98℃，只適合觀賞及煮溫泉蛋。**鬼石坊主溫泉**屬於高稠度的泥漿溫泉，溫泉冒出來的聲音高達98分貝，持續冒出高溫噴泉和泥漿泡泡。

龍卷地獄，像龍捲風一樣向上噴出高約30公尺的間歇性熱噴泉，讓人不寒而慄，彷彿置身於地獄中，景象壯觀。**灶地獄**，其名是因自古以來，在灶門八幡宮的重大祭祀中，多利用此地98℃的溫泉蒸氣烹煮供飯，此傳統成為溫泉名稱由來。**鬼山地獄**的特色是利用溫泉養殖鱷魚，有餵鱷魚秀供觀賞。熱滾滾的溫泉水從地下187公尺處湧出，每小時8噸多、日湧出量將近200噸；其水溫高達99℃，四周煙霧蒸氣裊裊，儼然一幅地獄絕景，是別府地獄遊的熱門景點之一。據傳說，鬼山地獄的溫泉水對風溼、腰痛、神經痛、痛風和皮炎等症狀有治療作用，附近溫泉鄉的多家旅館和浴池都引入了鬼山地獄的溫泉水，供遊客們享用。**山地獄**的特色是90℃的溫泉噴氣在群山中徐徐升起，因而得名。此園區利用溫泉的溫度設了一個小型動物園，飼養日本獼猴、羊駝、河馬、孔雀、非洲象、黑天鵝、火烈鳥等動物。

九州別府溫泉景觀　　　　　攝影：宋聖榮

┌─ 間歇泉（Geyser）─────────────

　　間歇泉是一種間歇性爆發的噴泉，大多發生於火山地區。熾熱的熔岩使周圍岩層的水溫升高，甚至汽化。當含水和氣的熱液碰到岩層中的裂隙，沿著裂縫上升，壓力累積到一定程度後，就會破土而出形成噴泉。因其斷斷續續、每間隔一段時間就噴發一次，故名間歇泉。

└──────────────────────────

　　美國黃石國家公園的湧泉，排名世界第二；但卻是世界上最多、能讓個人入浴享受溫泉浴的地方。

　　別府溫泉之所以有那麼大量的溫泉，主要是來自附近的鶴見岳火山。鶴見岳火山在距今1,200年前爆發後，產生大量的餘熱，形成附近溫泉。此火山屬於熱水噴發型（Geothermal exploration），特徵是兩次岩漿大噴發之間有無數次的蒸氣噴發，來自地下熱能加熱地下水成為蒸氣，並累積於地底下，直到累積的蒸氣壓高於上覆的岩壓，就發生以蒸氣為主的噴發。此類火山常有隱憂，例如2014年日本御嶽火山（Ontake）雖然在山上布置了多種火山監測儀器，還是發生無預期的噴發，造成近百年來日本地區火山噴發的第二大傷亡事件。

　　別府溫泉鄉歷史悠久，在日本奈良時期的《豐後風土記》中就有記載，自古以來以療效著名。我曾在2015年夏天接受日本京都大學邀請，前往該大學位於九州別府市的地熱研究所（Institute for Geothermal Sciences, Kyoto University）客座教學研究三個月。所內設有溫泉池，供同仁使用。由於我有早起運動的習慣，常到附近少有人煙的公園慢跑後，回溫泉池泡湯，再開始一天的行程。週末我會買張「地獄巡遊通票」[5]，前往八個地獄溫泉參觀，因各個地獄溫泉位置相近，大部分徒步即可到達，整個旅程約可在半天內完成。另外值得一提的是日本全民的節能努力。2011年日本東北地震海嘯侵襲，造成占30%以上電力的核能發電廠關閉，但卻未曾聽聞日本缺電。2015年我在別府的這段時間，正逢悶熱夏季，日本政府要求溫度要26℃以上才能開空調、必須隨手關燈、鼓勵製造節能電器產品、百貨公司宣導顧客上下樓梯走路等，說明了核能電廠無法供電之下，度過缺電危機之道。

────────────────

5 當時票價約2,000日圓。因參觀每處「地獄」都要收費，如果參觀5處以上，還是以地獄巡遊通票較為便宜。

俄國堪察加半島的彼得羅巴夫洛夫斯克市由火山環繞，幾乎看不到地平線。　攝影：宋聖榮

二、俄國堪察加半島——
　　看不到地平線的火山城

2017年俄國在堪察加彼得羅巴夫洛夫斯克（Petropavlovsk-Kamchatskiy）舉辦國際地熱研討會（The International Geothermal Conference, GEOHEAT），這是由國際地熱協會（International Geothermal Association, IGA）與俄羅斯科學學院地質技術研究中心遠東分會（Research Geotechnological Center of Far Eastern Branch of Russian Academy of Sciences）共同舉辦。IGA 的目的是促進俄國在地熱能源的發電和熱泵（heat pump）的使用，以增加綠能、減低二氧化碳的排放。此次地熱國際研討會本人也在受邀之列，介紹臺灣的地熱潛能和利用現況。

彼得羅巴夫洛夫斯克市位於堪察加半島太平洋邊緣的阿瓦恰灣海岸，是俄羅斯堪察加邊疆區首府，堪察加半島最大城市，俄羅斯遠東地區第四大城市，人口約 18 萬。城市建於山丘之上，四周被火山包圍，主要的火山為阿瓦恰火山（Avachinsky volcano）和科里亞克火山（Koryasky volcano），所以在城市任何角落都不能清楚看到地平線。

阿瓦恰火山是堪察加半島最活躍的火山之一，由太平洋板塊隱沒入歐亞板塊形成的島弧火山，屬於環太平洋火山帶的一座活火山。山頂上馬蹄形的火山陷落口約在30,000到40,000年前形成。有歷史紀錄以來，此座火山噴發最少16次，其中最大一次的噴發在1945年，而最近一次則是2001年。

科里亞克火山鄰近阿瓦恰火山，從彼得羅巴夫洛夫斯克市眺望，兩座火山並排，似乎是孿生火山。歷史上第一次有紀錄的噴發時間是1890年。2008年12月29日，科里亞克火山再次噴發，噴出的火山灰高達6,000公尺，是3,500年來首次大型爆發。這座火山被認為是堪察加半島最美麗的火山之一。

地熱會議後安排兩天的野外地質考察，第一天是付費乘坐軍用直升機前往堪察加半島中央裂谷，從空中觀察火山、地熱和噴氣孔，並降落地面，享受泡溫泉的樂趣。此趟費用為美金800元，需付現金，不收信用卡，當時因我未帶太多的美金現金，以至於無法參加。傍晚聽前往考察的紐西蘭學者說，這是一趟很值得的火山地質之旅，有點失望。大會為彌補無法前往地質之旅的學者，另外臨時安排了一趟乘坐吉普車前往阿瓦恰火山和科里亞克火山的考察。車子開在堆滿大石頭的冰川河谷中，碰碰跳跳地前行。聽司機說，若是冬天前來，河谷中積滿雪，只要30分鐘就可抵達火山山腳下；但夏天來就可能需要1.5~2個小時，若遇大雨則無法前往。另一天的地質之旅則是去彼得羅巴夫洛夫斯克市北方約60公里處考察溫泉地熱，以及探討後續地熱開發。值得一提的是午餐的鮭魚野菜餐，鮭魚是溫泉主人在野溪現抓的，野菜則是在附近林子裡摘的，真是美味無比。

三、印尼

1.峇里島上火山遊──
   阿貢與巴杜爾火山

峇里島位於印尼東部，距離首都雅加達約1,000公里，與爪哇島之間僅以3.2公里寬的海峽相隔。印尼是全世界最大的回教國家，但峇里島的居民大部分信奉印度教，使得該島文化資源豐富，如雕刻和編織藝術都十分具有特色且種類多樣。峇里島的別稱和它的文化一樣多元，如「神明之島」、「惡魔之島」、「天堂之島」、「魔幻之島」、「花之島」、「旅原之地」等。島上地勢東高西低，有四座以上的錐

巴杜爾火山景觀　　　　　　　　　　　圖片來源：© by TropicaLiving, via Wikimedia Commons

形火山，其中阿貢火山和巴杜爾火山（Mt. Batur）為活火山，前者海拔3,142公尺為島上最高點，後者為一火山陷落口所形成的火山。

由於阿貢火山是峇里島的最高峰，被當地人奉為聖山。阿貢火山在1808年、1821年、1843年、1963年、2017年、2018年、2019年皆有噴發紀錄；其中尤以1963年噴發最為猛烈，當時噴出的火山灰高達4,000公尺，導致1,500人死亡，且影響全球氣候，為火山學者和氣候學者討論「火山冬天」時常提起的一座火山。北坡陡南坡緩，故在南坡海拔900公尺處有一座規模宏大、供奉印度教諸神的百沙基母廟，相當著名。

巴杜爾火山位於阿貢火山以北的火山陷落口內，是一座活火山，火山口面積達130平方公里，其形成年代約在23,670至28,500年前，當時大量的熔結凝灰岩被噴出，造成岩漿庫部分被掏空而陷落；口內東南側積水成湖，稱為巴杜爾湖。巴杜爾火山頂上有另一個直徑約7.5公里的火山口，故整座火山的特徵是有兩個大型火山口以同心圓方式重疊在一起，內緣的火山口東南側與巴杜爾湖重疊。

目前火山陷落口中央包含一座高700公尺的複式火山，其高度超過巴杜爾湖。巴杜爾火山最早的噴發紀錄是1804年，並一直持續噴發至今。最近一次噴發於1999年3月至2000

年6月間，大量熔岩流溢出，堆積於火山陷落口內。2012年9月20日，聯合國教科文組織將巴杜爾火山列入世界地質公園的一部分。

我曾造訪峇里島兩次，一次是參加每四年一次的國際火山大會，會議中的野外考察即是造訪這兩座火山，並由專業火山學者帶領實際考察巴杜爾火山口內的陷落構造和熔岩流的各種表面構造，這是我第一次看到剛噴發不久、由岩漿直接流出冷卻的 Aa 熔岩和繩狀熔岩。另一次是帶領約30位中小學地科老師前往印尼考察火山。令人印象深刻的是由首都雅加達向東飛往峇里島途中，從飛機窗口往外看，一座一座冒著黑煙的壯觀火山，彷彿綿延不斷、永無止境，上升的煙塵直向穹蒼，這才讓我瞭解為何

印尼被稱為火山國家的原因。

2. 騎馬上火山——爪哇婆羅摩聖山

婆羅摩火山（Bromo volcano）坐落於印尼爪哇島東部、泗水東南，海拔高度 2,329 公尺，山頂上火山口的南北向直徑為 800 公尺、東西向直徑為 600 公尺，為印尼相當活躍的一座火山，最近一次噴發在 2015 年。大約 80 萬年前，一次大噴發形成了唐格爾山（Tengger）巨大火山陷落口，直徑約 10 公里；其後在火山陷落口內又再爆發，相繼誕生了婆羅摩火山、巴托克火山（Mt. Batok）和塞梅魯火山（Mt. Semeru）。信奉印度教的印尼人把婆羅摩火山視為印度教三大聖山之一。

爪哇婆羅摩火山被視為印度三大聖山之一，是相當熱門的旅遊景點，須穿過一片沙海再爬山才能抵達。

攝影：宋聖榮

陷落口底部相當平坦，由火山物質的沉積物堆積侵蝕而成，廣泛的沙海和壯觀的火山地形，並稱為東爪哇二大奇特景觀，是相當熱門的旅遊景點。前往婆羅摩火山須穿過一大片沙海，可乘坐吉普車或騎馬；但吉普車開抵終點後距離山腳下還有一段路，要靠走路才能到達山腳下，這對一般人是一種考驗。當時我帶著一群約30位中小學地科老師前往考察，其中有幾位已有點年紀，所以在出發前就已先請旅行社安排騎馬。這是我生平第一次騎馬，相當刺激和興奮。抵達山腳後再爬一段階梯上火山口，可聞到陣陣刺鼻的硫磺味。婆羅摩火山是我看過的火山中最漂亮和壯觀的一座，對於就近觀看火山有興趣的讀者，一定不能錯過。

3.改變歷史的火山——
　　爪哇默拉皮

默拉皮火山（Merapi）位於印尼的爪哇島中部，是印尼130座火山中活動最頻繁的一座，也被選為十年火山。已知最大的噴發發生在西元1006年，使爪哇中部到處散布火山灰，掩埋周遭大部分的寺廟，包括號稱世界七大奇觀、世界最大的佛教寺廟——婆羅浮屠（Borobudur）和附近的大小廟宇等。根據印尼火山歷史學家在國際會議中的報告，默拉皮火山在10世紀的大噴發中，火山灰和火山泥流覆蓋王國首都大部分的區域，讓當時的印尼佛教王國——馬打蘭王國的姆普辛多克國王必須將首都遷至東爪哇地區，因而改變印尼的歷史，使其從一個佛教國家變成回教國家。

默拉皮火山位於歐亞板塊和印澳板塊隱沒帶之上，屬於火山島弧的火山，開始噴發的年代約為晚期更新世到早期全新世。火山早期噴發特徵為玄武質熔岩的溢流，形成較平緩的地形；後期熔岩以安山岩為主，含有較高的二氧化矽成分，變得更黏稠，因此噴發更具爆發性，形成較為陡峭的

默拉皮火山在10世紀曾大爆發，
1997年的噴發造成慘重傷亡。

攝影：宋聖榮

層狀火山。

目前濃稠的岩漿擠壓聚集在火山口，造成熔岩穹丘（Lava dome）；若熔岩穹丘不斷擠出、累積於火山口附近，會造成陡峭地形而易塌陷，形成以岩塊爲主的火山碎屑流堆積物；而後遇水或地震再次移動，就可能形成火山泥流往下游，淹沒低窪地區，造成災害。如印尼第二大城、也是古王國的首都──日惹，周遭就有很多被掩埋的寺廟和房舍，聯合國教科文組織協助於此從事挖掘工作。

2000年我參加峇里島國際火山學會大會，會前至默拉皮火山進行四天三夜的地質考察，考察的重點是1997年火山噴發所形成的火山碎屑流堆積物、後續引發的火山泥流堆積物，以及造成的災害。印象深刻的是有個村莊被高溫的火山碎屑流橫掃過，傷亡慘重，房舍滿目瘡痍，多數樹木的樹皮被剝落和被岩塊撞擊。

印尼火山學家帶領我們從火山西坡進入噴發的碎屑流堆積區，介紹不同年代所堆積的火山產物。有兩個火山碎屑物堆積的露頭，其中一處是直接由火山碎屑流堆積所形成的，另一處爲火山泥流堆積物。他讓來自世界不同國家約30位的火山學家判斷，何爲火山碎屑流堆積物？何爲

火山泥流堆積物？當場美國地質調查所的火山學家克里斯多福・紐霍爾（Christopher Newhall）利用磁力儀測定堆積物中岩塊的磁極方向。他隨意採集10個已標示方位的岩塊，測定每個岩塊的磁力方向，若10個岩塊的磁力方向都一致，顯示其堆積時的溫度超過岩石被消除磁力的居禮溫度──580℃，然後堆積後冷卻過程中被地球磁場再磁化，故若所有岩塊的磁力方向一致，是爲高溫堆積的火山碎屑流堆積物；反之，則爲火山泥流堆積物。

另外，考察的最後一天午夜，大會安排所有參加的人先到標高約1,200公尺的山腰處，再往上爬到標高2,910公尺的火山山頂。凌晨約4點左右，走到距離山頂約300公尺處的一個平臺，竟然見到滿山的帳篷和如夜市般的人潮，都是要爬上山頂看日出的朝聖者！到達山頂約早上5點左右，太陽漸漸升起，照在另一座火山上，天地間從黑暗逐漸變成金黃色，最後成爲綠色，此等景象，令人印象深刻，難以忘懷。

山頂上出露正在活動的熔岩穹丘，表面上看似冷卻溫度低，但拿著溫度計伸入硫氣孔量測，溫度可高達600℃，因此領隊警告大家不要太靠

近噴氣口和岩石。在火山頂上考察講解約4小時後從原路下山。走在陡峭的小路上，旁邊即為萬丈深淵，不禁倒抽一口氣，全身冷汗，若昨夜一個不小心，可能就會摔落深谷中。回到上山地點已是下午3點多了。整個行程急上和急下，對於個人體力是一大考驗，還好當時年輕，可以應付，若是現在，恐怕就無法完成此種考驗了。

四、菲律賓——湖中有島、島中有湖的塔阿爾火山

塔阿爾火山（Taal Volcano）位處呂宋島八打雁省，距離首都馬尼拉約50公里，是菲律賓最活躍的活火山之一，坐落於火山噴發形成的陷落火山口塔阿爾湖（Taal Lake）內。

自1572年有紀錄以來，塔阿爾火山有33次火山爆發，其中1911年的爆發導致逾千人死亡。值得一提的是1965年9月的噴發，形成長約1.5公里、寬0.3公里的新火山口，火山口後來積水成湖，所以形成「湖中有島、島中有湖」的稱號。此次噴發噴出的煙雲高達300多公尺，80公里以外的地方都有火山灰落下。在60平方公里內，火山碎屑物堆積25公分，噴出和移動的物質多達7,000萬立方公尺，並同時形成火山碎屑堆積物。此次噴發和產物特徵與1967年在南

菲律賓呂宋島上的塔阿爾火山坐落於陷落火山口塔阿爾湖內　　　　　　攝影：宋聖榮

太平洋比基尼環礁（Bikini Atoll）核試驗的現象和堆積物相似，所以在火山噴發碎屑堆積物中的底浪堆積物（base surge）一詞即是由觀察核試爆而來。

塔阿爾火山在2022年3月26日發生火山噴發，菲律賓火山地震研究所警告附近居民，並將警戒級別提高至三級。此次噴發只見大量的湖水被噴至空中，未見任何岩漿物質噴出，是典型的蒸氣型噴發。與2014年日本御嶽火山所發生火山蒸氣型爆發事件相似。

五、航行在火環帶上——深海下的火山痕跡

自1995年起，國際海洋古全球變遷研究計畫（IMAGES, International Marine Past Global Change Study）正式運作，利用法國瑪麗昂－杜佛蘭（Marion Dufresne）號研究船從事深海岩芯採樣，以研究地球過去30萬年的氣候環境變遷。

發生在陸地上的火山噴發，大量堆積在火山鄰近地區的火山物質很容易受到風化侵蝕，消失殆盡，因而抹去發生火山噴發的紀錄；但若火山噴發的程度夠大、火山灰噴發夠遠、又鄰近海洋如火山島弧，火山灰就會成層堆積在鄰近海洋盆地，被保存下來，記錄鄰近火山噴發的狀況和歷史。鑽取這些火山灰層，可瞭解其曾經發生過的火山活動。

為了研究東亞季風最近30萬年的變化，臺灣國科會支持國內科學家主導IMAGES 1997與2001年在南海探取巨型活塞岩芯的計畫。2001年我參與了此航次的科學鑽芯活動，從臺北出發，飛往澳洲北部的達爾文港上研究船，航經爪哇海（Java Sea）、西里伯斯海（Celebes Sea）、蘇祿海（Sulu Sea）和南海（South China Sea），在基隆港下船休息一晚，隔天再上船前往沖繩海槽（Okinawa Trough）、日本海（Japan Sea）、鄂霍次克海（Sea of Okhotsk）和北太平洋天皇海山鏈（Emperor seamount chain）海域，最後在日本四國的高知港下船，結束此次的海洋研究活動。整個航程花了約兩個月的時間，總計航行距離估計可能達1萬公里。

這次的航次屬於臺灣的岩芯共有

研究船深海沉積物中的岩芯採樣　　攝影：宋聖榮

10根，其中在西里伯斯海、蘇祿海、南海、沖繩海槽和鄂霍次克海的岩芯都含有火山灰層。在西里伯斯海、南海和沖繩海槽，有超過幾十層的火山灰層，顯示其周遭陸地有火山活動，且噴發頻率相當高。

　　途中有一些令人難忘的趣事。自澳洲上船前，行走在達爾文港街道旁，可撿拾到相當多的虎眼石（tiger's eye），這是一種紅棕色的蛇紋石。上了瑪麗昂－杜佛蘭號，船長會下令把首次穿過赤道的船員和科學家丟到裝滿水的大水池內做為慶祝。船行走在蘇祿海中比行走在風平浪靜的日月潭還要平穩，因蘇祿海位於赤道無風帶，海面上靜如鏡面，船長允許大家上到甲板欣賞日落風光，但入夜後則下令封閉船艙，快速穿過此片海域前往南海。蘇祿海周遭島嶼眾多，以海盜聞名，行走在這片海域的船隻若稍不留意，他們會無聲無息地上船劫持搶奪船隻。原先規劃在蘇祿海鑽取兩根岩芯，並請菲律賓海軍派軍艦就近保護，但菲律賓海軍鑒於海盜的威名不敢前來，於是放棄在蘇祿海鑽取岩芯的計畫，直接穿越前往南海。

　　船一入南海南部海域，顛簸程度有如從天堂下到地獄，大部分的科學家和學生都暈船，出身漁村且有上船捕魚經驗的我也不例外，只見人人在船醫房間前排隊，領取暈船藥或防暈船的貼片，一到兩天後才慢慢適應。

　　從澳洲出發到基隆港中途下船休息，此時航程已約一個月。這一個月來，我們中餐和晚餐都是吃典型的法國餐，科學家們坐在餐桌前由法國廚師服務，從前菜、主菜和甜點，一道一道上桌，餐前和餐中酒的紅酒和粉紅酒隨意喝，是我生平吃最多次法國餐的一段時光。另外，這一個月來主菜幾乎沒有重複過，還首次吃到袋鼠肉和鱷魚肉。

　　離開日本海前往鄂霍次克海途中，也曾短暫在日本北海道函館港停留半天，讓大家上岸打打牙祭，吃日本餐。船離日本北海道向千島群島方向航行，還未離北海道，視線就可看到日本和俄國有爭議的「北方四島」，距離之近讓日本耿耿於懷，有如一根刺插在喉嚨中。在鄂霍次克海公海內鑽取岩芯時，不時可見到俄羅斯的船隻就近監視，因俄國宣稱鄂霍次克海為其領海範圍，不允許外國船隻出入。2000年鑽井岩芯海域處還是公海，幾年後就被俄國劃入該國的領海範圍內。

CHAPTER

21

板塊交界處

義大利處於非洲板塊和歐亞板塊交界處，火山活動活躍。
非洲板塊俯衝到歐亞板塊之下，其中的水分揮發，使得俯衝帶後部（即北部）
的上地函融化，較輕的物質上升，在地殼的薄弱處形成了弧後火山。
南方有許多火山島嶼，西西里島上的埃特納（Mt. Etna）是全歐洲最大、
也是最高的火山，維蘇威火山則是知名的活火山。
冰島以「極圈火島」之名著稱，因處於歐亞板塊和北美板塊之間，
因此島上坐擁多座火山，溫泉的數量更是全球之冠。

坎皮佛萊格瑞火山曾在39,000年前發生大爆發，被認為可能是造成尼安德塔人
滅絕的原因之一。至今地震活動頻繁，顯示地底活躍的岩漿活動。

攝影：宋聖榮

一、義大利

1.釀造葡萄酒的沃土
——坎皮佛萊格瑞火山隆隆聲響

　　坎皮佛萊格瑞火山（Campi Flegrei）坐落於義大利大拿坡里區，20萬年前曾發生劇烈的超級火山噴發，形成一個巨大的陷落火山口，為歐洲地區最大的一座超級火山。坎皮佛萊格瑞名稱源自於希臘語 φλέγος（意指燃燒的），是羅馬神話中火神伏爾坎努斯的家。這個寬13公里的大型火山區，在義大利那不勒斯以西，現今大部分位於水下，那不勒斯海灣為此次噴發陷落所形成。

　　此火山區包括24個火山口和火山體，顯現旺盛的熱液活動，以及硫氣孔和火山口的氣體噴發。該地區也出現海陸升降現象，主要表現在波佐利的塞拉皮斯神廟，顯示地底下還有岩漿活動的跡象。另外，該火山曾在39,000年前發生一次大爆發，導致當時全球性的氣溫下降，被認為可能是造成尼安德塔人滅絕的原因之一。

　　最近一次爆發是1538年，距離上一次噴發已經過了近5個世紀。義

大利火山學家一直對此火山進行觀察監測，發現頻繁的地震活動，旺盛的噴氣中含有大量的二氧化硫和硫化氫，噴氣口中昇華堆積黃色樹枝狀的硫磺結晶，以及伴隨火山口變形等情況，都顯示出地底下蠢蠢欲動的岩漿活動。專家警告當地居民，火山在不久的將來可能有另一次大規模爆發，歐洲、尤其是義大利須做好準備，因為預估將有超過36萬居民的生命可能受到威脅。

2015年我曾與義大利佛羅倫斯大學地球科學系奧蘭多教授（Orlando Vaselli）共同前往坎皮佛萊格瑞火山考察和採集氣體樣本，並夜宿在此火山陷落口內。因旅館離火山噴氣孔並不遠，夜深人靜躺在旅館床上，都可清楚聽到火山噴氣隆隆的聲響，不禁心想，若此時火山噴發，可能會類似位於同一火山區域內之維蘇威火山旁的龐貝城，在公元79年因火山噴發被埋在厚層的火山碎屑流中。難怪義大利的先人一直警告後代子孫，遠離

大那不勒斯區域的火山土地。然而義大利人依賴火山噴發堆積物所化育的肥沃土壤，種植釀造義大利最好的葡萄酒，如果有一天老天爺要回這些土地，土地上的人們恐怕會為此付出代價。

2. 火山口內採氣記── 伏爾坎寧之旅

伏爾坎寧島（Vulcano Island）是位於義大利西西里島北邊25公里海域的一座火山島，面積21平方公里，海拔500公尺，屬伊奧利亞群島（Aeolian Islands）八個火山島中位置最南邊的一座，也是義大利四個活躍的非海底火山之一，主要是非洲板塊向北移動、擠壓隱沒入歐亞板塊所形成的島

在伏爾坎寧火山進行地質調查與採集火山氣體　　　　攝影：宋聖榮

弧火山。

1889-1890年，伏爾坎寧火山發生岩漿與海水作用，劇烈噴發，大量的火山碎屑物被噴到空中，形成一個直徑約1公里左右的火山爆裂口，卽格蘭火山口（Gran Crater），大量的火山物質堆積在火山口附近，顆粒巨大似波羅麵包的火山彈，散布在火山頂上。此次噴發型態被火山學家歸類爲一種特殊的噴發特徵，稱爲伏爾坎寧式（Vulcanian type），噴發劇烈程度介於斯沖坡利式（Strombolian type）和維蘇威式（Vesuvian type）之間。

伏爾坎寧式的噴發以中性的安山岩到酸性的流紋岩爲主，岩漿黏滯性較大，所產生的火山爆發程度也較高。如本書第2章介紹，此噴發型式在空中會形成黑色蕈狀雲，在白天亦甚黑暗。

在科技部臺義合作計畫的經費資助以及義大利佛羅倫斯大學奧蘭多教授研究團隊協助下，我前往伏爾坎寧島進行火山地質調查並採集火山氣體。

島上有三個火山噴發中心，分別爲南端舊的噴發中心皮亞諾（Piano Caldera），屬層狀火山錐；北部海岸的伏爾坎寧火山；以及格蘭火山口。西元前183年，火山噴發，火山島北部海岸出現一個獨立的小島伏爾坎內諾（Vulcanello）。1550年的噴發，創造出一個狹窄的地峽，將其連接到伏爾坎寧火山。最近的活躍中心是格蘭火山口，它在最近6,000年已至少有9次大爆發。

這次我的地質調查和採集火山氣體工作，主要集中在1889-1890年噴發形成的格蘭火山口，採集點包括

埃特納火山是歐洲最大、最高的火山　　　　　　圖片來源：© by BenAveling, via Wikimedia Commons

位於港口附近海岸邊、島上含刺鼻硫化氫氣味的著名泥浴區（mud spa），以及位於海中最大的噴口，此處逸氣量相當大，曾有遊客遊經此處因吸入大量二氧化碳和硫化氫被嗆暈，採樣時要特別注意安全。位於爆裂口內有數個高溫噴氣口，其中溫度最高者可達335℃。噴口附近有硫磺結晶，且含大量的硫化氫，採樣時須戴面罩。另外，在伏爾坎寧島上設有一座火山博物館，介紹有關此座火山的形成歷史以及鄰近火山（埃特納火山〔Mt. Etna〕、斯沖坡利火山）的相關資訊，館內並有義大利大學相關科系的學生

志工駐點解說並播放影片。

伏爾坎寧島是義大利人很喜愛的一座火山島，我們一行人住在村中民宿三天，每天早上可見一艘艘交通船從西西里島載著滿滿的遊客在港口登陸，在領隊帶領下，他們不經村莊、直接沿著港口邊登火山口小路上的爆裂口，繞行一圈，下山後即登船揚長而去。所以當地人都抱怨「生雞蛋的沒有、只有到處放雞屎」，對島上的經濟無任何幫助。

3. 遇見毀滅龐貝城的維蘇威火山

維蘇威火山（Vesuvius, Vesuvio）為

維蘇威火山與那不勒斯灣　　　　　圖片來源：© by Wolfgang Moroder, via Wikimedia Commons

衆人所知曉，是因爲它於西元79年噴發，將龐貝城（Pompeii）整個掩埋。這座活火山位於義大利南部那不勒斯灣東岸，海拔高1,277公尺，火山口周邊長1,400公尺，深216公尺，基底直徑3,000公尺。

維蘇威火山被認爲是希臘羅馬神聖的英雄和半神大力神「赫拉克勒斯」（Heracles, Hēraklēs）的化身。宙斯的兒子赫拉克勒斯是一個半神，因爲宙斯被稱爲Ves，赫拉克勒斯因此也被稱爲Vesouvios。也有人說，因爲火山總是一直處在活躍期，所以才被稱爲維蘇威，意思是「未熄滅的」。

維蘇威火山的形成是非洲板塊和歐亞板塊相互碰撞隱沒的結果，屬於島弧碰撞的火山活動。維蘇威火山在12,000年的歷史中時常噴發，最近一次發生在1944年二次大戰時，當時盟軍很多飛機因此被損毀，造成反攻的困擾及延遲，這也是歐洲大陸在近一百年內噴發最劇烈的一座火山。20世紀中，維蘇威火山已發生了六次大規模的噴發；但最著名的還是西元79年8月24日那場震驚世人的噴發，兩個繁盛的羅馬城市因此完全被吞沒，龐貝、賀庫蘭尼姆（Herculaneum），還有山下西部區域的別墅。

美國水牛城大學的火山專家薛利丹（Michael F. Sheridan）與一群義大利考古研究人員，在維蘇威火山的西、北及東邊地層中，挖掘出另一次大爆發的火山灰及浮石等沈積物，依據定年資料，噴發的時間遠溯至西元前1790年左右，根據當時受災最嚴重的村落名稱，將這起大爆發命名爲「阿維利諾大災難」（Avellino catastrophe）。[6]

維蘇威火山被公認爲是全球最危險的活火山之一，國際火山學與地球內部化學協會把其劃歸爲20世紀的十年火山，現在可能已進入每2,000至3,000年一次的大爆炸循環週期。登上維蘇威火山鳥瞰大那不勒斯灣，周遭人口密集，若未來再次噴發，可能發生類似西元79年的噴發掩埋事件；故火山學家指出，針對維蘇威火山未來噴發的逃生應變計畫，應該以銅器時代那次大爆發爲圭臬。

6　Giuseppe Mastrolorenzo, Pierpaolo Petrone, Lucia Pappalardo, and Michael F. Sheridan（2006）The Avellino 3780-yr-B.P. catastrophe as a worst-case scenario for a future eruption at Vesuvius. *PNAS*, 103（12）. 參閱https://www.pnas.org/doi/10.1073/pnas.0508697103

拉基火山曾在1783年爆發，導致冰島人傷亡慘重。如今它劃歸國家公園，是著名的地質旅遊勝地。

攝影：宋聖榮

二、冰島

1.拉基火山──
熔岩流上的馬蹄聲

　　拉基火山位於冰島，曾在西元934年和1783年發生兩次大規模噴發。西元934年的噴發中，噴出了多達19.6立方公里的玄武岩熔岩；而1783年則噴出高達1億2千萬噸的二氧化硫（SO_2），導致20%～25%的冰島人因饑荒和中毒而死亡，且對歐洲和北美、甚至全球氣候都產生很大的影響。拉基火山的噴發方式以裂隙噴發為主，在1783年的火山活動中，岩漿沿著裂隙溢流而出，形成拉基裂隙（Laki Fissure），且造成130個小型火山噴發口。

　　前往冰島旅遊，飛機在凱夫拉維克國際機場（Keflavíkurflugvöllur）著陸，前往首都雷克雅維克市（Reykjavík）的公路兩旁，望遠四周都是玄武質熔岩流，這些皆是1783年火山噴發的產物。熔岩流從火山口噴出地表後，形成波狀與繩狀熔岩和阿ㄚ熔岩的表面產狀特徵。（參考第9章澎湖火山岩產狀）

拉基裂隙位於冰島內陸，為了保存此一難得的自然襲產，2008年被劃歸為瓦特納冰川國家公園（Vatnajökull National Park）。由於地形起伏和地表崎嶇，且熔岩表面覆蓋著厚薄不一的苔蘚和地衣，並無公路直接到達。一般的四輪傳動雖可行駛，但冰島人擔心對地表特殊精細的熔岩表面會造成無可回覆的破壞，聰明的人們遂開發出騎馬在熔岩之上的旅遊方式，不管男女老少都可騎在溫馴、訓練有素的馬上，悠哉漫遊約3個小時，觀察熔岩表面的繩狀、波狀和崎嶇尖銳的各種玄武熔岩，也可觀看拉基火山的裂隙外觀和冰島荒野遼闊的地形，享受位於極地杳無人煙的世外桃源風光。

2.大間歇泉

位於冰島西南部奧爾內斯省的冰島間歇泉，也稱為大間歇泉（Great Geysir），冰島話的譯音叫「蓋策」。冰島是一個間歇泉非常密集的國家，在首都雷克雅維克附近一個山間盆地裡，有一片很有名的間歇泉區，大間歇泉即位於此。在噴發平靜的時候，是一個直徑約20公尺的圓狀大水池，青得發綠的熱水把圓池灌得滿滿的，並且沿着水池的一個缺口緩緩流出。但這種平靜維持不了多久，就會突然暴烈噴發。開始噴發時只見池中清水翻滾，池下傳出類似壺水煮開的呼嚕聲，然後一貫水柱沖天而起，在蔚藍色的天空上飄灑着滾熱的細雨。據估計其噴發高度可達70公尺。

冰島大間歇泉噴發高度可達70公尺　　　攝影：宋聖榮

CHAPTER

22

板塊內的火山——
不鳴則已、一鳴驚人

一、美國

1.加州長谷火山陷落口
　　——流紋岩熔岩穹丘景觀
　　以及巨岩上的日出

　　長谷陷落火山口（Long Valley Caldera）坐落在加州東部靠近內華達州的地區，距離美國西部有名的優勝美地國家公園約16公里。此座火山在76萬年前曾發生超級火山噴發，噴出超過1,000立方公里的岩漿量，把地底岩漿庫部分掏空，因而無法支撐上部岩層，造成陷落，形成了一個長約32公里、寬18公里、深達910公尺的陷落火山口，這是地球上最大的火山口之一，也是六座超級火山之一。噴出的火山灰廣泛分布在美國

帕努姆爆裂口，火山口中出露熔岩丘，展現教科書中流紋岩熔岩穹隆的所有特徵。

西部各州，稱爲**主教凝灰岩**（Bishop Tuff），開車行駛於西部州公路上，若有出露相當於76萬年前的地層，就可見到此一火山灰層。另外，若沿州際6號公路從北進入此陷落口內，在公路旁就可見到此一火山事件所形成的具有熔結構造的火山碎屑流堆積物，主要是由流紋岩質玻璃或浮石和礦物晶體碎屑顆粒所組成。

長谷火山口內有廣泛的溫泉分布和熱水換質區，其熱源是陷落火山口形成後，來自地底深處的岩漿補注，形成高黏滯性的流紋質岩漿，以熔岩穹窿溢出所供給；另外並伴隨斷層作用和蒸氣噴發，形成爆裂口，其中較有名的稱爲因約爆裂口（Inyo crater），

火山口內有地熱的探勘和電廠建造。

從長谷陷落火山口往北到莫諾湖（Mono Lake）之間有數個圓頂和熔岩流構成的火山鏈，其中**帕努姆爆裂口**（Panum Crater）和熔岩丘形成於距今600到700年之間，展現了教科書中流紋岩熔岩穹窿的所有特徵。若你有機會途經此處，千萬不要錯過這美麗的自然景觀。

長谷陷落火山口常是火山或地熱國際會議安排的野外考察地點。我曾參加內達華州雷諾市舉辦的火山學術研討會，至長谷火山進行考察，沿途可看到火山爆裂口、火山噴發物、伴隨火山活動的斷層、熱液換質作用和溫泉，以及地熱鑽井和發電廠等。

攝影：宋聖榮

令我印象特別深刻的是領隊安排的日出觀賞。由於長谷火山坐落於偏遠的荒野，很多野生動物出沒，例如灰熊和狼等凶猛動物，一大早天還未亮集合時，領隊就特別囑咐我們要小心熊出沒，牠們經常會在晨間到人類住所附近的垃圾桶翻箱倒櫃尋找食物。接著出發觀日出。觀日出的地點，並不是東邊寬闊無遮蔽的高地，而是西邊有高聳裸露且面東岩壁的湖泊旁，我們在此靜靜等候。

當天空微亮，太陽尚未升起，此刻見到一道金黃色的陽光照射在岩壁上，且慢慢的由上往下移動，相當壯觀。往常看日出都是直面太陽從海平面或山後躍出，這是第一次從相反方向觀賞，當金黃色光線在岩壁上移動時，著實令人驚嘆不已。

此外，我相當佩服美國人的商業頭腦。長谷是美國加州冬季的滑雪勝地，每到冬天，旅館一房難求，但夏季則較少人潮，所以長谷管理者就在夏季開發越野腳踏車運動，讓愛好者在旅館區乘坐纜車上山頂，然後騎越野車下山，只需一張票，就可無限次數乘坐纜車上山。旅遊者以青少年居多數，攜帶腳踏車乘坐纜車上陷落口內獨立山峰，然後騎越野腳踏車下山。騎在彎彎曲曲陡降的山路上，不

僅可享受周遭火山壯觀的地形，也增添刺激感。

2.黃石公園——變動頻繁充滿危機的世界奇景

●如果爆發的話……

黃石火山陷落口（Yellowstone Caldera）位於懷俄明州的西北角，美國黃石國家公園內，是一座第四紀的超級火山。陷落火山口大約有72公里長、55公里寬，大小僅次於印尼托巴火山陷落口，是過去210萬年來三次超級火山噴發所形成。第一次發生在210萬年前，第二次發生在130萬年前，第三次發生在64萬年前，約每60到70萬年噴發一次，所以有人推斷，第四次超級火山的噴發即將來臨。英國BBC電視臺曾以黃石火山為背景拍攝，並假設如果黃石公園的火山再次爆發，火山爆發指數8，規模將是1980年聖海倫斯火山爆發的2,500倍，會引發全球性災難。

黃石火山亦是蛇河－黃石熱點（Snake River Plain - Yellowstone hotspot）的一部分，該熱點最早一次噴發大約在1,600萬年前，位置是現在的俄勒岡州和內華達州的邊界附近。最近一次噴發是在60萬年以前，噴發形成

黃石公園火山陷落口的雪景和噴泉　　　　　　　　　　　　　　　　攝影：宋聖榮

了黃石火山口。一連串的火山噴發形成的火山中心，掃過了上千公里的距離；然而並不是火山熱點在移動，而是火山熱點存在於上部地函內，熱點上方的北美大陸在移動（板塊漂移）。

近幾年該地區地質的異常變動頻繁，包括地震和地表隆起等，但沒有證據表明該超級火山會在以後的幾年內爆發。然而如果黃石火山再次爆發，引起全球性的火山災難將包括：1、火山灰將覆蓋全美四分之三的土地；2、在火山1,000公里範圍內，

灰塵引起大量暴雨，爆發泥石流，火山灰將壓垮多數民房；3、火山灰塵導致電子設備無法正常使用，將使通訊、交通、物流等行業全線癱瘓；4、多數民眾將死於化學氣體中毒、受汙染的水和食物，比如氟；5、全球性的天氣災難，硫酸氣體層將在兩周內覆蓋全球，反射陽光，致使全球平均氣溫下降12°C到15°C。赤道附近可能持續兩三年積雪，季風消失，大部分人類和動植物會死於寒冷和飢餓。

2017年美國NASA以「能否阻

黃石公園的噴泉

攝影：宋聖榮

止黃石火山爆發」為題進行了一項研究。研究結果顯示，只要將岩漿庫降溫35%就能避免爆發。可能的方法是往地下10公里處注入高壓水，水被氣化返回地表釋放大量的熱能，然後再重新循環回地下，緩慢降溫火山岩漿。另外，釋放的熱能可以收集利用，建立一座超級地熱能發電站，在未來數千年源源不斷地供應乾井的再生電能。該計畫如果付諸實行，預計成本約為34.6億美元。然而此一計畫只是一個構想，現階段的技術難以實現。

• 守信的噴泉──噴向天際的老忠實與蒸氣船

　　美國黃石國家公園內有無數的間歇泉，其中以老忠實間歇泉（Old Faithful）最為有名，也是公園第一個被命名的間歇泉。關於噴發間隔的時間，有些間歇泉並不穩定，例如冰島間歇泉；有些則相當規律，就像黃石公園內的老忠實泉。[1]若你有機會拜訪老忠實，在遊客中心就可看到預測下次噴發的時間。

早在 19 世紀的歷史文獻中，就曾清楚記載老忠實的噴發情形。納撒尼爾・皮特・蘭福德（Nathaniel P. Langford）於 1871 年出版的探險紀錄中陳述：

……沿火洞河進入上間歇泉盆地後，在晴朗的藍天和耀眼的陽光下，令我們驚奇的是在不遠處看到一個乾淨、密集而閃閃發光的水柱，衝向高空約 125 英尺高。有人大喊「間歇泉！間歇泉！」。水汽穿越地下孔穴形成一個直徑約 3.7 英尺不規則的橢圓小洞，洞中裝滿了水。……間歇泉周圍由泉水沉澱的石灰泉華堆積成一個小丘，高度約 30 英尺，噴發口又高出 5 或 6 英尺。在我們被此一景象震撼呆立的時候，間歇泉又規律地噴發了九次，噴發的高度從 90 至 125 英尺不等，每次持續約 15 至 20 分鐘。我們把它命名為「老忠實」（Old Faithful）。

另一個位於美國黃石國家公園的

臺灣的人工間歇泉

臺灣也有間歇泉，但不是自然形成，而是人工創造出來的。臺灣的間歇泉位於宜蘭土場地熱區、田古爾溪溪床旁的河階上。在 1960 年尚未從事地熱探勘鑽井時，並未有間歇泉的噴發；而後工研院在田古爾溪旁鑽井（IT-1）從事地熱探勘，在地下約 500 公尺深處獲得溫度超過 150°C 的熱水，但後續並未進一步開發而封井。由於封井不確實造成井崩，讓地下水有機會滲入、被加熱後噴出形成間歇泉，所以這不是一個自然形成的間歇泉。我多年前前往調查發現，當時此一間歇泉約 5-6 小時噴一次，噴發高度約 10-15 公尺且持續約 10 分鐘左右。2022 年再次前往觀察時，間歇泉噴發高度不超過 5 公尺、持續時間約只剩 2-3 分鐘，每次噴發間隔時間也變得很不確定。

間歇泉──蒸氣船間歇泉（Steamboat Geyser），噴發水柱高度可達 90 公尺，是全世界噴發高度最高且相當活躍的間歇泉。其噴發間隔時間並不規律，從 4 天至 50 年不等。[2] 例如在 1911

---

1 依據美國地質調查所的研究計算，老忠實間歇泉每次噴發的沸水量約 3,700–8,400 加侖（約 14,000–32,000 公升），噴發高度可達 106–185 英尺（32–56 公尺），持續 1 至 5 分鐘，平均高度是 145 英尺（44 公尺），最高紀錄為 185 英尺（56 公尺）。每次噴發間歇為 45 至 125 分鐘，1939 年時平均時間為 66 分鐘，現在已經逐漸升至 90 分鐘。

2 蒸氣船間歇泉主要噴發時間可持續 3 至 40 分鐘，並伴隨著大量的水汽。小規模的噴發規律頻繁，噴發高度約為 3-12 公尺。

年至1961年間，蒸氣船間歇泉一直處於休眠狀態。最近一次較大的噴發發生於2018年9月30日下午6點55分。每一次噴發之後，該間歇泉都會持續48小時散發著水汽。

黃石火山陷落口內有多家旅館，其中以位於老忠實間歇噴泉旁的老忠實旅館（Old Faithful Inn）最為出名。這座旅館創建於1903～1904年，建材皆來自當地的石頭和木頭，堪稱全世界最大的木製建築之一，不僅是美國國家公園內第一所旅館，更是美國國內少數僅存的木製旅館，擁有大約300個房間。

老忠實旅館曾被美國人票選為最受歡迎的建築，來此住宿的名人也相當多，如大小羅斯福總統（Theodore Roosevelt Jr., Franklin Delano Roosevelt）、卡爾文‧柯立芝總統（John Calvin Coolidge, Jr.）和沃倫‧蓋瑪利爾‧哈定總統（Warren Gamaliel Harding）等。有意拜訪黃石火山陷落口的旅客，相當推薦住宿於此，可以體會各種間歇泉的噴發，想像地底下巨大岩漿庫的作用。

3.夏威夷遇見熔岩流……

• 大島海底山鏈見證板塊漂移說

夏威夷大島是由五個盾狀火山所構成，分別為基拉韋亞火山（Kīlauea）、茂納羅亞火山（Mauna Loa）、茂納凱亞火山（Mauna Kea）、科哈拉火山（Kohala）和華利來火山（Hualālai）等。夏威夷島火山的成因是太平洋板塊向西北移動、且漂浮在岩石圈板塊下伏的地函熱點上，不動的熱點岩漿上升，穿越太平洋板塊，形成了板塊內部火山。不斷往前移動的火山只要移動遠離熱點，即變成死火山。在地球過去7,000多萬年的時間裡，此一過程創造了長達6,000公里長的夏威夷－天皇海底山鏈（Hawaiian-Emperor seamount chain），這是20世紀地球科學上最重要的理論「板塊學說」的重要證據。（參考第4章）

「基拉韋亞」在夏威夷語的意思是「湧出」或「冒出」，形容火山經常湧出岩漿，這是目前世界上最活躍和噴發最頻繁的火山之一。根據統計，20世紀內此座火山就噴發了52次。從1983年1月3日至2018年12月，長達35年來它一直不斷地噴出岩漿，每年噴出的岩漿量平均約0.5立方公里，噴出的物質如果鋪成道路，可以

夏威夷大島熾熱岩漿流出地表的情景   攝影：宋聖榮

繞地球三周以上，整個基拉韋亞火山表面90%是被年齡不到1,000年的岩漿所覆蓋。

　　基拉韋亞火山相較於夏威夷其他四座火山來說，還很年輕，活躍至今僅有60萬年的歷史。島上最古老的火山是位於西北部的科哈拉火山，在成為死火山前，它經歷了將近90萬年的火山活動。當夏威夷熱點岩漿上升的中心慢慢從西北往東南移動，西北的火山就成了死火山。

　　東南邊的兩座火山是活火山，包括基拉韋亞火山和茂納羅亞火山。但目前岩漿上升中心又逐漸移往東南邊的海底——位於夏威夷島東南方約

35公里處的羅希海底火山（Loihi）。羅希海底火山40萬年前開始成形，從太平洋水深平均5,000公尺的海底，逐漸噴發，累積高度已超過3,000公尺，預估1萬到10萬年後將會到達海平面之上，併入夏威夷大島的行列。

　　放眼全球，要就近觀察岩漿從地底冒出、在你跟前冷卻凝固，非基拉韋亞火山莫屬。有意前往基拉韋亞火山觀看高溫岩漿冒出的旅行者，可留意夏威夷國家公園的網站信息。2016年我前往夏威夷大學訪問時，安排了三天行程飛往夏威夷大島考察基拉韋亞火山和茂納羅亞火山。網站上顯示有岩漿噴出的信息，但因車子無法到

達，於是徒步約3個小時前往。

到達預定地後，國家公園志工引導遊客並提醒小心腳下，因為在一片黑色的熔岩中，突然有亮光出現，熾熱高溫的岩漿就在腳下破殼而出，雖然流動緩慢，但輻射熱卻令人難以接近。只見熔岩表面開始冷卻成薄殼，但在下方黏滯性高的液體帶動下，冷卻表層開始摺皺扭曲，活生生在眼前形成一綑一綑的繩狀熔岩，令人嘆為觀止！在觀賞熔岩時要聽從志工的引導，因表層凝固的熔岩下方可能還是高溫液體，若不小心踏足其上並陷落，你的腳可能就變成焦黑的豬腳了。

• 植物特徵——對應出熔岩年代

還記得前章提到，冰島熔岩流歷經數百年，被苔蘚和地衣覆蓋；相較之下，夏威夷熔岩則精采許多，熔岩表面的植物從苔蘚到地衣，從小草到高大的樹木，盡皆可見，熔岩表面的植被可與熔岩噴出冷卻的時間相對比。

有意前往夏威夷追逐岩漿噴出地表、四溢流動之壯觀景象的遊客，在讚嘆熾熱岩漿形成繩狀熔岩冷卻的同時，也不妨抬頭望望四周岩石表面植被的分布情形，你將觀察到剛噴發不久的熔岩表面沒有任何植物成長其中；隨著噴發年代愈久，熔岩表面逐漸從以苔蘚和地

夏威夷熔岩表面的植物
攝影：宋聖榮

衣爲主的植被，演變到以小草、灌木到高大樹木的闊葉林爲主，故由植被可幫助判定夏威夷地表熔岩形成的相對年代。

• 在 3,000 公尺以上的火山頂上觀星──茂納凱亞與茂納羅亞火山

在夏威夷的歌謠歷史故事中，茂納凱亞山（Mauna Kea）是孕育夏威夷人的大地之母所在，此保留區不僅是當地歷史保存的重要領域，更是世界著名的天文學研究、地球上進行天文觀測非常重要的陸上基地。

夏威夷茂納凱亞山天文臺（Mauna Kea Observatories）坐落在茂納凱亞火山頂，海拔 4,200 公尺，所有的觀測設施都在山頂的科學研究保留區內，占地 500 英畝，被稱爲「天文園區」。此一園區於 1967 年設立，由夏威夷大學的管理處承租該區土地，並由 11 個國家合作建造了十幾座次微米、紅外線和光學的大型天文觀測望遠鏡。

一般遊客可以到此天文臺參觀。在海拔 3,000 公尺處，有遊客中心中繼站，特別設置告示牌，警示 16 歲以下、孕婦、高血壓、呼吸不順及心血管疾病者，勿越此區，因爲往上海拔將急劇升高，空氣稀薄乾燥，紫外線強，冬季更可能隨時下大雪，需四輪傳動加雪鍊的車子才能上山。

不能上山的朋友也不要灰心失望，走出遊客中心，可見到幾座紅棕色的小山丘，是由火山渣錐（Scoria cone）噴發堆積形成的。堆積物中可發現火山彈和富含氣孔的火山渣，紅棕色的外觀則是因爲噴發後發生高溫的熱氧化作用，把二價鐵氧化成紅色的三價鐵染色而成。

此處的天文臺，臺灣亦有參與其中。中央研究院透過國際合作在夏威夷興建了兩座天文觀測站：其一即是位於茂納凱亞山頂上的**次毫米波陣列**

次毫米波

次毫米波是指波長略小於毫米的電磁波。相較於無線電波段和光學波段，次毫米波段在天文學中的發展較晚。次毫米波段介於紅外線與微波之間，頻率爲 300～900 吉赫，波長介於 1～0.3 毫米，是研究恆星形成的最佳波段，但因其透明度較低，只能在海拔 4,000 公尺以上，氣候乾燥且氣流穩定的高地才能觀測到。茂納凱亞山的八座次毫米波陣列望遠鏡，個別直徑均爲 6 公尺，能夠共同構成一個天線陣列，用以模擬出一座直徑 508 公尺、面積大約九座足球場大小的單一碟型望遠鏡。

夏威夷3,000公尺高的茂納凱亞火山中繼站旁的火山渣錐　　　　　　　　攝影：宋聖榮

（Submillimeter Array, 簡稱SMA）[3]，另一座是位於茂納羅亞峰（Mauna Loa）的**李遠哲宇宙背景輻射陣列**（Array for Microwave Background Anisotropy, 簡稱AMiBA）。

　　架設於茂納羅亞峰上的AMiBA為研究天文學的尖端利器，其設計、興建與運轉均由臺灣主導，主要合作單位爲中研院、臺灣大學物理系及電機系和澳洲國家天文臺。[4]AMiBA是亞洲首座且僅有的一座專門研究宇宙學的儀器，能靈敏地觀測到伴隨宇宙最初膨脹之微波背景輻射的分布，由微波背景輻射的分布可界定宇宙的組成成分，如一般物質、暗物質與暗能量等的相對比例，也能偵測並描繪遙遠的星系團，是探測遙遠宇宙結構的有力工具。

---

3 次毫米波陣列望遠鏡是由美國夏威夷大島上的史密松天體物理臺與臺灣的中研院天文及天文物理研究所合作興建。由史密松天文台所建造的六座次毫米波陣列望遠鏡先行測試運轉，其後兩座由臺灣負責製造，於2003年11月22日共同舉行這八座次毫米波陣列望遠鏡及操控中心的啓用典禮。

4 第一期七座天線的完工啓用典禮於2006年10月在茂納羅亞峰上舉行，由中研院前院長李遠哲與臺灣大學李嗣涔校長共同主持。李校長並於典禮中宣布將此陣列命名爲李遠哲陣列。

● 奇特的綠色沙灘──橄欖石

　　在臺灣海灘見到的色彩，不是白色就是黑色，前者以石英和生物碎屑為主，如珊瑚、貝殼等破片；後者主要是含板岩的碎屑顆粒。然而，在夏威夷的海灘上，除了白色和黑色，還有綠色沙灘。黑色沙灘並不是似臺灣以板岩碎屑顆粒為主，而是岩漿從陸上流入海中被快速冷卻、碎裂所形成的玄武岩質玻璃碎屑顆粒。而綠色沙粒則是橄欖石的晶體顆粒，這是世界上少有的橄欖石沙灘，更是前往夏威夷大島必遊之地。

　　夏威夷綠色沙灘位於帕帕科利亞海灘（Papakōlea beach），坐落在大島東南海邊，陽光下閃耀著一片綠光，相當顯眼。它是世界上僅有的四個綠色沙灘之一，另外三個分別為關島的塔洛福福灣沙灘（Talofofo Beach, Guam）、加拉帕戈斯群島弗洛雷納島的角鸕鷀海灘

夏威夷奇特的綠沙灘　　　　　　　　　攝影：宋聖榮

（Punta Cormorant on Floreana Island in the Galapagos Islands）和挪威霍寧達爾湖（Hornindalsvatnet, Norway）灘等。

　　綠色沙灘的橄欖石是來自5萬年前茂納羅亞火山的噴發岩漿，岩漿從陸地流入海中，遇水引發水成火山活動，再次噴發，大量的火山渣和火山碎屑被噴到空中，落下堆積於海邊，形成一座海邊無根火山錐（littoral cone），因岩漿不是來自地底深處，故稱無根火山。富含橄欖石晶體的玄武質岩漿被爆破成細小碎塊，綠色的橄欖石晶體比冷卻的玻璃重，所以沉積在海灘形成綠色沙灘；而較輕的玻璃質顆粒被海流帶離，堆積在其他海灘上，形成黑色沙灘。

　　前往帕帕科利亞海灘觀賞綠色沙灘，可自行開車，在11號高速公路上約69到70英里標記之間，找到South Point Road，行駛約8英里後停車，沿著指示綠沙灘標誌的土路徒步約2英里，之後繞著已被侵蝕的火山渣錐的邊緣，可以找到通往海灘的小路，向下走即到達綠色沙灘。走向海灘的沿路路邊，可見到未被爆破的玄武岩，含橄欖石斑晶達50%以上，見證了為何會有綠色沙灘的原因。

亞利桑納州石化林矽化木　　　　　　　　圖片來源：© By Scotwriter21, via Wikimedia Commons

4.亞利桑納州矽化木森林——
　　被火山灰凝結的植物

矽化木是樹木被石化的統稱，組成成分以二氧化矽（SiO_2）爲主，摩氏硬度 7.0 左右，近似石英。完整的矽化木能夠精確地保存原樹木的樹皮痕跡、細胞形狀與樹輪，成爲重要的植物化石樣本，內含不同的礦物會在矽化木中呈現不同的顏色。

位於美國亞歷桑納州北部的石化林國家公園（Petrified Forest National Park）是世界上最大的矽化木森林，主要是由生長於 2.07～2.25 億年前、中生代三疊紀晚期的南洋杉科南洋杉型木屬知南洋杉型木組成（Araucariaceae）。當時這些樹木死亡後，被火山噴發的火山灰所掩埋，火山灰之後轉變爲皂土或膨潤土（Bentonite，是一種矽酸鋁質的粘土，主要由蒙脫石構成），於是樹木便經由石化過程形成矽化木。石化林國家公園成立於 1962 年，其前身爲成立於 1906 年的國家紀念區。

樹木倒塌死後，被沉積物覆蓋埋入地下，組成樹幹的木質有機物體，在周圍岩層的溫度和壓力作用下，逐漸地分解；但若覆蓋樹幹的沉積物爲富含二氧化矽的火山灰，且周圍環境的溼度、溫度和壓力符合一定條件，在地下水的作用下，火山灰的二氧化矽、硫化鐵、碳酸鈣等礦物成分會緩慢地滲入樹幹內心，替換掉原樹幹中的有機木質。樹木的有機木纖維同時發生分解作用與無機二氧化矽的沉澱作用，木質成分被另一種無機成分取代，這種作用被稱爲「交代作用」，其中以二氧化矽成分爲多，所以也被稱作「矽化過程」。這種分解替換過程以分子單位進行，整個過程既精細又漫長，因此得以承襲樹木的原貌，甚至連木幹細胞的形狀都如實體現。

經過千百年不停地分解替換，整個木幹的有機木質會被替換爲無機的細小石英晶體。矽化木的完整性取決於樹木死後至樹幹被全面矽化的時間間隔。若矽化過程快，易保存其完整原貌且保存長久；但若矽化過程慢而久，樹幹的部分有機物質會在二氧化矽還未滲入時已分解失形。

1980 年美國華盛頓州的聖海倫斯火山發生重大爆發，火山爆發指數爲 5，是美國歷史上死亡人數最多，經濟損失最爲慘重的一次爆發，也是繼 1915 年加州境內的拉森火山爆發後，唯一一次重大爆發。此次噴發所造成的災害可分爲三區，最內圈稱爲「直接爆炸區」，平均半徑約爲 13 公

里，該區域內幾乎所有天然或人工的物體都被湮滅或沖走，因此也被稱為「除樹區」。第二區稱為「通道爆炸區」，從火山向外延伸至31公里遠，這個區域內火山碎屑流所流經的路徑上，一切都被夷為平地，在一定程度上受地形的影響形成通道。該區域內倒下的大樹相互平行，可以看出爆炸的力量和方向。這些樹都是從樹幹基部折斷，彷彿是由大鐮割斷的一般，因此也被稱為「倒樹區」。第三區稱為「烤焦區」，也稱「枯立區」，是受影響區域的最外層。這一區域的樹仍然保持豎立，但已經因爆炸產生的灼熱氣體燒焦成棕色。

聖海倫斯火山爆發致災的「倒樹區」與亞歷桑納州石化林國家公園未石化前的地質背景，非常相似。「倒樹區」的樹木被聖海倫斯噴發高度達25公里的火山灰柱落下的火山灰所掩埋，若經過千百萬年後，樹幹有機木質部分將被溶解至火山灰的二氧化矽所取代，形成矽化木。我們彷彿看到2億多年前，亞歷桑納州石化林區未石化前的寫照。

二、中國長白山天池火山 ——布滿浮石的東北三 江源頭

長白山天池火山位在中朝邊境，隸屬於中國吉林省和北朝鮮兩江道北部。天池是長白山的火山陷落口湖，推測可能為1,000年前左右大噴發形成了陷落火山口，而後積水成湖。天池呈橢圓形，水面海拔高度2,194公尺，面積9.165平方公里，周長14.4公里，水深平均204公尺，最深373公尺，為中國最深的湖泊，也是中國東北三條大河松花江、圖們江和鴨綠江之源頭。

有文字紀錄以來，長白山火山最少有兩次噴發。據朝鮮《李朝實錄》記載，西元1199年至1200年長白山火

長白山天池　　圖片來源：© By Charlie fong, Tlrmq, via Wikimedia Commons

山噴發時，南部井水突然沸騰，聲音如同牛鳴，且整整持續了十來日。年末冬天，有雷聲轟鳴，偶爾會有黑色的氣體自山嶺散發出來，隨即彌漫了整個京都。另外，1668年至1702年也記錄到長白山火山噴發：「咸鏡道富寧府在某月14日午時，天空突然晦暗，時而黃赤色交匯、煙霧彌漫，腥臭無比，人似在蒸爐之中，若蒸桑拿。此跡象在四更後慢慢消止，從高處看時，到處灰塵彌漫，天昏地暗。」以上記錄了火山灰出現的時間、顏色、氣味和厚度，被眾多火山學者認定是長白山火山噴發造成的。

　　30年前我曾到過長白山火山考察，那時中國剛改革開放，經濟尚未起飛，從吉林省首府長春市開車到長白山下的二道白河市就需花費一天，沿途路況差，且大部分為泥土路，乘車有如坐碰碰車、上下起伏大，到達目的地時已是滿身塵土，真正體會到古人所謂的「風塵僕僕」。住在二道白河市招待所內的八人房間內，連同吃飯和住宿一天是人民幣2元，陪同筆者前往考察的教授月薪是人民幣150元，生活相當清苦。有天天已黑，從野外回到招待所，盥洗完畢後到廚房吃晚餐，只見桌上一鍋肉湯和糙米飯，吃完飯後陪同人員才告訴我那是

長白山天池火山活動三時期

　　長白山天池火山是中國境內保存最完整的新生代複式火山，噴出的岩漿從最初的鹼性玄武岩演變為粗面岩，到現在的鹼性流紋岩。火山活動分為三個時期：

　　1、造盾噴發：從上新世末期到更新世早期，長白山區地殼活動劇烈，強烈隆起，並沿著裂隙湧出大量的玄武岩漿，形成盾狀火山。

　　2、造錐噴發：整個更新世為此一階段的火山活動，岩漿以粗面岩為主。因黏滯性較高，噴發方式為中心式火山碎屑物質噴發和岩漿溢流交互發生，形成錐狀的複式火山，是現在長白山火山的根基。

　　3、造火山口凝灰岩大爆發：時序進入全新世，岩漿以酸性的鹼性流紋岩為主，十分活躍。在過去的10,000年中，最少有10次以上的火山活動。其中在4,105±90年前的「天文峰噴發」，和1199～1201年的「千年大噴發」，為兩次較大的噴發。目前覆蓋在地表的浮石和火山灰為「千年大噴發」的產物，例如天文峰厚度超過70公尺的浮石堆積物、隨處可見的浮石火山泥流和廣泛分布在鴨綠江岸山坡厚度約10公分的浮石灰落堆積物等。千年大噴發的規模VEI為7，噴出量可能超過150立方公里，最遠距離到達日本北海道，留有1～2公分厚的火山灰。

狗肉，這是我平生第一次、也是唯一一次吃狗肉。

在長白山區從事野外地質調查，可見滿坑滿谷的浮石，很多工人利用篩網選取一定大小顆粒的浮石裝袋販售。經與工人聊天得知，這些浮石是要賣到日本供建材使用，一袋5元。一個工人平均一天可裝8到10袋，一天收入就有40到50元人民幣，僅需3到5天就比一位大學教授一個月的收入還高，難怪有很多工人投入此項工作。

在工人挖取浮石的坑洞中，發現一棵直立的碳化樹木，一圈一圈的年輪相當清楚。採取原地碳化木從事碳14的定年，可瞭解火山活動的年代。因在規劃前往長白山考察聯繫時，陪同教授就已告知希望從臺灣可帶一條洋菸來，與當地民眾溝通時會很有用，此時剛好派上用場，用一包洋菸與工人換取一段約50公分原地被埋藏的碳化木。本想把它完整帶回臺灣，無奈太重，只能選取從內到外部分小段的樣本，攜回臺灣從事定年工作。另外，沿著天池邊緣從事火山地質觀察時，到達中國與北韓邊境就無法前行，但藉著洋菸與士兵套交情，還是看到北韓境內的一些火山露頭，也是我唯一一次到過北韓。

全球蓬勃的火山公園與地質公園

火山自古以來就是人們敬畏的自然力量，它的噴發創造地球上最令人歎為觀止的自然奇景，堆積形成壯麗雄偉的火山地形，以及產生多采多姿的噴發產物和熱液活動。然而，火山噴發也常造成災難，例如鄰近地區的破壞、人員的傷亡和財產的損失等。基於以上特性，很多國家把火山地區、尤其是活火山地區規劃為國家公園或地質公園（Geopark），一方面希望對自然環境加以保護，另一方面也希望避免傷亡。

「國家公園」此一概念最早是美國藝術家喬治・卡特林（George Catlin）在1830年代提出。世界上最早的國家公園為1872年美國建立的「黃石國家公園」，之後「國家公園」為很多國家使用。1969年世界自然保護聯盟在印度新德里第十屆大會作出決議，明確訂出國家公園三項基本特徵：1、區域內生態系統尚未被人類所開墾、開採和拓居而遭到根本性的改變，且區域內的動植物物種、景觀和生態環境具有特殊的科學、教育和娛樂的意義，或區域內含有一片廣闊而優美的自然景觀；2、政府權力機構已採取措施以阻止或盡可能消除在該區域內的開墾、開採和拓居，並使其生態、自然景觀和美學的特徵得到充分顯現；3、在一定條件下，允許以精神、教育、文化和娛樂為目的參觀旅遊。

「世界地質公園」是聯合國教科文組織（United Nations Educational, Scientific and Cultural Organization，UNESCO）在1999年

澎湖南方四島國家公園之東吉嶼　　　　　　　　　圖片來源：© 李白士, via Wikimedia Commons

11月提出，目的是促使各地具有特殊、系統化的地質景觀（包括有13大項主題）得到保護。此全球性共同網絡的概念和計畫，獲得聯合國大會會議的認可通過，由世界地質會聯合會（International Union Geological Sciences, IUGS）執行評選。這個計畫整合全球具有國家性或國際性的地質景觀或地質遺產（geological heritage），它們在地球歷史上具有代表性、特殊性和不可取代性等特質，期維護不被人為破壞的價值。另外，聯合國教科文組織推動地質公園的目的，是為了保育自然環境與促進小區域的社會經濟，使其能永續發展。藉由提升大眾對地質景觀和地球遺產價值的認知，增進我們對地球與環境承載力的認識，更進一步有效和珍惜使用地球資源，達到人與環境之間的平衡關係。因此設立地質公園的目的，除了希望達到保育特殊地質景觀和地球遺產外，同時也希望能藉由地景保育，讓環境教育扎根，使地質或生態遊憩休閒行為更具環境敏感度考量，利用地方社區的共同參與環境與地景保育而創造地方特色和參與感，並促進區域社會經濟的發展。

截至目前為止，世界上超過80座火山被規劃為「國家公園」或「世界地質公園」，其中絕大部分為全新世的活火山。美國的國家公園或州立公園中約有87個公園與火山有關，其中較著名的是夏威夷火山國家公園和黃石國家公園。日本共有111座活火山，其中有59座分布在21個國家公園內，較著名的有富士箱根伊豆國立公園，以及阿蘇九重國家公園。中國有7座活或死火山被劃歸為國家公園或世界地質公園，包括有騰衝火山地質公園、五大連池火山地質公園等。臺灣則有大屯火山群和澎湖南方四島的玄武岩被劃歸為「國家公園」，而澎湖全縣其他玄武岩分布區則被劃歸為「海洋地質公園」。

終章
在沉睡與甦醒之間

堅硬的岩石
竟柔如池水
圈圈又圈圈
如漣漪漾開

水火各自以它們的方式
見證大地與生命

奎壁山與赤嶼間的玄武岩礫石堆
攝影：許震唐

「這是一個真實的故事，但它還未發生……

（This is a true story, it just hasn't happened yet）」

2005年英國BBC製拍的《超級火山：眞正末日（Supervolcano）》
引用專家學者的觀測和模擬研究，敍述美國黃石火山噴發對於地球的影響。
以上是該影片一開始的一段話，深具警世之意。

如前章提及，根據《超級火山：眞正末日》影片，
過去210萬年間，黃石火山發生過三次大規模的火山噴發，
而過去30年來的監視研究顯示，地下的岩漿庫系統比以前認識的還要巨大、
且有明顯的變異，情況類似全球各地巨大火山陷落口爆發前發現的變化；
加上間隔週期接近，因此推測第四次噴發卽將來臨。

許多火山學家認爲，總有一天壓力強大的地下熔岩漿將會迸發出來，
造成另一次超級火山爆發。如果黃石再次爆發，
科學家認爲會比印尼托巴火山噴發產生更嚴重的破壞，
因爲大多數灰燼會落在陸地上，而不是海洋中。

• 歷史上的火山災害類型

自有歷史以來，人類對火山又敬又畏，之所以認識火山多是從它所引發的災害而來。地質史現今所處的「第四紀」—— 260萬年來最大的一次火山噴發，發生於印尼蘇門答臘島上的托巴火山，噴發出2,800立方公里的火山物質，如同是在臺灣36,000平方公里的土地上足足覆蓋了77公尺厚的火山灰。托巴火山事件差點造成人類消失，就像恐龍在6,500萬年前從地球上消失一樣。據聞人類之所以需要從東非出走到全世界，或是從海中尋找食物，都與這次火山噴發有關。[1]

位於希臘南部愛琴海上的聖托里尼島是充滿地中海風情的度假勝地，3,500多年前發生一次相當猛烈的火山爆發，使原先約3,000公尺高的火山島陷落，留下一個巨大火山口和數百公尺厚的火山灰，且造成超過24公尺的海嘯，橫掃希臘和義大利南方海岸和周遭海域島嶼，間接造成克里特島的米諾斯文明（Minoan civilization）滅亡。米諾斯文明是愛琴

海地區的古代文明，代表了歐洲第一個先進文明，遺留許多巨大的建築群、複雜的藝術和書寫系統。

最為人們熟知的維蘇威火山於公元79年發生大噴發，大量的火山灰直衝33公里的高空，瞬間把羅馬帝國第二大城龐貝城和海濱城市賀庫蘭尼姆古城埋於火山灰和浮石之下。超過500°C的火山灰碎屑流快速從高空一瀉而下，在夾雜大小岩塊和火山灰高速流動衝擊下，所有的屍骸瞬間碳化無存，留下中空的模子。義大利考古學家將中空的模子灌入石膏後，一

> ### 米諾斯文明的滅亡
>
> 米諾斯文明出現於古希臘的青銅時代，主要集中在克里特島。出土考古紀錄顯示此一文明開始於西元前約3,500年，西元前2,000年左右建造複雜的城市系統和豐富的文化內涵，在西元前1,450年左右開始衰弱，並在西元前1,100年左右結束，與聖托里尼火山大爆發的年代相當。另有傳說古希臘哲學家柏拉圖筆下的神話島國—亞特蘭提斯島，也有可能是因聖托里尼火山噴發而陸沉。

---

1 Rampino, Michael R.; Self, Stephen (1993)."Bottleneck in Human Evolution and the Toba Eruption". *Science* 262 (5142)

具一具人類和動物鑄體遺骸，栩栩如生地呈現在世人眼前，讓人們感受到當時龐貝城和賀庫蘭尼姆古城居民的恐慌和無助。

1883年介於爪哇島和蘇門答臘島中間的巽他海峽發生了巨大的海嘯，據記載海浪高度可能超過30公尺，直衝兩大島的海岸低地，造成超過5萬人的傷亡和無數建物的倒塌。這次海嘯是由喀拉喀托火山爆發所引起，爆發指數為6，是人類歷史上最大的火山噴發之一。其後冒出海面形成的新火山島——喀拉喀托之子火山，2018年再次噴發並造成海嘯，是如今火山學家研究火山島的重要地點。

內瓦多德魯伊斯（Nevado del Ruiz）火山位於哥倫比亞西南部卡爾達斯省，是安地斯山脈上海拔5,321公尺的一座層狀火山，火山頂上覆蓋厚層的冰川。1985年11月13日發生了爆發指數為3的火山噴發，石英安山岩的岩漿和酸性火山氣體上升至地表，把冰川溶解成水並混合火山灰和過去噴發堆積在火山頂上的火山碎屑物，形成火山泥流，以時速達60公里往下游噴流，淹沒了阿爾梅羅（Armero）及鄰近城鎮，導致超過23,000人死亡，是20世紀僅次於1902年小安地列斯群島馬提尼克島上培雷火山噴發所造成的嚴重傷亡，也是因火山噴發誘發火山泥流造成的最大一次火山活動。

日本御嶽火山在2014年發生火山蒸氣型爆發，造成55人死亡。一個小小的蒸氣噴發卻造成致命傷亡，是因為御嶽火山噴發前火山性地震呈明顯減少，且地殼變動也未發現明顯變化，導致噴發時未有警戒發布，使遊客傷亡慘重。因蒸氣噴發的規模不大，影響範圍有限，過去火山學界對其不大重視。但自從御嶽火山蒸氣噴發事件造成嚴重傷亡後，學界態度丕變，更重視其為何在噴發前未有明顯的前兆發生。

• 從大屯火山群看到了什麼

回到臺灣。大屯火山群如今已確知是一座活火山，未來亦會再次噴發，這對於臺灣的政經中心——臺北，將是一個嚴重的考驗。若大屯火山拍攝一部「超級火山」的影片，我們可以如何想像？會是類似公元79年維蘇威火山的噴發規模，大量的高溫和快速的火山碎屑流沿七星山傾瀉而下，讓臺北成為第二個龐貝城嗎？或是如2014年御嶽火山無預警的蒸氣噴發，導致意想不到的災害？

從臺北盆地的地層紀錄顯示，過去曾因為大屯火山群的噴發，使得噴發物覆蓋臺北盆地；火山泥流堆積物沿著火山斜坡進入臺北盆地西北方，覆蓋、掩埋了關渡平原至五股的廣大地區，並堵塞淡水河的出海口，讓臺北盆地形成大規模的堰塞湖。這樣的歷史紀錄訴說著大屯火山群如果再次噴發，確實將會直接危害與影響臺北盆地700萬人口的生命、財產以及北部電力網路的安全。然而，若能鑑往知來，深刻瞭解大屯火山群的噴發歷史與模式，並用以進行監測和防災，防範於未然，就能將火山可能帶來的災害減至最輕。

依據大屯火山群高解析度的光學雷達──LiDAR影像[2]顯示，地表出露多個火山爆裂口，如硫磺谷、龍鳳谷、小油坑、大油坑、向天池和磺嘴池，以及穿過七星山體東西兩條張裂帶中的爆裂口等，這些爆裂口大都位於山頂且地形保持相當完整，顯示可能是大屯火山群較年輕噴發所形成的。且在火山頂上未發現新鮮火山玻璃，指示這些爆裂口可能是蒸氣噴發

形成。

本書第一部有談到，蘇俄籍研究者巴洛烏索夫等人在紗帽山東南側附近溪谷發現兩處可能代表古湖泊環境的層狀沉積物，認為大屯火山群數座火山11,600年到19,500年前仍有火山噴發活動，並推測最年輕的一次噴發是發生在七星山6,000年前左右的蒸氣噴發事件。對於大屯火山群可能的蒸氣噴發機制和位置，必須加強研究與防範，避免如日本御嶽火山於2014年無預警的發生蒸氣噴發，造成嚴重的威脅與傷害。目前政府已訂定大屯火山群的災害防救應變計畫，並設立火山觀測所，長期觀測岩漿上升至地表可能發生的各種前兆，如地震、地形變、溫度和火山氣體等，並整合觀測資料判定是否有噴發的可能，希望藉此取得第一手火山預警資料，把可能的火山災害減至最低。

• 雲仙火山災害史的啟示

雲仙火山（Unzen）位於日本的九州島，是一大群火山錐狀體的集體名字，其中最高火山錐標高1,500公

---

2 LiDAR光學雷達，或稱光達或雷射雷達，是一種光學遙感技術，它通過向目標照射一束光，通常是一束脈衝雷射來測量目標的距離等參數。雷射雷達在測繪學、考古學、地理學、地貌、地震、林業、遙感以及大氣物理等領域都有應用。此外，這項技術還運用於機載雷射地圖測繪、雷射測高、雷射雷達等高線繪製等具體應用中。

尺，是島原市（Shimabara）幾次火山災害的元兇。1792年，島原半島中央的雲仙普賢岳火山（Mt. Fugen）爆發，造成其側面由熔岩穹丘構成的眉山（Mt. Mayuyama）發生大規模山崩，引發島原市內約5,000人傷亡；且山崩物質一路滑過島原市進入有明灣（Ariake Bay），進而引發大海嘯，侵襲對岸熊本縣的肥後地區，造成約10,000人的死亡。此次火山引發山崩事件是所謂的「複合型自然災害事件」，也是日本史上最大的一次火山災害。因其噴發頻率高，故被選為日本的十年火山。

200年過後的1990到1995年，雲仙火山再次噴發。1989年火山爆發前，在普賢岳火山西側之橘灣先發生地震群，且震央逐漸向東移動。透過地震波分析，普賢岳火山西側下的震波有衰減的趨勢，表示岩漿逐漸流向普賢岳火山的岩漿通道。在岩漿噴發溢流出地表前，岩漿庫上方累積的火山氣體壓力升高，發生小規模噴發，並伴隨少量岩漿噴出，且在地表形成裂隙，如在普賢岳火山頂部的地獄跡火山口中心產生了一系列東西向約10公尺的地裂。其後高黏滯性的岩漿湧出地表，形成火山穹丘，累積高度達百公尺後發生崩塌，形成火山

碎屑流。熱空氣夾著噴發物的高溫火山碎屑流往低處高速流動，追過正逃離現場的消防車，造成傷亡。另外，疏鬆的火山碎屑流堆積物碰到地震或遇到大雨，會發生火山泥流，掩埋其流徑上的房舍。

1991年，雲仙火山和菲律賓皮納吐坡火山相繼噴發，造成臺灣民眾有些恐慌。有立法委員打電話詢問我，居於日本與菲律賓中間的臺灣是否也可能會有火山噴發？我回答，這兩座火山噴發並沒有關聯，也不是突然的發生，在噴發前就已有相關的地震、地形隆起和火山噴氣增加等前兆。臺灣當時並沒有任何火山前兆，故不用杞人憂天。

火山災害發生後，日本政府為了紀念和記取此次教訓，在火山泥流掩埋房舍處蓋了一座大型的建築物，以保護災害處不受後續的自然和人為的破壞，當作「防災教育館」；另外，在鄰近地區也蓋了一座「雲仙火山防災博物館」，除了記錄1991年雲仙火山噴發過程和災害，也提供火山的科普知識，是值得造訪的一座火山博物館。

1999年臺灣發生921大地震，造成嚴重的房屋傾倒和人員傷亡。地震後，政府考慮建造地震博物館以保存

斷層和傾倒房屋，做爲紀念和地震教育的基地。我當時建議可前往雲仙火山防災博物館考察，參考如何保存和教育火山災害的相關知識。坐落於臺中霧峰光復國中之地震博物館的設計建造，就有仿效雲仙火山防災博物館的痕跡。

1999年日本科學界向國際大陸深鑽組織提出鑽探雲仙火山岩漿通道的計畫，以瞭解1990到1995年岩漿噴發所流經管道的地質資訊，擬欲解決的科學問題包括岩漿冷卻凝固後的現況、地下水對於岩漿通道的影響，以及後續岩漿會不會沿著同一管道流動噴發等。鑽探工程2003年正式開始，從雲仙火山的北坡鑽了一個直徑爲17.5英寸的孔洞，但並未發現岩漿噴發的通道；然而在2004年的第二孔鑽探中，於深度1,995公尺處發現了岩漿管道（垂直深度在火山口下達1,500公尺），同時也發現岩漿管道目前的溫度爲攝氏155℃，遠低於鑽探前評估約攝氏500℃的溫度。其後的研究顯示，自雲仙火山停止噴發後，地底下不斷有地下水注入通道中，持續發生熱液循環達九年之久，才使得岩漿管道的溫度遠低於預期。

1995年和1996年國際火山學會製作了兩卷錄影帶，分別爲「瞭解火山災害（Understanding Volcanic Hazards）」和「減低火山的危害（Reducing Volcanic Risks）」，瞭解災害才能制定防災策略。有興趣瞭解火山作用、可能的災害和如何防災的讀者，可從這兩卷影片著手，目前皆已轉爲數位影片，可以在Youtube找到。

• 人類應對自然抱持謙卑、慎重與敬畏

牛津大學的地球科學教授戴維·派耶（David Pyle）曾描述，「如果選取一片陸地，突然被10公釐的火山灰覆蓋，其上的有機物和樹木都會失去葉子，甚至可能會死亡，動物會吸入有毒化學物質，陸地會突然變得比以前更亮，大量的太陽輻射可能會被簡單地反射回大氣層，從而引發長時間乾旱和寒冬。」

BBC的《超級火山：眞正末日》影片故事背景設定在不久的將來，節目中運用黃石火山過去眞正的火山爆發內容，並諮詢40多位各種領域的專家製作而成，包括火山學、地質學、氣候學、考古學、地理學、醫學、災害緊急應變、國防、農業，以及經濟學等。此外，美國建築科學學會（NIBS）的專家也提供大量關於HAZUS計畫的資訊，這是一套評估

天然災害損失的國家標準化方法。

美國黃石超級火山是全球受監測最嚴密的地區之一，科學家藉由各種儀器追蹤其活動的任何蛛絲馬跡，包括偵測地震的地震儀、記錄地面膨脹和移動的 GPS 傳感器、分析溫度的升高和火山氣體的變化，尤其是二氧化硫（SO_2），甚至是用於檢測岩漿室壓力變化的衛星圖像等。

火山噴發不可怕，雖然人為無法阻止其發生，但藉由科學的監測和研究瞭解，可預測其可能發生的時間（如菲律賓皮納吐坡火山，其預測噴發的時間為 ±1 天）並制訂防災策略，把可能的災害減到最低，讓過去歷史上的憾事不再發生。

課堂上常提醒學生地質成因之解釋，「不是唯一解、而是最可能解（Not uni-solution, just the best solution）」。在地球 46 億年的歲月裡，吾人未曾親眼目睹其形成過程，而是經由觀察現在地球各種現象和作用，然後利用地質學的基本原則「現在是解開過去的鑰匙（The present is the key to the past）」，再配合物理和化學作用的原理去推測所得。地質學是一門相當有趣的科學，除了地質學的本識才能外，還要富有想像力，才能瞭解和重建並預測地球背後多采多姿的故事。

附錄一、 地質年代簡表與重要事件簡記

代 ERA	新生代 Cenozoic			
紀 PERIOD	第四紀 Quaternary			
世EPOCH ／時間	全新世 Holocene 現在 | 1.17萬年前	更新世 Pleistocene　1.17萬─258萬年前		
重要事件 時間	3,500多年前	1.1萬 | 2.3萬年前	3萬 | 10.1萬年前	7.4萬 | 7.5萬年前
事件說明	希臘南部愛琴海上的聖托里尼島發生一次相當猛烈的火山爆發，使原先約3,000公尺高的火山島陷落，超過24公尺高的海嘯橫掃希臘和義大利南方海岸和周遭島嶼，間接造成克里特島的米諾斯文明（Minoan civilization）滅亡。	七星山有火山噴發活動，並推測最年輕的一次噴發是發生在6,000年前左右的蒸氣噴發事件。	日本九州南端姶良火山陷落口（Arai caldera）形成，並發生7次大噴發。	坎皮佛萊格瑞火山（Campi Flegrei）發生一次大爆發，導致當時全球性的氣溫下降，被認為可能是造成尼安德塔人滅絕的原因之一。 托巴火山噴發，差點造成人類滅亡。

新生代
Cenozoic

第四紀
Quaternary

更新世 Pleistocene　1.17萬—258萬年前

9萬 | 30萬年前	20萬年前	76萬年前	80萬年前	120萬年前
阿蘇火山（Aso Caldera）歷經了四次大噴發（Aso1-4）	坎皮佛萊格瑞火山發生劇烈的噴發，形成歐洲地區最大的一座超級火山。	加州東部靠近內華達州的長谷陷落火山口（Long Valley Caldera）發生超級火山噴發，這是地球上最大的火山口之一。噴出的火山灰廣泛分布在美國西部各州，稱為主教凝灰岩（Bishop Tuff）。	印尼爪哇島東部、泗水東南的婆羅摩火山（Bromo volcano）大噴發，形成了唐格爾山（Tengger）巨大火山陷落口；其後在火山陷落口內又再爆發，相繼誕生了婆羅摩火山、巴托克火山（Mt. Batok）和塞梅魯火山（Mt. Semeru）。信奉印度教的印尼人把婆羅摩火山視為印度教三大聖山之一。	臺灣北部基隆火山群侵入–噴發作用，由菲律賓海板塊向北隱沒入歐亞大陸板塊底下，形成琉球火山島弧往西延伸所形成，此一時期臺灣仍處於造山擠壓的階段。

附錄一、地質年代簡表與重要事件簡記

代 ERA	新生代 Cenozoic			
紀 PERIOD	第四紀 Quaternary	新近紀 （新第三紀） Neogene		
世EPOCH ／時間	更新世 Pleistocene 1.17萬 ｜ 258萬年前	上新世 Pliocene 258萬 ｜ 503萬年前	中新世 Miocene	503萬 ｜ 2,303萬年前
重要事件 時間	‧64萬年前 ‧130萬年前 ‧210萬年前		500萬 ｜ 5,600萬年前	800萬 ｜ 1,700萬年前
事件說明	懷俄明州西北角的黃石火山陷落口（Yellowstone Caldera）是一座第四紀的超級火山，由過去210萬年間三次超級火山噴發所形成。	類人猿出現，冰河時期結束	臺灣雪山山脈和中央脊梁山脈地質區，廣泛分布著由泥質岩層受到變質作用而成的硬頁岩、板岩和千枚岩，其年代分布從始新世、漸新世到中新世早期或中期，中間夾雜有火山岩的分布，顯示此一時期臺灣地區有火山活動。	臺灣西部麓山帶從桃園至新竹間的火山活動被命名爲角板山火山活動期。澎湖玄武岩和南部橫貫公路的寶來玄武岩也屬於此一火山活動期的噴發產物。

新生代 Cenozoic				中生代 Messozoic
新近紀 （新第三紀） Neogene	古近紀（古第三紀） Paleogene			白堊紀 Cretaceous
	漸新世 Oligocene 2,303萬 | 3,390萬年前	始新世 Eocene 3,390萬 | 5,600萬年前	古新世 Paleocene 5,600萬 | 6,600萬年前	6,600萬 | 1.45億年前
2,000萬 | 2,300萬年前				
臺灣北部此期火山岩統稱爲公館凝灰岩層，是中新世早期的火山活動。著名的出露地點有臺北市六張犁及公館附近山區、新北市中和南勢角及土城清水坑附近山區、鶯歌的鶯歌石等。臺灣大學尊賢會館與位於羅斯福路的土地公廟旁小徑上有一顆大石頭，爲典型的公館凝灰岩的岩性。	臺灣雪山山脈和中央脊梁山脈持續有火山活動。	臺灣雪山山脈和中央脊梁山脈持續有火山活動。	鳥類和哺乳動物出現。	白堊紀–三疊紀大滅絕，傳統上稱之爲K-T界限事件（K-T boundary event），又稱「恐龍大滅絕」事件。約17%的科、50%的屬在此一事件中滅絕。由於造成恐龍的完全滅亡而令人所熟知。 最近的研究發現，恐龍的滅亡不是短時間發生，而是持續百萬年之久，故推測小行星撞擊後引發大規模的火山活動，如印度德干高原洪流式玄武岩的噴發，大量的二氧化碳被噴入大氣層中，引起長時間的溫室效應，也是造成此次滅絕的兇手之一。近年來的研究慢慢收斂成兩派，一派是認爲小行星撞擊地球導致恐龍滅亡；另一派則說是大規模火山爆發才是殺害恐龍的真兇。近期的研究則提出了一個兼顧兩派說法的見解，認爲小行星和火山兩者同時發生，是促成恐龍滅亡的兇手。

附錄一、 地質年代簡表與重要事件簡記

代 ERA	中生代 Messozoic			古生代 Palaeozoic
紀 PERIOD	白堊紀 Cretaceous	侏羅紀 Jurassic	三疊紀 Triassic	二疊紀 Permian
世EPOCH ／時間	6,600萬 | 1.45億年前	1.45億 | 2.01億年前	2.01億 | 2.51億年前	2.51億 | 2.98億年前
事件說明	1.1億 | 1.2億年前 臺灣地區出露最老的地層爲分布於中央山脈東麓的大南澳片岩帶，花蓮縣秀林鄉長春祠的長春層。臺灣地區最老的火山活動可能發生於此一時期。	恐龍時代	三疊紀晚期–侏羅紀滅絕事件：約20%的科與55%的屬，共計70%到75%的生物量滅絕。陸地上大多數非恐龍的主龍類、大多數的獸孔目以及幾乎所有大型兩棲類幾乎都死亡，讓恐龍失去了許多陸地上的競爭者，成爲侏羅紀的優勢陸地動物。	二疊紀–三疊紀滅絕事件。地球上總共約有70%的陸上生物和96%的海洋生物滅絕，許多動物類整個目或亞目全部滅亡，早古生代繁盛的三葉蟲全部消失。共計70%到75%的生物量滅絕。陸地上大多數非恐龍的主龍類、大多數的獸孔目以及幾乎所有大型兩棲類幾乎都死亡，讓恐龍失去了許多陸地上的競爭者，成爲侏羅紀的優勢陸地動物。 有數個關於引起此次大滅絕事件原因的理論，其中之一是大規模火山爆發，推測此事件可能肇始於西伯利亞大規模玄武岩噴發，除了噴出大量的二氧化碳外，也造成淺海地區可燃冰大量融化，釋放溫室氣體甲烷，全球暖化、海水溫度上升；或是因盤古大陸形成後改變了地球環流與洋流系統等，造成不利於生物生存的惡劣環境，於是引發大量的動植物死亡的滅絕事件。火山爆發釋放出的二氧化碳氣體，可以長時間造成全球暖化、氣候異常和環境惡劣，引發生物的大量死亡。

恐龍時代 (此格對應侏羅紀)

古生代 Palaeozoic					前寒武紀 Precambrian
石炭紀 Carboniferous	泥盆紀 Devonian	志留紀 Silurian	奧陶紀 Ordovician	寒武紀 Cambrian	
2.98億 | 3.58億年前	3.58億 | 4.19億年前	4.19億 | 4.4億年前	4.4億 | 4.8億年前	4.8億 | 5.4億年前	5.4億 | 46億年前
鯊魚和兩棲動物黃金時代。馬尾和石松十分茂盛，是早期煤炭主要來源。火山運動，冰川消失。	魚類的時代	奧陶紀-志留紀大滅絕：60%海洋生物種類消失	三葉蟲和脊髓動物出現 強烈的火山和造山運動	寒武紀大爆發，突然間產生了地球上眾多動物。最早的化石出現。	原始生命形成

附錄二、過去 2,000 年以來世界上最具破壞性的火山爆發

西元	地點	事件
79.8.24.	維蘇威火山（Vesuvian），義大利	將龐貝城和赫庫蘭尼姆兩座城鎮整個掩埋
1783.6.8.	拉基火山（Laki），冰島	持續約 8 個月，火山煙霾從冰島一直延伸到敘利亞，導致冰島大部分的牲畜和四分之一的人員死亡。另外造成當年度冰島冬天的溫度比 225 年來的平均冬天溫度低了 4.8℃，並估計整個北半球的溫度也比平均溫度低了 1℃。
1792	雲仙火山（Unzen），日本九州	島原半島中央的雲仙普賢岳火山（Mt. Fugen）爆發，造成其側面由熔岩穹丘構成的眉山（Mt. Mayuyama）發生大規模山崩，引發島原市內約 5,000 人傷亡；且山崩物質一路滑過島原市進入有明灣（Ariake Bay），進而引發大海嘯，侵襲對岸熊本縣的肥後地區，造成約 1 萬人的死亡。此次火山引發山崩事件是所謂的「複合型自然災害事件」，也是日本史上最大的一次火山災害。
1815.4.	坦博拉火山（Tambora），印尼	火山爆發造成了至少 71,000 人死亡，同時也造成歐洲地區 1816 年成為沒有夏天的一年。
1883.8.27.	喀拉喀托火山（Krakatoa），印尼	噴出約 500 億噸的硫酸氣溶膠到平流層，遠在印度洋上之模里西斯島、3,500 公里外的澳大利亞以及 4,800 公里外的羅德里格斯島，都能聽到噴發的劇烈聲響，是人類歷史上最大的火山噴發之一。同時發生海嘯，超過 43,000 多人死於非命。噴發後的 4 年全球異常寒冷。
1902	加勒比海地區	三大火山噴發，分別是瓜地馬拉的聖塔瑪麗亞火山（Santa Maria）、聖文森特島上的蘇弗里耶爾火山（Soufriere）和法屬馬提尼克北端的培雷火山（Pelee）。培雷火山噴發造成嚴重傷亡，也是火山碎屑流造成最大傷亡的一次火山活動。

西元	地點	事件
1911	塔阿爾火山（Taal Volcano），呂宋島	距離首都馬尼拉約 50 公里，是菲律賓最活躍的活火山之一，1911 年的爆發導致逾千人死亡。
1963	阿貢火山（Agung），印尼	20 世紀阿貢火山最大的一次噴發，導致 1,500 人死亡。
1980.5.18.	聖海倫斯火山（St. Helens），美國	美國歷史上死亡人數最多，經濟破壞最為嚴重的一次火山爆發。
1982	艾齊瓊火山（El Chichon），墨西哥	造成全球地表在 1983 年約有 0.2℃ 的降溫
1983.1.~ 2018.12.	基拉韋亞火山（Kīlauea），夏威夷	長達 35 年來它一直不斷地噴出岩漿，整個基拉韋亞火山表面 90% 是被年齡不到 1000 年的岩漿所覆蓋。
1985.11.13.	內瓦多德魯伊斯火山（Nevado del Ruiz），哥倫比亞	安地斯山脈上海拔 5,321 公尺的一座層狀火山，1985 年 11 月 13 日發生了火山噴發，形成火山泥流，以時速達 60 公里往下游噴流，淹沒了阿爾梅羅（Armero）及鄰近城鎮，導致超過 23,000 人死亡。
1991	皮納吐坡火山（Mt. Pinatubo），菲律賓	1991 年 6 月，皮納吐坡火山爆發，是 20 世紀發生在陸地上第二大規模的火山爆發。這次爆發高潮被成功預測，火山附近的數以萬計居民得以及時疏散。
2014	御嶽火山，日本	蒸氣型爆發，造成 55 人死亡的致命事件。

附錄三、中英文名詞對照表

1～4畫

K-T界限事件，又稱恐龍大滅絕事件 ｜ K-T boundary event
十年火山 ｜ decade volcanoes
大塔穆火山 ｜ Tamu Massif
小安地列斯群島 ｜ Lesser Antilles
山雲或火雲 ｜ Nuee ardente
中大西洋岩漿區 ｜ Central Atlantic Magmatic Province
中中新世氣候最佳期 ｜ Mid-Miocene Climatic Optimum，MMCO
巴托克火山 ｜ Mt. Batok
巴杜爾火山 ｜ Batur Volcano
火山葉蘚 ｜ *Jungermannia vulcanicola*
火山頸 ｜ volcanic neck

5～6畫

加強型地熱系統 ｜ Enhanced Geothermal Systems, EGS
北投石 ｜ Hokutolite
皮亞諾火山口 ｜ Piano Caldera
皮納吐坡火山 ｜ Mt. Pinatubo
石滬 ｜ stone weir
伊奧利亞群島 ｜ Aeolian Islands
伏爾坎內諾 ｜ Vulcanello
伏爾坎寧式 ｜ Vulcanian type
伏爾坎寧島 ｜ Vulcano Island
地壓地熱型 ｜ Geopressured Geothermal System
成熟的弧陸碰撞區段 ｜ mature arc-continent collision
托巴火山 ｜ Toba Volcano
艾齊瓊火山 ｜ El Chichon

7～8畫

坎皮佛萊格瑞火山 ｜ Campi Flegrei
希克蘇魯伯隕石坑 ｜ Chicxulub crater
杏仁狀結構 ｜ Amygdaloidal
沉陷火山口 ｜ cauldron
那不勒斯 ｜ Napules
亞蘇爾火山 ｜ Mount Yasur
坦博拉火山 ｜ Mount Tambora, Gunung Tambora
岩漿火山型 ｜ Magmatic-volcanic field type
帕里庫廷火山 ｜ Paricutín Volcano
帕帕科利亞海灘 ｜ Papakōlea beach
底浪堆積物 ｜ base surge

拉基火山 ｜ Laki，冰島語 Lakagígar
拉基裂隙 ｜ Laki Fissure
拉德雷洛 ｜ Larderello
沸石 ｜ zeolite
矽孔雀石 ｜ Chrysocolla
長谷陷落火山口 ｜ Long Valley Caldera
阿ㄚ熔岩 ｜ Aa lava
阿瓦恰火山 ｜ Avachinsky Volcano
阿貢火山 ｜ Agung Volcano
阿蘇火山 ｜ Aso Caldera

9～10畫

姶良火山陷落口 ｜ Arai caldera
盾狀火山 ｜ shield volcano
眉山 ｜ Mt. Mayuyama
秋津洲號防護巡洋艦 ｜ Akitusima
科西圭納火山 ｜ Coseguina Volcano
科里亞克火山 ｜ Koryasky Volcano
科哈拉火山 ｜ Kohala Volcano
科馬提岩 ｜ komatiite
茂納凱亞山天文臺 ｜ Mauna Kea Observatories
茂納凱亞火山 ｜ Mauna Kea
茂納羅亞火山 ｜ Mauna Loa
重晶石 ｜ Barite
埃特納火山 ｜ Mt. Etna
夏威夷式 ｜ Hawaiian type
格蘭火山口 ｜ Gran Crater
馬榮火山 ｜ Mt. Mayon
馬諦尼克島 ｜ Martinique

11～12畫

培雷火山 ｜ Pelee Volcano
培雷式 ｜ Peléan type
基拉韋亞火山 ｜ Kīlauea Volcano
婆羅摩火山 ｜ Bromo Volcano
崩解張裂作用 ｜ extensional collapse
御嶽火山 ｜ Ontake Volcano
混同層 ｜ mélange
混合作用 ｜ mixing
混和作用 ｜ mingling
硫氣孔 ｜ Salfatara
細碧岩 ｜ Spilite

16～21畫

諾瓦魯普塔火山 ｜ Novarupta Volcano
錐狀火山 ｜ cone volcano
默巴布火山 ｜ Merbabu
默拉皮火山 ｜ Merapi Volcano
鵠沼枝額蟲 ｜ *Branchinella kugenumaensis*
爆發作用 ｜ explosion
爆裂火山口 ｜ crater
羅希海底火山 ｜ Loihi
蘇弗里耶爾火山 ｜ Soufriere Volcano
櫻島火山 ｜ Sakrajima Volcano

作者／宋聖榮
專章撰文／黃瀚嶢（本書第18章）
詩作原創／盧乙嘉

野人文化股份有限公司 第二編輯部
主編／王梵
封面設計／引爆火山工程
內頁排版／黃暐鵬、吳貞儒
圖表重製／吳貞儒
攝影／若無特別標示來源，皆為宋聖榮提供
校對／林昌榮

出版／野人文化股份有限公司
發行／遠足文化事業股份有限公司
（讀書共和國出版集團）
地址／231新北市新店區民權路108-2號9樓
電話／(02)2218-1417
傳真／(02)8667-1065
電子信箱／service@bookrep.com.tw
網址／www.bookrep.com.tw
郵撥帳號／19504465遠足文化事業股份有限公司
客服專線／0800-221-029
法律顧問／華洋法律事務所 蘇文生律師
印製／呈靖彩藝有限公司
初版一刷／2023年9月
定價／750元
ISBN／978-986-384-934-6
EISBN(PDF)／978-986-384-935-3
EISBN(EPUB)／978-986-384-936-0

歡迎團體訂購，另有優惠，請洽業務部(02)2218-
1417分機1124

beNature 05
追火山
臺灣火山群連結起的地球與宇宙紀事
Stories Behind
VOLCANOES

國家圖書館出版品預行編目(CIP)資料

追火山：臺灣火山群連結起的地球與宇宙紀事 =
Stories behind volcanoes/ 宋聖榮作. -- 初版.
-- 新北市：野人文化股份有限公司出版：遠足文
化事業股份有限公司發行, 2023.10
　　面；　公分. -- (beNature ; 5)
ISBN 978-986-384-934-6(平裝)

1.CST: 火山 2.CST: 臺灣

354.1933　　112014737

野人文化第二編輯部

野人文化官網